陕西省建筑领域
碳达峰碳中和实施路径研究

赵民 著

中国建筑工业出版社

图书在版编目（CIP）数据

陕西省建筑领域碳达峰碳中和实施路径研究 / 赵民
著. -- 北京：中国建筑工业出版社，2025.7. -- ISBN
978-7-112-31357-0

Ⅰ. TU

中国国家版本馆 CIP 数据核字第 20259MD659 号

责任编辑：张文胜　赵欧凡
责任校对：芦欣甜

陕西省建筑领域碳达峰碳中和实施路径研究

赵民　著

*

中国建筑工业出版社出版、发行（北京海淀三里河路 9 号）

各地新华书店、建筑书店经销

北京科地亚盟排版公司制版

建工社（河北）印刷有限公司印刷

*

开本：787 毫米×1092 毫米　1/16　印张：12½　字数：307 千字

2025 年 7 月第一版　　2025 年 7 月第一次印刷

定价：**58.00** 元

ISBN 978-7-112-31357-0

（44707）

序

在全球应对气候变化与我国"双碳"目标深入推进的背景下，建筑领域的低碳转型是推动高质量发展、实现生态文明建设的发展方向。陕西省地处中国地理中心，是中华文明的重要发祥地之一，也是"一带一路"倡议的重要支点。这里既有厚重的历史文化遗产，也有快速推进的城镇化进程；既有能源资源富集的先天优势，也面临产业结构偏重、碳排放强度较高的现实挑战。在此背景下，探索陕西省建筑领域碳达峰碳中和的实施路径，既是对国家战略的积极响应，也是破解区域发展难题、实现绿色崛起的必然选择。本书立足本土、辐射全国，通过科学界定研究边界、深入解析现状规律、动态模拟未来趋势，为区域建筑领域碳达峰实施路径和中长期减排目标提供了理论支撑。

全书从能源现状、气候变化与自主减排目标出发，系统阐述了建筑领域在"双碳"目标中的关键作用。将陕西省建筑领域碳排放边界划分为建筑运行阶段和建筑业两部分，在总结陕西省人口、经济及建筑规模发展现状的基础上，基于能源平衡表拆解法与碳排放因子法，分别研究陕西省建筑运行阶段和建筑业的能耗总量及强度、碳排放总量及强度。采用 LMDI 因素分析法，进行各因素量化评估。通过多情景动态模拟，以 2030 年前实现陕西省建筑领域碳达峰为底线，确定合理的碳达峰峰值和减排目标，提出陕西省建筑领域碳达峰实施路径和节能降碳技术措施。

中国建筑西北设计研究院有限公司赵民总工长期从事建筑环境与能源应用方面的设计和研究工作，在建筑领域从"能耗双控"向"碳双控"转型的关键期，推出这部扎根地域、面向全国的著作，为陕西省节能降碳提供科学的决策依据，并为其他地区相关政策研究提供参考。期待本书能够为建筑领域低碳发展注入新的活力，推动建筑领域从能源消耗大户向绿色低碳高质量发展转变，为我国"双碳"目标的实现作出积极贡献。

中国建筑科学研究院首席科学家
全国工程勘察设计大师

前　言

　　2020 年 9 月，我国郑重宣布将提高国家自主贡献力度，采取更加有力的政策和措施，二氧化碳排放力争于 2030 年前达到峰值，努力争取 2060 年前实现碳中和。为落实碳达峰碳中和目标（简称"双碳"目标），我国将应对气候变化纳入生态文明建设整体布局和经济社会发展全局，陆续发布重点领域和行业碳达峰实施方案和一系列保障措施。

　　城乡建设是推动绿色发展、建设美丽中国的重要载体，当前我国人居环境持续改善，城乡建设水平显著提高，但建筑领域能耗高、碳排放量大的问题依然突出。研究表明，2020 年我国建筑施工和建筑运行阶段碳排放总量为 22.6 亿 tCO_2，占全社会碳排放总量的 22.7%，若再纳入建材生产阶段的碳排放量，我国建筑全过程碳排放量将达到 50.8 亿 tCO_2，占全社会碳排放总量的 50.9%。随着城镇化推进，建筑领域碳排放量仍将进一步提高。《城乡建设领域碳达峰实施方案》要求，到 2030 年前，城乡建设领域碳排放达到峰值，力争到 2060 年前，城乡建设方式全面实现绿色低碳转型。

　　陕西省是中华民族及华夏文化的重要发祥地之一，也是中国经纬度基准点——大地原点和北京时间国家授时中心所在地。近年来，陕西省高度重视应对气候变化工作，加快落实国家决策部署，制定了《陕西省碳达峰实施方案》，将城乡建设列入碳排放工作的重点领域，要求开展城镇绿色低碳更新，推广绿色建材和绿色建造方式，推进城镇绿色规划、绿色建设、绿色运行管理，开展农房节能改造和低碳村镇建设，加快优化建筑用能结构，推动可再生能源在建筑领域的规模化应用。

　　在我国"双碳"目标指引下，本书面向陕西省城乡建设绿色低碳高质量发展需求，以国家及地方统计数据为依据，总体采用现状研究与趋势研究相结合、定性研究与定量研究相结合的思路，研究陕西省建筑领域碳排放现状、影响因素、发展趋势、中长期减排目标、碳达峰碳中和实施路径及技术措施，夯实碳排放工作基础，为陕西省建筑领域碳达峰碳中和的政策储备和科学决策提供支撑。

　　全书共分 9 章，第 1 章介绍了研究背景、建筑碳中和的内涵、重点内容和技术路线；第 2 章归纳了国内外建筑领域碳排放边界划分体系，并明确了本书所研究的碳排放边界；第 3 章梳理了陕西省人口、经济及建筑规模发展现状；第 4 章和第 5 章介绍了陕西省建筑领域能耗、碳排放总量和碳排放强度的现状；第 6 章探明了建筑领域碳排放不同驱动因素的作用效果和主次顺序；第 7 章构建了陕西省建筑领域碳排放预测模型和情景分析方法，预测了不同情景模式下的碳排放趋势；第 8 章提出了陕西省建筑领域碳达峰碳中和实施路径和中长期减排目标；第 9 章梳理了陕西省建筑领域节能降碳技术措施的基本要点、政策要求及其标准体系建设情况。

　　本书由中国建筑西北设计研究院有限公司（以下简称中建西北院）赵民著，西安交通大学罗昔联教授对全书进行了审定。在编写过程中,中建西北院李杨工程师做了大量的文字汇总工作,康维斌高级工程师、俞超男工程师,西安建筑科技大学研究生岳万年,西安交通大学研究生王思雨等收集和整理了大量的研究素材。本书可服务于从事建筑节能、碳达峰碳中和研究人员,也可供从事相关技术研究和政策研究的大专院校师生、科研院所学者等参考借鉴。

本书是中建西北院承担的陕西省住房城乡建设科技计划软科学研究项目"陕西省住建行业碳达峰与碳中和实现路径和措施研究"以及三秦英才特殊支持计划"中国建筑西北设计研究院建筑可持续技术创新团队"项目的重要成果,项目研究得到了陕西省住房和城乡建设厅及中建西北院的大力支持。对有关单位及领导、专家的悉心指导,在此表示诚挚的感谢。

尽管笔者已经全力以赴投入本书的编撰工作,但书中内容涉及面广、数据量大,加之时间紧张、水平有限,难免有疏漏和不足之处,恳请广大读者批评指正,共同推动建筑领域"双碳"目标早日实现。

目　　录

第1章 ▶▶

绪论

1.1 研究背景

1.1.1 全球与我国能源消费现状

自第二次工业革命以来，化石能源消费量急剧上涨，形成了以煤炭为主的能源消费格局。进入 20 世纪以后，石油和天然气消费量持续增加，石油取代了煤炭成为最主要的能源类型[1]。进入 21 世纪以后，全球能源消费稳步增长，由图 1-1 可知[2]，2000～2020 年，全球能源消费总量由约 143 亿 tce 增长至超过 200 亿 tce，煤、石油和天然气等一次能源消费占比长期保持在 80％左右。

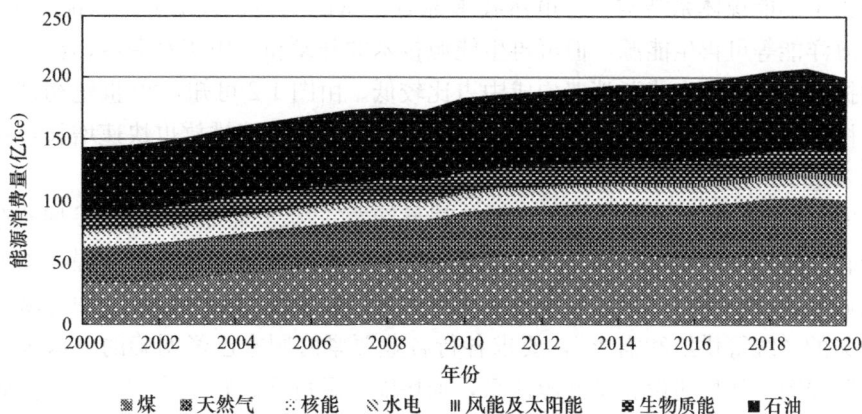

图 1-1 全球能源消费情况

一次能源消费的长期快速增长，带来两个严重的问题：一是能源供需矛盾不断加深；二是能源消耗所导致的环境问题日益突出。化石燃料燃烧必然会形成大量排放物，包括二氧化碳、氮氧化物、二氧化硫和颗粒物等，而其中最受关注的就是二氧化碳。联合国政府间气候变化委员会（IPCC）声明，过去一个多世纪的碳排放导致全球气温持续上升，现在的气温已经比工业化之前高出了 1.10℃，极端气候事件愈加频繁和强烈，全球生态环境和人类可持续发展陷入危机之中[3]。如何应对由能源消费增长导致的供给问题和环境问题是当下和未来都需要持续讨论的议题。

我国作为新兴市场中的重要经济体，能源消耗持续增长，根据《中国统计年鉴》数据[4]，2000～2020 年，全国能源消费总量由 14.69 亿 tce 上涨至 49.83 亿 tce，20 年间能源消费总量提高 2.39 倍，占全球能源消费总量的比例从 11.75％增长至 24.91％。从我国能源消费结构来看,仍以煤炭、石油和天然气等一次能源为主,2000~2020年,化石能源消费总量提高了3.28倍,但化石能源在我国能源消费总量中的占比由92.70%下降至82.50%,电力及其他能源消费总量及占比逐年增长,一次电力及其他能源消费占比由7.30%上涨至17.50%(图1-2)。

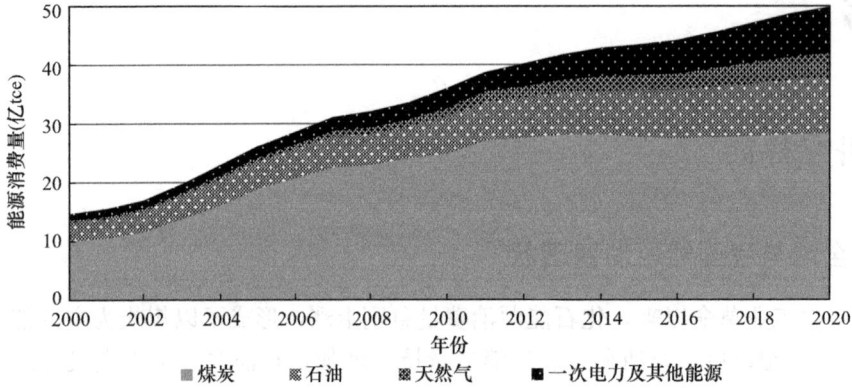

图1-2 我国能源消费历史变化

作为全球最大的能源生产和消费国,我国"富煤、贫油、少气"的特点,形成了长期以来以煤为主的能源体系结构[5]。虽然我国拥有丰富的风能、太阳能、水能、生物质能、地热能、海洋能等可再生能源,但可再生能源技术的开发和利用相对滞后,影响了能源供给能力的提高,导致其在能源消费构成中占比较低。由图1-2可知,20世纪初期,我国煤炭使用量快速增长,而来自煤炭的空气污染物排放和二氧化碳排放也快速增长,我国面临着有史以来最为严峻的大气污染治理任务。

能源安全是关系国家经济社会发展的全局性问题,2024年6月,国家发展改革委和国家能源局召开深入贯彻落实能源安全新战略专题座谈会时指出,要准确把握我国能源安全面临的机遇和挑战,维护国家能源安全,重点做好"四个统筹"工作,其中与城乡建设领域密切相关的"统筹供给和需求",要求各行各业要紧盯国家已经明确的"双碳"目标和时间表、路线图,加快建设新型能源体系,加快能源绿色低碳转型步伐,一手抓好能源供给侧结构性改革,有效保障绿色能源高质量供给;一手抓好能源消费革命,大力推动节能降碳。

1.1.2 全球气候变化与我国自主减排目标

应对全球气候变化,经历了从深化认识到实践行动的过程,越来越成为各国关注的重点。IPCC第一次到第六次报告证实了日益加剧的全球气候变化形势,气候变化已经在陆地、淡水、沿海和远洋海洋生态系统中造成了巨大的破坏和越来越不可逆转的损失。从《联合国气候变化框架公约》(1994年3月21日生效,核心目标是将大气温室气体浓度维持在一个稳定的水平)到《京都议定书》(1997年12月11日签定,核心目标是在2008年至2012年间将温室气体排放量减少到比1990年低5.2%的水平),从《哥本哈根协议》(2009年12月19日签署,核心目标是将全球平均气温较前工业化时期上升幅度控制在2℃以内)到《巴黎气候变化协定》(2015年12月12日签署,努力将温度上升幅度限制在

1.5℃以内），全球正努力实现温室气体排放达峰。但现实仍十分残酷，2024 年 7 月 8 日，欧盟气候监测机构哥白尼气候变化服务局发布的公报指出，过去 12 个月的全球平均气温创下有记录以来的最高值，比工业化前平均气温高 1.64℃。

2016 年 9 月，我国正式加入《巴黎气候变化协定》，成为该协定的缔约方之一。在应对全球气候变化中，我国始终体现着负责任大国的形象，也表现出了足够的行动诚意。从全球角度看，我国是碳排放大国，有责任、有义务为应对全球气候变化作出积极贡献和努力。从国内发展面临的环境和形势看，我国面临着能源结构调整和生态环境治理的压力，也肩负着发展的重任。因此，有必要在实现经济平稳发展的过程中，采取强有力的政策措施和行动，进一步推动节能减排，加强生态文明建设。既顺应全球应对气候变化趋势，也符合我国国情。

2020 年 9 月，我国提出了碳达峰和碳中和目标的时间表。同年 12 月，我国在联合国气候雄心峰会上再次提出新倡议，宣布新举措，即各国应该遵循共同但有区别的责任原则，根据国情和能力最大限度强化行动；在该峰会上我国还提出，到 2030 年，中国单位国内生产总值二氧化碳排放将比 2005 年下降 65％以上，非化石能源占一次能源消费占比将达到 25％左右，森林蓄积量将比 2005 年增加 60 亿 m³，风电、太阳能发电总装机容量将达到 12 亿 kW 以上。

2021 年 10 月，我国在《生物多样性公约》第十五次缔约方大会领导人峰会上提出，为推动实现"双碳"目标，中国将陆续发布重点领域和行业碳达峰实施方案和一系列支撑保障措施，构建起全社会碳达峰碳中和的"1＋N"政策体系。同月，《中共中央 国务院关于完整准确全面贯彻新发展理念做好碳达峰碳中和工作的意见》和《2030 年前碳达峰行动方案》作为"1"，在碳达峰碳中和的"1＋N"政策体系中发挥统领作用，共同构成贯穿碳达峰、碳中和两个阶段的顶层设计，而"N"就是未来陆续发布的重点领域和行业碳达峰实施方案和支撑保障措施。

推进"1＋N"政策体系落实，形成减污降碳激励约束机制，要求各部门制定重点领域及行业的碳达峰实施方案。建筑领域是全社会能源消耗和碳排放的主要领域之一，也是我国实现"双碳"目标的重点领域，随着城镇化的快速推进和产业结构深度调整，建筑领域碳排放量及其占全社会碳排放总量的比例均将进一步提高，因此应切实做好我国建筑领域的碳达峰工作。

《关于完整准确全面贯彻新发展理念做好碳达峰碳中和工作的意见》对努力推动实现碳达峰碳中和目标进行了全面部署，要求提升城乡建设绿色低碳发展质量，推进城乡建设和管理模式低碳转型，大力发展节能低碳建筑，加快优化建筑用能结构。《2030 年前碳达峰行动方案》则进一步将碳达峰贯穿于经济社会发展全过程和各方面，提出"碳达峰十大行动"，城乡建设碳达峰行动位列其中。要求加快推进城乡建设绿色低碳发展，推进城乡建设绿色低碳转型。

2023 年 11 月，国家发展改革委印发《国家碳达峰试点建设方案》，计划在全国范围内选择 100 个具有代表性的城市和园区开展碳达峰试点建设，探索不同资源禀赋和发展基础的城市和园区碳达峰路径，为全国提供经验做法，围绕工业、建筑、交通等领域清洁低碳转型，谋划部署试点建设任务。2024 年 5 月，国务院印发《2024—2025 年节能降碳行动方案》，指出节能降碳是积极稳妥推进碳达峰碳中和、全面推进美丽中国建设、促进经济社会发展全面绿色转型的重要举措，要求完善能源消耗总量和强度调控，分领域分行业实施节能降碳专项行动，到 2025 年，非化石能源消费占比达到 20% 左右，重点领域和行业减排二氧化碳约 1.3 亿 t。

与发达国家相比，我国能源转型时间紧、任务重，必须深入分析推进"双碳"工作面临的各种形势和任务，充分认识实现"双碳"目标的紧迫性和艰巨性，研究需要做好的重点工作，扎扎实实把国家的决策部署落到实处。当下，多地区与多部门已密集发布相关政策，科学谋划，协同推进经济结构、能源结构、产业结构转型升级，推进生态文明建设和生态环境保护、持续改善生态环境质量，加快形成以国内大循环为主体、国内国际双循环相互促进的新发展格局，推动高质量发展。

1.1.3 建筑是我国减排的关键领域

城乡建设是推动绿色发展、建设美丽中国的重要载体，建筑领域是我国能源消耗和二氧化碳排放大户，加快推动建筑领域节能降碳，对于实现"双碳"目标、推动城乡建设绿色低碳高质量发展具有重要意义。

当前，建筑领域能耗与碳排放量大、占比高的问题依然突出。根据《中国建筑能耗与碳排放研究报告 2022》，2020 年建筑施工阶段和运行阶段能耗分别为 0.9 亿 tce 和 10.6 亿 tce，占全国能源消费总量的比例分别为 1.9% 和 22.3%；2020 年建筑施工阶段和运行阶段碳排放量分别为 1.0 亿 tCO_2 和 21.6 亿 tCO_2，占全国碳排放总量的比例分别为 1.0% 和 21.7%。同时，该报告也显示，在"十一五""十二五"和"十三五"期间，建筑运行阶段的年均碳排放量增速分别为 7.00%、4.20% 和 2.80%，逐年放缓，这有力地说明了我国长期以来的建筑节能和绿色建筑推广工作对我国建筑领域节能减排起到了至关重要的促进作用，应长期坚持，持续加强建筑节能标准提升和建筑运行能效提升的工作力度，引领建筑领域节能降碳。

放眼全社会各能源消费主体，建筑、交通、工业作为三大用能及碳排放领域，是我国节能降碳的主力军和关键领域。根据国家发展和改革委员会能源研究所、美国劳伦斯伯克利国家实验室（LBL）等机构联合发布的《重塑能源：中国——面向 2050 年能源消费和生产革命路线图研究》预测，在上述三大排放领域中，建筑的节能潜力位居首位，建筑领域的节能减排对减缓全球气候变化的潜力巨大。特别是，当下全球气候治理呈现新局面，新能源和信息技术紧密融合，生产生活方式加快转向低碳化、智能化，能源体系和发展模式正在进入非化石能源主导的崭新阶段，绿色低碳技术不断成熟和进入市场，也为建筑领域的节能减排释放出更多利好。

2021 年 10 月，中共中央办公厅、国务院办公厅印发《关于推动城乡建设绿色发展的意见》，首次明确了"双碳"目标下的城乡建设绿色发展蓝图，涉及建筑建造和运行等各个环节，要求加快绿色建筑建设，转变建造方式，积极推广绿色建材，推动建筑运行高效低碳，实现建筑全生命周期的绿色低碳发展。到 2035 年，城乡建设全面实现绿色发展，城乡建设领域治理体系和治理能力基本实现现代化，美丽中国建设目标基本实现。

2022 年 3 月，住房城乡建设部印发《"十四五"建筑节能与绿色建筑发展规划》，总目标是到 2025 年，城镇新建建筑全面建成绿色建筑，建筑能源利用效率稳步提升，建筑用能结构逐步优化，建筑能耗与碳排放增长趋势得到有效控制，基本形成绿色、低碳、循环的建设发展方式，为建筑领域 2030 年前碳达峰奠定坚实基础。

2022 年 6 月，住房城乡建设部和国家发展改革委印发《城乡建设领域碳达峰实施方案》，首次明确要求，到 2030 年前，城乡建设领域碳排放达到峰值，城乡建设绿色低碳发展政策体系和体制机制基本建立，建筑节能水平大幅提高，能源资源利用效率达到国际先进水平，建筑用能结构和方式更加优化，可再生能源应用更加充分。力争到 2060 年前，城乡建设方式全面实现绿色低碳转型。

2024 年 3 月，国家发展改革委、住房城乡建设部印发《加快推动建筑领域节能降碳工作方案》，进一步细化建筑领域"双碳"工作，要求到 2025 年，新建超低能耗和近零能耗建筑面积比 2023 年增长 0.2 亿 m^2 以上，完成既有建筑节能改造面积比 2023 年增长 2 亿 m^2 以上，建筑电气化率超过 55%，城镇建筑可再生能源替代率达到 8%。到 2027 年，超低能耗建筑实现规模化发展，进一步推进既有建筑节能改造，建筑用能结构更加优化，建成一批绿色低碳高品质建筑。

2024 年 5 月，国务院印发《2024—2025 年节能降碳行动方案》，要求大力发展绿色建材，开展建筑节能降碳行动，严格执行建筑节能降碳强制性标准，结合城市更新行动、老旧小区改造等加快推进建筑节能改造，强化建筑运行管理，推进公共机构节能降碳改造和用能设备更新，提升重点用能设备的能效和节能水平，推动重点用能设备更新升级。

总体而言，"十四五"时期是开启全面建设社会主义现代化国家新征程的第一个五年，也是落实"双碳"目标的关键时期。建筑领域既是推动绿色发展、建设美丽中国的重要载体，也是碳达峰碳中和工作和"1＋N"政策体系中的重点领域，应紧跟国家"双碳"工作部署，持续深化课题研究，做好顶层设计。

1.1.4　陕西省建筑领域节能降碳需求

陕西省是中华民族及华夏文化的重要发祥地之一，也是中国经纬度基准点——大地原点和北京时间国家授时中心所在地，又称三秦大地，从北到南被分为陕北、关中和陕南。截至"十三五"末，陕西省下辖 10 个地级市，具体为：延安市和榆林市（陕北），西安市、宝鸡市、咸阳市、铜川市和渭南市（关中），汉中市、安康市和商洛市（陕南）。截至"十三五"末，全省共 31 个市辖区、7 个县级市、69 个县，城市建成区面积 1357.51km²。

近年来，陕西省高度重视应对气候变化工作，推动城乡建设绿色发展。2018 年 1 月，陕西省《"十三五"控制温室气体排放工作实施方案》将城乡建设列入碳排放工作的重点领域，要求推广采用先进节能技术和建筑材料，推动太阳能、地热能等技术应用，加强温室气体排放统计与核算。2020 年 9 月，《陕西省生态环境厅关于征集陕西省第二批低碳示范单位的通知》将低碳城镇、低碳社区、低碳建筑分别作为重点示范领域，并要求将能源消费和碳排放指标纳入城镇规划和建设指标体系，有效控制和降低建筑的碳排放。同期，《陕西省绿色建筑创建行动实施方案》要求推动新建城镇建筑工程执行绿色建筑标准，持续提升新建建筑性能品质。

2021 年 5 月，陕西省政府组织"双碳"专题学习，要求完整准确全面贯彻新发展理念，紧紧抓住"十四五"这个关键期、窗口期，以重点突破推动如期实现碳达峰目标，要求围绕建筑等领域集中发力。2021 年 9 月，《陕西省"十四五"住房和城乡建设事业发展规划》指出，"十三五"期间，陕西省城乡建设绿色发展加速推进，实施既有建筑节能改造 2035.46 万 m^2，建设被动式低能耗建筑 55.69 万 m^2，绿色建筑占比达到 53%；"十四五"时期，全省城乡建设事业加快追赶超越的基础支撑和有利条件依然较多，要找准着力点和突破口，加快追赶超越步伐。

2022 年 7 月，陕西省人民政府印发《陕西省碳达峰实施方案》，要求推动经济社会发展要建立在资源高效利用和绿色低碳发展的基础之上，确保如期实现 2030 年前碳达峰目标。该方案将"加快推进城乡建设绿色低碳发展"列入主要任务之一，要求开展城镇绿色低碳更新，推进城镇建筑绿色化发展，建设低碳宜居村镇。2022 年 12 月，陕西省人民政府印发《陕西省"十四五"节能减排综合工作实施方案》，要求全面推进城镇绿色规划、绿色建设、绿色运行管理，推动低碳城市建设；推动超低能耗建筑规模化发展，开展城镇更新行动；加快推动装配式建筑发展，加快优化建筑用能结构，推进可再生能源在城乡建筑领域的规模化应用。在大型公共建筑、地铁、机场等重点区域实施节能改造，大幅提升制冷系统能效水平。

2024 年 4 月，陕西省住房和城乡建设厅发布《推动全省工程勘察设计行业高质量发展的若干措施》，要求发挥勘察设计的减碳控碳先导优势，在设计阶段融入绿色建材、绿色建造、绿色建筑等技术要求，推动工厂化生产、装配式施工；对符合条件的装配式建筑、可再生能源应用项目、近零能耗建筑项目等给予省级年度城镇化发展专项资金支持；强化住宅健康性能设计，助力建设"好房子"。

21 世纪以来，陕西省城市规模不断扩大，建筑体量迅速增加，不节能或节能水平较低的既有建筑存量大。根据本书的统计测算，从"十五"初期到"十三五"末，陕西省建筑领域能源消耗和碳排放呈持续增长状态，能源消费总量由 491.34 万 tce 增长至 1911.39 万 tce，建筑运行能耗占建筑领域总能耗的比例由 87.46% 增长至 92.36%；建筑领域碳排放总量由 1468.92 万 tCO$_2$ 增长至 6004.86 万 tCO$_2$，年均增长率为 7.29%，建筑运行碳排放量占比由 83.39% 增长至 93.08%。总量不断扩大，增长速度快。因此，在我国自主减排目标引领下，陕西省建筑领域节能降碳需求迫切。在此背景下，务必要以高质量发展为引领，加快转变城乡建设方式，全面提升陕西省城乡建设绿色低碳发展质量，稳妥有序推进建筑领域"双碳"工作进程，力争在 2030 年前，陕西省城乡建设领域碳排放达到峰值。

因此，当下开展陕西省建筑领域碳达峰碳中和实施路径研究工作意义重大，是持续推动陕西省高质量发展的关键一环，也有力夯实了全省"双碳"工作的基础，加快了重点领域"N"政策体系建设，为陕西省建筑领域碳达峰碳中和的政策储备和科学决策提供支撑，为建设经济强省、美丽陕西作出新贡献。

1.2 建筑碳中和的内涵

当前，全球越来越多的国家和地区提出了碳中和目标，我国也提出了碳达峰碳中和的时间表。建筑关系着社会发展的方方面面，是能源终端消费的主战场，在应对全球气候变化问题中占据重要角色，以建筑领域绿色低碳发展为核心的相关研究，将有效为我国乃至全球的建筑碳中和进程提供支撑，也为本书的研究提供了广泛的数据支持和方法参考。相关的研究主要涉及建筑领域碳排放边界划分问题、碳排放计算问题、碳排放预测与碳达峰碳中和实施路径。

1.2.1　建筑领域碳排放边界

建筑领域碳排放边界的确定是碳排放研究的前提，明确的边界划分将直接决定碳排放结果的可靠性，但目前的相关文献研究及标准体系中，针对建筑领域碳排放边界的划分方式仍存在较大差异，没有形成统一标准。

综合国内外研究成果，从建筑碳排放产生的时间轴考虑，建筑领域碳排放边界主要包括两个方面：一是狭义的建筑运行碳排放，即仅包含运行阶段，或者全生命周期的其他某个阶段进行计算，例如《民用建筑能耗标准》GB/T 51161—2016 指出建筑用能是建筑运行过程中产生的能源消耗，包括维持建筑内部环境用能和建筑内活动用能，即建筑碳排放发生在建筑运行过程中；二是广义建筑碳排放，通常认为是建筑全生命期碳排放，例如《建筑碳排放计算标准》GB/T 51366—2019 的碳排放计算范围，在建筑运行的基础上增加了建材与建筑施工的碳排放，涉及建材生产、建筑建造以及建筑运行维护、拆除回收等环节。

针对建筑运行能耗与碳排放计算开展的研究[6-11]，其建筑类型划分方式是一致的，均包含了公共建筑、城市居住建筑和农村居住建筑三种类型，但是针对公共建筑和城市居住建筑的集中供暖能耗的统计方式存在差异，部分研究将集中供暖能耗单独列出，与上述三种类型的建筑能耗并列，最具代表性的就是由清华大学建筑节能研究中心每年发布的《中国建筑节能年度发展研究报告》；还有部分研究将集中供暖能耗分配到具体的建筑类型中，不再单独列出，最具代表性的就是由中国建筑节能协会每年发布的《中国建筑能耗与碳排放研究报告》。针对建筑全生命周期碳排放开展的研究[12-15]，其主要边界是一致的，均包含了建材生产运输、建筑建造、运行及拆除阶段，部分研究还考虑了建材的回收利用。

1.2.2　建筑能耗与碳排放核算

建筑能耗核算是碳排放核算的基础。2007 年，住房城乡建设部制定了《民用建筑能耗统计报表制度》，要求全国各地逐步展开建筑能耗统计工作，在此基础上又分别发布了《民用建筑能耗和节能信息统计报表制度》《民用建筑能耗统计报表制度》（修订版）和《民用建筑能源资源消耗统计报表制度》（2018 年版，2022 年修订版）等，然而长期以来建筑节能统计工作客观上存在着统计对象种类多、数据获取难等原因，导致统计数据不全、数据失真等问题，无法全面有效地反映民用建筑整体能耗水平和强度，从而也无法核算真实的碳排放水平。

经过多年的实践和探索，在建筑能耗核算方面，主要形成了基于能源平衡表拆分法[16]、基于统计报表的计算法[17]、建筑样本抽样调查法[18]和基于终端模型的计算法[19]。其中基于能源平衡表拆分法是通过拆分方式，将混杂在第三产业和居民生活消费两大部门能耗之中的建筑运行能耗分离出来。鉴于我国当前民用建筑能耗统计体系尚不完善，数据缺口较大，不具备通过统计报表计算碳排放的条件，因此无法采用基于统计报表的计算法。而建筑样本抽样调查法以"自下而上"的思路核算建筑能耗，存在抽样调查工作量大、调查类型多样等问题，从而导致调研样本类型不全、核算结果可靠性低。基于终端模型的计算法同样采用"自下而上"的思路，与建筑样本抽样调查法存在同样的问题。

碳排放计算方法是分析碳排放历史变化特征的关键。目前国际上普遍认可的计算方法主要有三种：碳排放因子法，根据能源消耗清单列表，将每种含碳能源活动水平和碳排放因子相乘即为碳排放的估算值[20-22]；质量平衡法，即投入的物质质量等于产出的物质质量，可以反映投入产出的实际碳排放，IPCC 提出的化石能源碳排放与工业生产过程碳排放估算方法即为质量平衡法[23]；实测法，根据实测数据计算分析获得碳排放[24]。质量平衡法和实测法的结果较为准确，但数据难获取，多用于排放路径清晰、小规模的计算。碳排放因子法是基于实测各类燃料热值和碳氧化率而得到的碳排放因子，直接计算宏观数据上的各类能源碳排放，减少了数据的获取环节，具有明显的便利性，既适用于单体建筑碳排放核算，也适用于宏观尺度的建筑领域碳排放核算。

探明建筑碳排放影响因素强弱是设定建筑领域"双碳"目标实施路径的重要依据。将建筑碳排放分解为多个因素的共同作用，并量化各因素与碳排放的变化关系，成为研究该类问题的有效手段。Kaya 恒等式已成为能源、农业等多个领域碳排放驱动因素分析的主流模型方法[24]，但 Kaya 恒等式只能定性地解释碳排放的趋势，不能定量反映历史碳排放存量变化。Ang 等人[25]则进一步提出了 LMDI 分解法（对数平均迪氏指数分解法），具有全分解、无残差、结果解释性强等优点，被广泛应用于各领域中驱动因素的定量分析研究。

1.2.3　建筑碳排放预测

在"双碳"目标背景下，需要明确碳排放现状和历史数据，更需要对未来的碳排放进行预测，确定碳排放峰值和减排任务，制定相应的减排政策。建筑碳排放预测模型的方法，总体可分为"自上而下"方法和"自下而上"方法，"自上而下"方法是从区域级宏观视角考察碳排放历史特征并预测趋势；而"自下而上"方法是基于建筑运行特征计算单体建筑碳排放，或通过统计或测算某个类型的建筑碳排放强度，再放大到区域级尺度。

针对"自上而下"方法，以 IPAT 模型为代表的情景分析法得到了广泛应用，IPAT是研究历史碳排放的经典模型，$I=P×A×T$，I 为环境影响（如碳排放），P 为人口规模，A 为富裕度（如地区生产总值，简称地区 GDP），T 为技术进步［如单位国内生产总值（单位 GDP）形成的碳排放］[25]。近年来，中国建筑节能协会发布的《中国建筑能耗与碳排放报告》[27,28]，采用 IPAT 模型预测了全国建筑全过程能耗与碳排放趋势；马敏达[26]使用 IPAT 模型中的 Kaya 恒等式对我国建筑运行碳排放达峰时间和路径进行了模拟；潘毅群等人[29]研究发现上海市建筑领域在 2013 年已经碳达峰，并采用 Kaya 恒等式模型预测了该地区建筑领域碳中和前景；王京京等人[30]研究发现北京市建筑运行碳排放在 2012 年已经达峰，并采用 Kaya 恒等式与 LMDI 模型分析了该地区碳排放影响因素和趋势。"自上而下"方法从宏观层面入手，考察建筑领域总体能耗、碳排放、建筑面积及人口社会经济因素，能够充分把握社会发展规律。

针对"自下而上"方法，由瑞士斯德哥尔摩研究所提出的 LEAP 模型（长期能源替代规划系统模型）被各行业广泛用于能耗与碳排放预测，其在建筑领域的应用思路是，搭建包含机电用能系统的能耗模型，确定不同类型建筑能耗，最后再拓展到本地区[31]。张时聪等人[32]采用 LEAP 模型对我国各气候区的建筑用能活动水平和用能强度进行设定，以 2030年碳达峰和 2060 年碳中和作为约束条件，得到不同技术水平下的减排效果；谢娇艳和陈铭采用 LEAP 模型分别预测了重庆市公共建筑和居住建筑的碳排放达峰时间和总量[33,34]；洪竞科等人[35]在 LEAP 模型的基础上构建了包含我国终端部门的综合评估模型——RICE-LEAP 模型，模拟了建筑全产业链的碳排放发展路径；清华大学建筑节能研究中心提出了 CBEEM 模型（中国建筑能耗模型），将建筑能耗分为公共建筑、城镇居住建筑、农村居住建筑和北方城镇供暖四项，通过分地区、分类型的单独计算，汇总得到总能耗，并进一步基于碳排放因子法计算获得碳排放数据[36,37]。

综上所述，"自上而下"方法普遍以统计数据为依据，统计能耗后再计算碳排放，数据来源和计算过程较为可靠，注重把握社会宏观发展规律，无须考虑建筑类型的用能差异，因此在具体实施路径研究方面，主要用于定性分析减排的重点任务方向，但难以实现定量分析；而"自下而上"方法可定量分析节能技术效果，但涉及建筑细节过多，一般需要涵盖各类型建筑用能特征，研究工作量大。

可以看到，目前针对建筑能耗与碳排放的研究已取得长足的进展，但在适宜的建筑碳排放边界划分、准确的建筑能耗与碳排放核算、可靠的建筑碳排放预测模型、有效的达峰实施路径等方面，仍需要结合地区和相关领域的碳排放特点，持续深化研究，探索形成建筑领域碳达峰碳中和实施路径和系列保障措施。

1.3 重点内容

在"双碳"目标下，面向陕西省城乡建设绿色低碳高质量发展需求，本书以国家及地方统计数据为依据，以陕西省建筑领域碳排放为研究对象，综合采用现状研究与趋势研究相结合、定性研究与定量研究相结合、比较分析等方法，理清碳排放边界，摸清碳排放底数，构建碳排放模型，预测碳排放峰值，量化减排重点任务，提出实现"双碳"目标的具体举措和实施路径。具体包括以下几个方面：

1. 建筑领域碳排放边界

碳排放边界的划定是开展建筑领域碳排放总量研究的基础，但目前尚未形成统一的划分标准。针对上述问题，本书对国内外现有的碳排放边界划分体系、文献研究进展等进行梳理，总结当前研究成果的共性特征、划分方式及划分依据，结合陕西省住房城乡建设管理部门的管辖范围和行业领域，对各类划分方式的实际执行度、减少碳排放的潜力和关联性等因素进行综合分析，划定本书所研究的碳排放边界，为后续的碳排放核算和预测确定计算框架，夯实研究基础。

2. 陕西省社会经济及建筑面积现状

摸清陕西省社会经济及建筑基本情况，是开展建筑领域能耗与碳排放强度研究的基础。根据我国及陕西省现有的统计制度和统计数据特点，明确陕西省人口、经济、不同类型建筑面积等信息的获取途径和计算方法，结合《中国统计年鉴》《中国城乡建设统计年鉴》《陕西统计年鉴》等年鉴数据，梳理"十五"至"十三五"期间的陕西省人口、经济、不同类型建筑运行面积、建筑业施工及竣工面积等，总结主要数据的历史变化规律，为陕西省建筑能耗与碳排放的强度分析、碳达峰碳中和实施路径研究等提供基础数据支撑。

3. 陕西省建筑领域能耗与碳排放现状

梳理国内外现有的建筑能耗和碳排放计算方法，以陕西省宏观尺度的建筑领域能耗和碳排放核算为目标,优先采用基于能源平衡表拆分法的建筑能耗计算方法和基于碳排放因子法的建筑碳排放计算方法,结合《中国能源统计年鉴》和《中国统计年鉴》等年鉴数据,对 2000~2020 年陕西省建筑领域不同碳排放主体的实物量能耗进行拆分和计算,明确陕西省建筑领域能耗总量及强度,进而计算获得碳排放总量及强度,以及建筑业和不同类型建筑运行的综合碳排放系数。

4. 陕西省建筑领域碳排放驱动因素

基于对国内外现有碳排放评估模型分析,选用 Kaya 恒等式对建筑领域能耗与碳排放数据进行拆分,并采用 LMDI 分解法对建筑领域碳排放的驱动因素进行量化分析。明确不同历史阶段各驱动因素对建筑领域减少碳排放的贡献量,进而明确各驱动因素对建筑领域碳排放的影响程度和主次顺序,即摸清陕西省建筑领域因长期实施建筑节能措施的历史减排贡献,为陕西省建筑领域碳排放预测和碳达峰碳中和实施路径提供重点任务方向指导和数据支撑。

5. 陕西省建筑领域碳排放情景预测

对不同拆分方式下的 Kaya 恒等式方程开展岭回归分析,以考察不同拆分方式下各因素对建筑碳排放的影响程度和数据相关性,并以最优拆分方式构建 Kaya 恒等式作为碳排放预测模型核心方程。采用情景分析法构建多类型的建筑领域碳排放情景。以 2020 年为基准年,结合陕西省建筑领域历史碳排放规律和现阶段政策要求,拟定基准情景、高碳情景、低碳情景和各类中间情景,各情景遵循未来不同的社会经济路线与技术水平。总体以 2030 年前实现陕西省建筑领域碳达峰为底线,明确陕西省建筑领域适宜的碳达峰路线、碳达峰时间、碳排放峰值和减排目标。

6. 陕西省建筑领域碳达峰碳中和实施路径

以降低建筑能耗强度和综合碳排放系数为核心目标,形成由新建城镇建筑节能标准提升、既有城镇建筑节能改造、农村居住建筑能效提升、可再生能源利用等重点任务组成的陕西省建筑领域碳达峰碳中和实施路径,测算各重点任务的减碳量,"自下而上"测算减碳量与"自上而下"预测减碳量,从而实现量化碳达峰碳中和实施路径中各重点任务的实施深度,明确陕西省建筑领域碳达峰碳中和的减排目标及重点任务指标,提升碳达峰碳中和实施路径的有效性和准确性。

7. 陕西省建筑领域节能降碳技术体系

围绕陕西省建筑领域碳达峰碳中和重点任务方向,深化技术支撑和保障措施,结合陕西省气候特征、资源禀赋,梳理建筑领域适宜绿色低碳技术措施的基本概念、技术要点、政策要求及标准体系建设情况,主要包括城镇建筑运行节能降碳、农村建筑运行节能降碳、可再生能源利用和建筑业节能降碳技术四个方面,旨在推动建筑运行能效提升、可再生能源利用和绿色建造的技术应用,为陕西省制定建筑领域碳达峰碳中和政策提供参考。

1.4 技术路线

本书的研究总体采用"自上而下"和"自下而上"相结合的技术思路,包括"自上而下"的历史碳排放核算和未来碳排放预测方法、"自下而上"的重点任务减碳量测算方法,开展陕西省建筑领域碳达峰碳中和实施路径研究,针对陕西省建筑领域碳排放边界、现状、模型、因素、趋势、路径等内容依次进行深入分析。本书技术路线如图 1-3 所示。

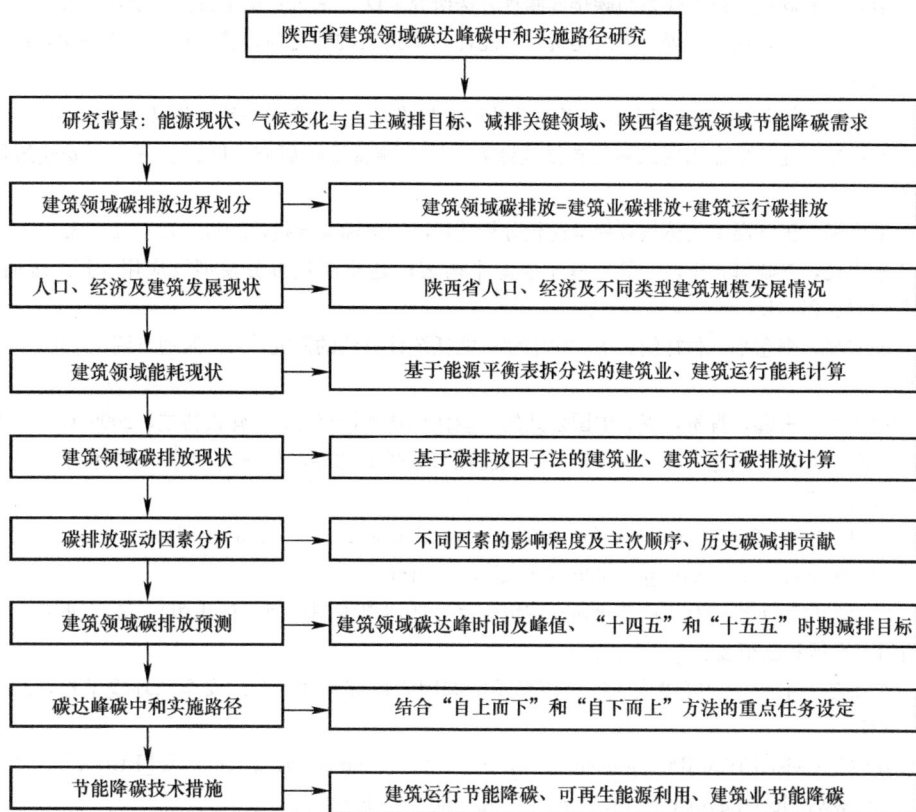

```
┌─────────────────────────────────────────────────┐
│          陕西省建筑领域碳达峰碳中和实施路径研究          │
└─────────────────────────────────────────────────┘
                          ↓
┌─────────────────────────────────────────────────────────────┐
│ 研究背景：能源现状、气候变化与自主减排目标、减排关键领域、陕西省建筑领域节能降碳需求 │
└─────────────────────────────────────────────────────────────┘
     ↓
┌──────────────────┐      ┌─────────────────────────────────┐
│ 建筑领域碳排放边界划分 │ ───→ │ 建筑领域碳排放=建筑业碳排放+建筑运行碳排放 │
└──────────────────┘      └─────────────────────────────────┘
     ↓
┌──────────────────┐      ┌─────────────────────────────────┐
│ 人口、经济及建筑发展现状 │ ───→ │ 陕西省人口、经济及不同类型建筑规模发展情况 │
└──────────────────┘      └─────────────────────────────────┘
     ↓
┌──────────────────┐      ┌─────────────────────────────────┐
│   建筑领域能耗现状   │ ───→ │ 基于能源平衡表拆分法的建筑业、建筑运行能耗计算 │
└──────────────────┘      └─────────────────────────────────┘
     ↓
┌──────────────────┐      ┌─────────────────────────────────┐
│  建筑领域碳排放现状  │ ───→ │ 基于碳排放因子法的建筑业、建筑运行碳排放计算 │
└──────────────────┘      └─────────────────────────────────┘
     ↓
┌──────────────────┐      ┌─────────────────────────────────┐
│  碳排放驱动因素分析  │ ───→ │ 不同因素的影响程度及主次顺序、历史碳减排贡献 │
└──────────────────┘      └─────────────────────────────────┘
     ↓
┌──────────────────┐      ┌──────────────────────────────────────┐
│  建筑领域碳排放预测  │ ───→ │ 建筑领域碳达峰时间及峰值、"十四五"和"十五五"时期减排目标 │
└──────────────────┘      └──────────────────────────────────────┘
     ↓
┌──────────────────┐      ┌─────────────────────────────────┐
│  碳达峰碳中和实施路径 │ ───→ │ 结合"自上而下"和"自下而上"方法的重点任务设定 │
└──────────────────┘      └─────────────────────────────────┘
     ↓
┌──────────────────┐      ┌─────────────────────────────────┐
│   节能降碳技术措施   │ ───→ │ 建筑运行节能降碳、可再生能源利用、建筑业节能降碳 │
└──────────────────┘      └─────────────────────────────────┘
```

图 1-3　本书技术路线

本章参考文献

［1］首都科技发展战略研究院．世界能源格局走势分析（上）［EB/OL］．［2024-06-24］．https://www.thepaper.cn/newsDetail_forward_13797380.

［2］国际能源署（IEA）．能源系统数据统计［DB/OL］．［2024-06-24］．https://www.iea.org/data-and-statistics.

［3］联合国政府间气候变化委员会（IPCC）．第六次综合评估报告之《气候变化2023》［R/OL］．［2024-06-24］．https://www.ipcc.ch/assessment-report/ar6/.

［4］国家统计局．《中国统计年鉴》（2001～2021年）［DB/OL］．［2024-06-24］．https://www.stats.gov.cn/sj/ndsj/.

［5］中能传媒研究院．中国能源大数据报告（2023）［R/OL］．［2024-06-24］．https://cpnn.com.cn/news/baogao2023/202306/t20230620_1611029.html.

［6］杨天娇．城镇民用建筑碳排放的时空变化及影响因素［D］．北京：北京交通大学，2021.

［7］张为程．基于LEAP的吉林省民用建筑运营期碳排放模拟研究［D］．长春：吉林大学，2017.

［8］张时聪，王珂，杨芯岩，等．建筑部门碳达峰碳中和排放控制目标研究［J］．建筑科学，2021，37（8）：189-198.

［9］徐伟，倪江波，孙德宇，等．我国建筑碳达峰与碳中和目标分解与路径辨析［J］．建筑科学，2021，37（10）：1-8，23.

[10] 龙惟定，梁浩. 我国城市建筑碳达峰与碳中和路径探讨 [J]. 暖通空调，2021，51 (4)：1-17.

[11] 李兵. 低碳建筑技术体系与碳排放测算方法研究 [D]. 武汉：华中科技大学，2012.

[12] 胡姗，张洋，燕达，等. 中国建筑领域能耗与碳排放的界定与核算 [J]. 建筑科学，2020，36 (S2)：288-297.

[13] 何福春，付祥钊. 关于建筑碳排放量化的思考与建议 [J]. 资源节约与环保，2010 (6)：20-22.

[14] 罗智星. 建筑生命周期二氧化碳排放计算方法与减排策略研究 [D]. 西安：西安建筑科技大学，2016.

[15] 童俊军. 国际温室气体核算标准比较分析 [J]，中国标准导报，2011 (12)：13-15.

[16] 蔡伟光，李晓辉，王霞，等. 基于能源平衡表的建筑能耗拆分模型及应用 [J]. 暖通空调，2017，47 (11)：27-34.

[17] 陈淑琴，李念平，付祥钊，等. 住宅建筑能耗统计方法的研究 [J]. 暖通空调，2007，37 (3)：44-48，95.

[18] 魏庆芃，王鑫，肖贺，等. 中国公共建筑能耗现状和特点 [J]. 建设科技，2009 (8)：38-43.

[19] 胡姗，张洋，燕达，等. 中国建筑领域能耗与碳排放的界定与核算 [J]. 建筑科学，2020，36 (增刊2)：288-297.

[20] IPCC. 2006 IPCC guidelines for national greenhouse gas inventories [R/OL]. [2023-11-17]. https：//www. ipcc-nggip. iges. or. jp/public/2006gl/vol2. html.

[21] 国家发展改革委应对气候变化司. 省级温室气体清单编制指南（试用版）[Z]. 北京：中华人民共和国国家发展和改革委员会，2011.

[22] 李小冬，朱辰. 我国建筑碳排放核算及影响因素研究综述 [J]. 安全与环境学报，2020，20 (1)：317-327.

[23] IPCC. Revised 1996 IPCC guidelines for national greenhouse gas inventories [EB/OL]. [2023-11-17]. https：//www. ipcc-nggip. iges. or. jp/public/gl/guidelin/ch2ref1. pdf.

[24] 戴小文，何艳秋，钟秋波. 基于扩展的 Kaya 恒等式的中国农业碳排放驱动因素分析 [J]. 中国科学院大学学报，2015，32 (6)：751-759.

[25] ANG B W，CHOI K H. Decomposition of aggregate energy and gas emission intensities for industry：a refined divisia index method [J]. Energy journal，1997，18 (3)：59-73.

[26] 马敏达. 中国建筑运行碳排放的影响因素与达峰模拟研究 [D]. 重庆：重庆大学，2020.

[27] 中国建筑节能协会建筑能耗与碳排放数据专业委员会. 中国建筑能耗与碳排放研究报告 2022 [R]. 北京：中国建筑节能协会，2023.

[28] 中国建筑节能协会建筑能耗与碳排放数据专业委员会. 中国建筑能耗与碳排放报告 2021 [R]. 北京：中国建筑节能协会，2022.

[29] 潘毅群，魏晋杰，汤朔宁，等. 上海市建筑领域碳中和预测分析 [J]. 暖通空调，2022，52 (8)：18-28.

[30] 王京京，卫佳佳. 时间序列下北京市建筑运行碳排放变化特征与情景模拟 [J]. 北京工业大学学报，2022，48 (3)：220-229.

[31] ZHOU N，FRIDLEY D，KHANNA N Z，et al. China's energy and emissions outlook to 2050：Perspectives from bottom-up energy end-use model [J]. Energy Policy，2013，53 (2)：51-62.

[32] 张时聪，王珂，杨芯岩，等. 建筑部门碳达峰碳中和排放控制目标研究 [J]. 建筑科学，2021，37 (8)：189-198.

[33] 谢娇艳. 基于 LEAP 模型的重庆市公共建筑碳排放达峰及节能减排探讨 [D]. 重庆：重庆大学，2019.

[34] 陈铭. 基于 LEAP 的重庆市主城区住宅供暖运行能耗与碳排放预测研究 [D]. 重庆：重庆大

学，2019.

[35] 洪竞科，李沅潮，郭偲悦. 全产业链视角下建筑碳排放路径模拟：基于 RICE-LEAP 模型 [J]. 中国环境科学，2022，42（9）：4389-4398.

[36] 清华大学建筑节能研究中心. 中国建筑节能年度发展研究报告 2012 [M]. 北京：中国建筑工业出版社，2012.

[37] YANG T，PAN Y，YANG Y，et al. CO_2 emissions in China's building sector through 2050：A scenario analysis based on a bottom-up model [J]. Energy，2017，128（3）：208-223.

第2章 ▶▶
建筑领域碳排放边界划分

2.1 研究内容与技术路线

建筑领域碳排放边界划分是开展碳排放研究的基础，但国内外目前尚未形成统一的划分标准。部分研究仅考虑了建筑运行碳排放，还有部分研究考虑了建筑全生命周期碳排放，这就导致不同研究的核算结果差异较大。本章对建筑领域碳排放核算相关标准、全生命周期碳排放计算框架、碳排放边界划分现状等内容进行广泛调研与梳理，总结当前研究成果的共性特征、划分依据及划分形式，并结合陕西省住房城乡建设行业主要涉及的领域，确定本书所研究的碳排放边界，夯实研究基础。本章技术路线如图2-1所示。

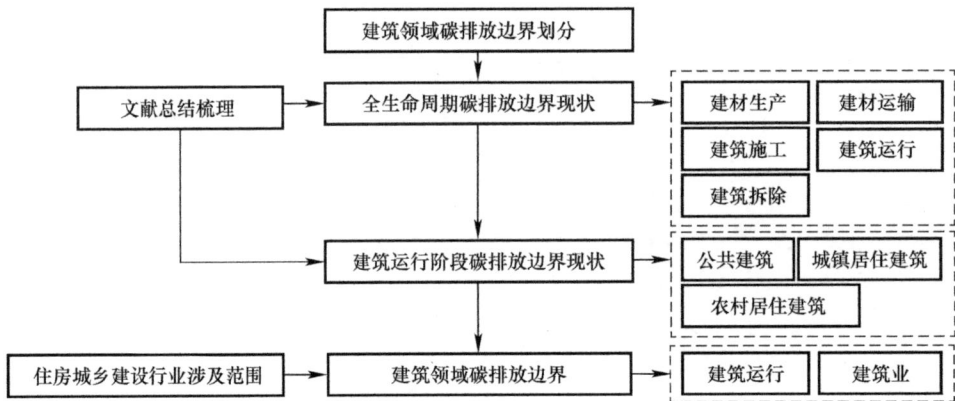

图 2-1　第 2 章技术路线

2.2 建筑领域碳排放边界划分现状

建筑领域碳排放是针对国家、地方等较为宏观尺度的碳排放。从排放阶段的视角来看，碳排放边界研究主要分为狭义建筑碳排放和广义建筑碳排放，前者仅考虑建筑运行碳排放，后者通常被认为是建筑全生命期碳排放，涉及建材生产、建筑建造以及建筑运行维护、拆除回收等各个环节。本节首先从建筑领域碳排放计算框架出发，对碳排放计算概念做一个最广泛的界定，此后针对建筑运行碳排放的现状界定进行分析，并逐步扩展到全生命周期碳排放边界的现状划分。

2.2.1 建筑碳排放计算框架

随着可持续理念在建筑领域的传播和发展，生命周期分析（LCA）已成为一种分析建筑环境性能的重要参考方法，各国政府以及组织正在积极研究、制定标准化方法及体系。经过多年的实践和探索，已经存在多个认知度较高的核算标准，例如由美国世界资源研究所（WRI）组织的全球第一个核算标准——温室气体议定书，《IPCC 国家温室气体清单指南》（IPCC，2019）[1]，以及英国的《商品和服务在生命周期内的温室气体排放评价规范》PAS 2050：2011 等[2]。

国际标准化组织（ISO）系列标准推荐的基于过程的方法是碳排放核算中最常用的方法之一，《温室气体》ISO 14064、《温室气体　产品碳足迹：量化要求和指南》ISO 14067 是系列标准中较为重要的两个分支。其中《温室气体　产品碳足迹：量化要求和指南》ISO 14067 旨在指导和规范产品碳排放的核算，其主体框架和核算原则继承于《环境管理　生命周期评价：原则与框架》ISO 14040 和《环境管理　生命周期评价：要求和指南》ISO 14044，其部分内容还参考了《温室气体核算体系》GHG Protocol 和《商品和服务在生命周期内的温室气体排放评价规范》PAS 2050。与前两种标准不同的是，该标准强调对每一类产品设定特定的碳排放核算范围，而与早期的 2013 年版相比，新版本更加注重量化作用，对用电量的计算等要求更加明确，并且对于农业、林业的相关产品提出了具体指导[3]。

《温室气体　第 1 部分：组织层面上对温室气体排放和清除的量化与报告规范及指南》ISO 14064-1：2018、《温室气体　第 2 部分：项目层面上对温室气体排放和清除的量化与报告规范及指南》ISO 14064-2：2019、《温室气体　第 3 部分：温室气体声明审定与核查指南》ISO 14064-3：2019 针对的则是企业或者活动层面的碳排放核算，分别提供了温室气体在组织层面、项目层面温室气体清单的量化和规范，以及对清单和项目文件的审查核定，其中组织层面的边界包括单个或多个设施，其排放来自单个或多个温室气体的源或汇；与早期的 2006 年版相比，新版标准扩充和细化了间接碳排放的温室气体清单，这一改动也反映了间接碳排放越来越受重视。除此之外，新版标准对具体项目的温室气体核算也提出了新的指导方案，例如对生物活动造成的碳排放清单核算进行了指导，提供了与电力的进出口相关的温室气体清单指南。

欧洲标准化委员会针对建筑工程及可持续性提出了《建筑全生命周期核算框架》EN 15804：2019，涵盖建筑所有生命周期阶段，其计算和过程遵循《环境管理　生命周期评价：原则与框架》ISO 14040：2006。EN 15804：2019 中建筑全生命周期核算框架如图 2-2 所示，该框架适用于从单体建筑出发计算其碳排放，可以评估新建建筑和现有建筑的性能。我国标准《建筑碳排放计量标准》CECS 374：2014 中也介绍了建筑全生命周期核算框架[4]，如图 2-3 所示，其与 EN 15804：2019 中建筑全生命周期核算框架的划分阶段基本是一致的，只是各个阶段下的模块划分不同。国外对于运行阶段的模块划分更为细致，虽然国内的计量标准在后续的计算中也包括了对用水量的计算，但是国外将操作用水单独作为一个模块更能强调其重要性；在回收阶段，国内重在对材料的回收，而国外还强调到了能量的回收。

2.2.2　建筑全生命周期碳排放

目前国内外建筑领域碳排放计算边界划分研究不尽相同，从建筑领域碳排放时间轴来看，可大致划分为以运行阶段为主的边界和全生命周期的边界两种界定方式。我国针对新建、扩建和改建的民用建筑项目制定了《建筑碳排放计算标准》GB/T 51366—2019，包

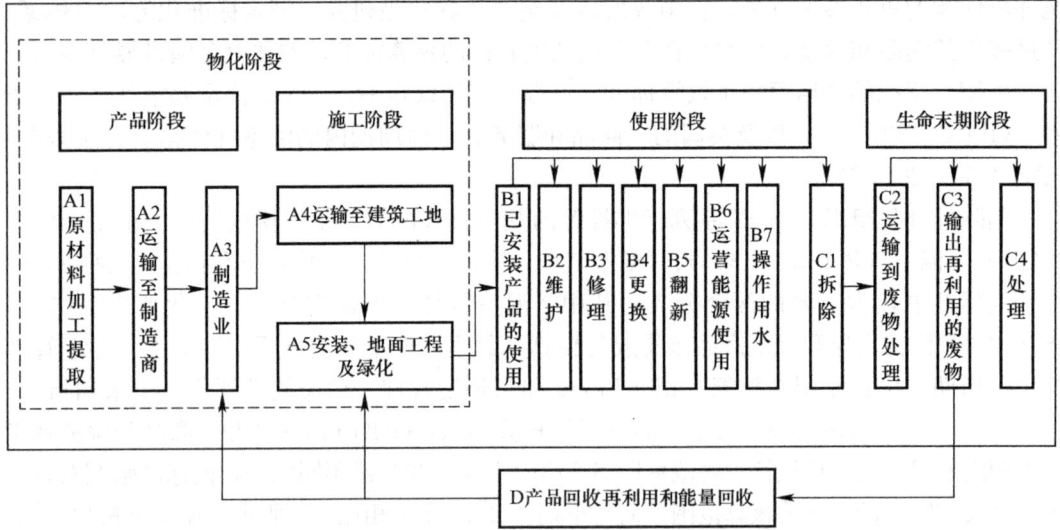

图 2-2　EN 15804：2019 中建筑全生命周期核算框架

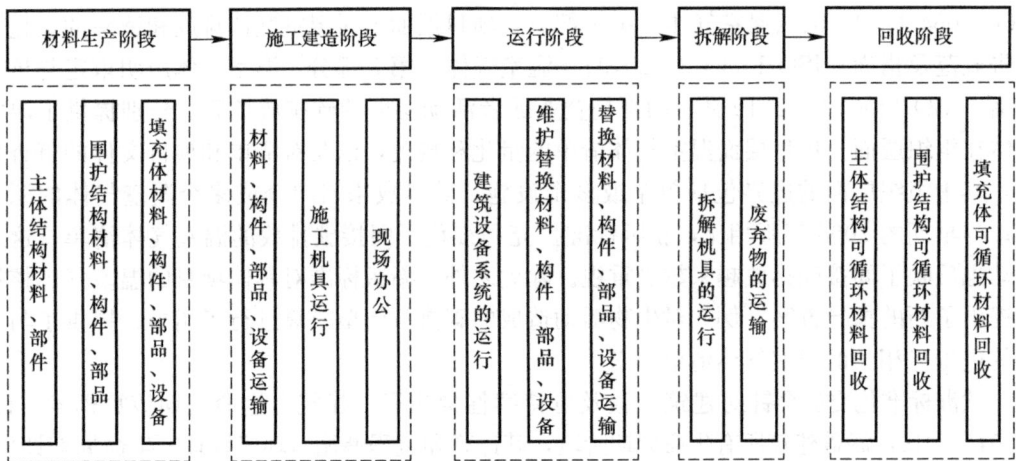

图 2-3　CECS 374：2014 中建筑全生命周期核算框架

括了建材生产及运输、建造、运行及拆除等与建筑全生命周期活动相关的温室气体排放计算方法。《建筑节能与可再生能源利用通用规范》GB 55015—2021 规定，在可行性研究报告、建设方案和初步设计文件中均需计算运行阶段的碳排放，而建材生产及运输、建造和拆除只是鼓励计算。《绿色建筑评价标准》GB/T 50378—2019（2024 年版）和《绿色建筑评价技术指南》DB 61/T 5016—2021 则鼓励在施工图审查及评价阶段对建筑的运行、建材的生产和运输进行碳排放计算。除了国内标准中的划分方式，从建筑全生命周期的过程分析考虑，建筑碳排放计算还可以按照时间层面、空间层面、各类能源中的碳流动划分，以及按直接、间接等方式划分。

如表 2-1 所示，潘毅群等人[5]认为建筑业能耗应从各工程项目开工至项目竣工验收为止，而建筑领域应当按照建筑业和建筑运行阶段进行能耗计算；李静等人[6]也认为建筑业能耗包含新建建筑建造能耗、既有建筑围护结构改造能耗及建筑拆除能耗，此外，与建筑施工活动相关的建筑材料能耗、建筑废弃物能耗也被计入建筑业能耗中。因此，本书用建筑业能耗来表征建筑施工建造和拆除能耗。

建筑全生命周期能耗与碳排放边界划分方式　　　　　表 2-1

文献编号	能耗与碳排放边界研究内容
[5]	包含上海全市建筑业，完成各分部、分项工程施工产生的能耗碳排放和各措施项目实施过程产生的碳排放；时间边界为项目开工起至项目竣工验收止
[7]	通过直接燃烧排放 CO_2 的直接碳排放；通过建筑用电、区域供热供冷、冷热水供应相关的间接碳排放以及材料、运输、建筑建造及拆除过程的隐含碳排放
[6]	施工建造阶段能源消耗除运输外，还包括现场施工机械的能源消耗；拆除阶段数据按照施工机械碳排放、材料运输碳排放和可回收利用部分碳排放进行统计
[8]	广义的碳排放计算范围包括建筑设计、建材运输、建筑施工、建筑运行、建筑维护和建筑物处理的全生命周期；施工阶段应包括建筑建造和拆除
[9]	建筑施工（建造和拆除）涉及的建筑类型仅指民用建筑，包括住宅、学校、办公建筑、商场店铺、医院、旅馆、交通枢纽、文体娱乐设施等，而不包括工业建筑
[10]	包括统计年鉴中单独统计的建筑业能耗，涉及建筑施工阶段和建筑拆除阶段能耗和建筑运行阶段的能耗
[11]	从时间、空间两个层面分析，包括设计阶段、施工建造阶段、运行使用阶段、拆除回收阶段；直接空间包括办公室、施工场地、建筑物等；间接空间包括能源、材料的生产场所、运输、废物处置场所
[12]	设计阶段碳排放、物化阶段碳排放、运营维护阶段碳排放、废弃处理碳排放
[13]	建筑业能耗包括两部分：一部分是直接能耗，主要发生在建造施工阶段；另一部分是间接能耗，是建筑业拉动其他产业产生的能耗，主要是建材产业
[14]	建筑业能耗包含新建建筑建造能耗、既有建筑围护结构改造能耗及建筑拆除能耗。此外，建筑施工活动相关的建筑材料能耗、建筑废弃物运输能耗也被计入建筑业能耗中，用建筑业能耗来表征建筑施工能耗
[15]	建筑业涉及建筑施工阶段（新建建筑建造）和建筑拆解阶段（建筑拆解施工、建筑废弃物运输和建材回收）
[16]	设计阶段、安全施工阶段、使用维护阶段、拆除清理阶段
[17]	建筑材料和设备的生产和运输、建筑施工及安装、建筑运营、建筑维护、修缮和改造、建筑拆除与处置
[18]	分为建筑建造阶段（建材生产和现场施工等过程）和建筑运行阶段，建造阶段细化为城镇住宅、农村住宅、公共建筑、集中供暖
[19]	使用前（材料生产、运输、建造）、使用（维护、供暖、通风、做饭、洗衣、照明、使用电器）和使用后（拆除、爆破、回收、重用、垃圾填埋）
[20]	二氧化碳排放量按照建筑材料准备、建筑施工与改造、建筑运营、建筑拆除及废物处理和回收利用 5 个阶段计算
[21]	从时间、空间、功能和方法维度阐述了建筑 LCA 的边界，划分阶段是"从摇篮到闸门"（包括原材料的提取、制造、运输、预制、建造、运营、围护和翻新、拆卸和回收/填埋）

将上述国内外有关建筑全生命周期碳排放边界划分方式的研究成果进行汇总，其碳排放计算内容也具备不同特征，如表 2-2 所示。

建筑全生命周期碳排放边界划分研究汇总　　　　　表 2-2

文献编号	建筑全生命周期碳排放边界				
	建材生产及运输	建筑建造	建筑运行	建筑拆除	建材回收再利用
[5]		√	√	√	

续表

文献编号	建筑全生命周期碳排放边界				
	建材生产及运输	建筑建造	建筑运行	建筑拆除	建材回收再利用
[7]	√	√	√	√	
[6]	√	√	√	√	√
[8]	√	√		√	
[9]	√	√	√		
[10]		√	√	√	
[11]		√	√		
[12]	√	√	√	√	√
[13]		√		√	
[14]		√			
[15]	√	√	√	√	√
[16]	√	√			
[17]	√	√			
[18]	√		√		
[19]	√	√		√	√
[20]	√	√	√	√	
[21]	√	√	√	√	√

综合国内外相关文献的研究汇总，建筑领域碳排放边界划定主要是基于线性思路，即按照时间顺序，进行全生命周期划分。从表2-2来看，研究的侧重点不一致，其全生命周期的碳排放边界划分就会有所区别，比如有的侧重于建筑全生命周期，有的侧重于建筑业的建造及拆除阶段，有的侧重于建筑的运行阶段。

2.2.3 建筑运行碳排放

部分学者认为住房城乡建设领域的碳排放主要是在建筑运行环节，控制碳排放最有效的方式就是针对建筑运行阶段[22]。中国建筑节能协会会长倪江波指出，住房城乡建设领域的碳排放主要是在建筑运行环节[23]；沈丹丹[24]的研究结果表明，建筑运行阶段的碳排放占比达到76.20%，控制碳排放最有效的方式就是针对建筑运行阶段。而建筑运行阶段的碳排放又可以聚焦于用能和用水所造成的碳排放。

建筑运行阶段使用的能源包括供热、生活热水供应、空调、照明、炊事等。当前针对建筑运行阶段的碳排放边界研究，有的按照公共建筑、城镇居住建筑和农村居住建筑的方式划分，也有的按照公共建筑、城镇居住建筑、农村居住建筑、北方城镇集中供暖的方式划分，还有按照间接碳排放和直接碳排放的方式划分。建筑运行能耗与碳排放边界划分方式如表2-3所示。

建筑运行能耗与碳排放边界划分方式　　　　　　　　　　表2-3

文献编号	建筑运行能耗与碳排放边界
[25]	公共建筑、城镇居住建筑、农村居住建筑运行阶段
[10]	建筑使用能耗、建筑修缮维护能耗、建筑使用阶段的维护和修缮活动涉及的能耗

文献编号	建筑运行能耗与碳排放边界
[26]	城镇居住建筑、农村居住建筑、公共建筑，北方（城镇和农村）供暖、夏热冬冷地区（城镇和农村）供暖
[27]	城镇居住建筑、农村居住建筑、供暖用能、公共建筑运行阶段
[28]	农村居住建筑运行阶段
[29]	公共建筑运行阶段
[30]	公共建筑（新建与既有）、城镇居住建筑（新建与既有）和农村居住建筑（新建与既有）
[31]	直接碳排放（直接燃烧化石能源），主要包括北方城镇供暖、炊事、生活热水；间接碳排放，包括用电、与城镇集中供暖相关的热电联产的热力
[32]	直接（煤、油、天然气）和间接（电力、热力）消费能源和碳排放
[33]	居住建筑和公共建筑能耗
[34]	居住建筑和公共建筑能耗
[35]	居住建筑电耗和炊事热耗、公共建筑电耗和炊事热耗
[36]	从建筑水暖电出发，划分为电耗（非空调）、炊事及热水能耗、空调能耗、供暖能耗、水耗
[5]	服务业、城镇生活消费（不含交通运输、仓储），主要涉及暖通空调、生活热水、照明及电梯、可再生能源等

从上述针对建筑运行碳排放的相关文献可以看出，该领域的研究主要针对民用建筑，划分内容均包含了居住建筑和公共建筑，只是供暖部分存在差异，部分研究将供暖碳排放单独列出，也有的将供暖碳排放作为用能终端与炊事、照明等形成的碳排放并列，用能终端主要分为空调、照明、家用设备、炊事、热水等。建筑运行碳排放边界宏观层面的划分方式如图 2-4 所示。

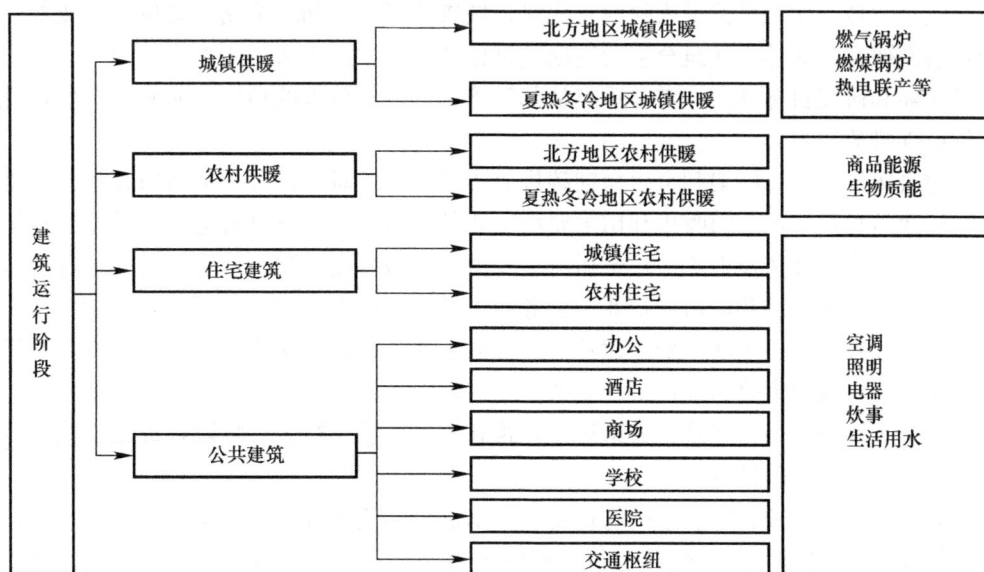

图 2-4　建筑运行碳排放边界宏观层面的划分方式

在计算建筑领域碳排放时，有学者认为只计算运行阶段的碳排放是不完整的，根据

《中国建筑能耗研究报告（2020）》，从建筑全生命周期角度出发，可以将建筑的整个过程分为建筑材料生产及运输、建筑施工、建筑运行、建筑拆除和建筑废弃材料回收利用5个阶段，而建筑碳排放主要聚焦于建筑材料生产、建筑施工和建筑运行3个阶段，建筑领域的碳排放在该报告中重点说明了建筑业和建筑运行两个阶段。

近年来，学者们全面研究了建筑领域的碳排放，认为物化阶段的碳排放在全生命周期中占有较大比例，即建筑建造阶段的碳排放不可忽视。例如汪洪等人[37]强调了建筑材料中二氧化碳含量是建筑低碳化的重点治理对象；龙惟定等人[7]将居住建筑的碳排放划分为运行碳排放和隐含碳排放，隐含碳排放包括建筑材料生产、建筑材料运输、建筑建造及建筑改造和拆除过程的碳排放，居住建筑的全生命周期中隐含碳排放占比超过50%，是全生命周期最主要的碳排放源。因此，为了更好地量化建筑领域的碳排放，设计更优的减少碳排放策略，有学者认为应该全方位研究建筑领域碳排放，即采用建筑全生命周期的方法。

总体而言，由于目前对建筑领域碳排放边界没有统一的标准定义，不同的研究对建筑领域碳排放边界存在差异，主要分为建筑全生命周期碳排放和建筑运行碳排放两种边界划分方式，其中，建筑运行碳排放属于全生命周期碳排放的重要组成部分，并且在全生命周期碳排放中，多数碳排放边界研究都包含了建筑建造及拆除、运行阶段。

2.3 建筑领域碳排放边界

综合本章2.1节和2.2节可以看到，建筑全生命周期一般包括建材生产及运输、建筑建造、建筑运行、建筑拆除、建筑材料回收再利用5个阶段，除过建筑全生命周期碳排放以外，当前研究最多的为建筑运行碳排放，而针对建筑运行阶段的划分方式也有所不同。

由于建筑全生命周期碳排放一般用于单体建筑或园区的环境性能测算，而本书研究的对象是建筑领域，研究目标是为陕西省建筑领域碳达峰碳中和政策制定提供技术支撑，属于宏观层面研究。显然，建筑全生命周期碳排放的划分方式不适用于本书的研究。立足城乡建设实际和研究目标导向，需要重点从部门管辖、行业范围的角度，明确本书所研究的建筑领域碳排放边界。

以建筑碳排放计算框架和全生命期碳排放边界为分析对象，首先从部门管理的角度来看，一般建筑材料生产、回收再利用主要由工业部门负责，建筑材料运输主要由交通运输部门负责，而建筑建造及拆除、建筑运行主要由住房城乡建设部门负责。其次从行业范围来看，建筑领域主要涉及城市建筑业、服务业、城镇居民生活消费（不含交通运输、仓储和邮政业）和农村居民生活消费。建筑业碳排放主要是指建筑建造阶段和建筑拆除处理阶段各种化石能源及电力热力消耗所产生的碳排放，而服务业、城镇居民生活消费和农村居民生活消费主要是指公共建筑、城镇居住建筑和农村居住建筑运行阶段各种化石能源及电力热力消耗所产生的碳排放。

因此，从部门管理、行业范围的角度，本书认为建筑领域的能耗与碳排放应包含建筑业（建筑建造及拆除阶段）、建筑运行，即两个方面、建筑全生命期的三个阶段。在宏观层面，建筑领域能耗表现为建筑业能耗、居民生活能耗（城镇和农村）与第三产业（服务业）除交通运输外的能源消耗之和。

其中，为了明确碳排放治理对象和管理边界，建筑运行阶段统一按照建筑类型细分子项，即再划分为公共建筑、城镇居住建筑和农村居住建筑三类。该划分方式与中国建筑节能协会每年发布的《中国建筑能耗与碳排放研究报告》保持一致，与清华大学建筑节能研究中心每年发布的《中国建筑节能年度发展研究报告》相比，本书将城镇集中供热分别拆分到公共建筑和城镇居住建筑中，不再单列。

本书确定的建筑领域碳排放边界及计算公式如下：

建筑领域碳排放＝建筑业（建筑建造及拆除）碳排放＋建筑运行碳排放；

建筑运行碳排放＝公共建筑运行碳排放＋城镇居住建筑运行碳排放＋农村居住建筑运行碳排放。

2.4　总结

本章基于对国内外文献及标准体系的调研分析和逻辑梳理，总结了建筑碳排放计算框架、建筑运行碳排放、建筑全生命周期碳排放的研究现状和边界划分特点。以建筑全生命周期碳排放为分析对象，结合建筑领域实现"双碳"目标的实际需求，并从住房城乡建设行业的部门管辖、行业范围等多角度分析，认为建筑领域碳排放应包含建筑业和建筑运行两个方面，其中，建筑运行阶段统一按照建筑类型细分子项，即再划分为公共建筑、城镇居住建筑和农村居住建筑三类碳排放主体；建筑业即建筑施工，包括建筑建造和建筑拆除两个阶段。此外，人口、经济社会及不同类型建筑规模的发展情况是准确评估建筑领域能耗、碳排放历史特征和未来趋势的基础数据，在上述划分边界的范围内，同样需要梳理清楚。

本章参考文献

[1] EGGLESTON H. 2006 IPCC guidelines for national greenhouse gas inventory [J]. Forestry, 2006（5）：1-12.

[2] BSI. Specification for the assessment of the life cycle greenhouse gas emissions of goods and services：PAS 2050：2008 [S]. London：British Standards Institution，2008.

[3] 《质量与标准化》编辑部. 国际标准前沿 [J]. 质量与标准化，2020，12（2）：54.

[4] 中国工程建设标准化协会. 建筑碳排放计量标准：CECS 374—2014 [S]. 北京：中国计划出版社，2014.

[5] 潘毅群，魏晋杰，汤朔宁，等. 上海市建筑领域碳中和预测分析 [J]. 暖通空调，2022，52（8）：18-28.

[6] 李静，刘燕. 基于全生命周期的建筑工程碳排放计算模型 [J]. 工程管理学报，2015，29（4）：12-16.

[7] 龙惟定，梁浩. 我国城市建筑碳达峰与碳中和路径探讨 [J]. 暖通空调，2021，51（4）：1-17.

[8] 丁勇，王雨，白佳令，等. 建筑碳交易过程的碳排放核算 [J]. 建筑节能，2019，47（3）：110-116.

[9] 黄蓓佳，崔航，宋嘉玲，等. 上海市建筑碳排放核算研究 [J]. 上海理工大学学报，2022，44（4）：343-350.

[10] 蔡伟光. 中国建筑能耗影响因素分析模型与实证研究 [D]. 重庆：重庆大学，2011.

[11] 何福春，付祥钊. 关于建筑碳排放量化的思考与建议 [J]. 资源节约与环保，2010（6）：20-22.

[12] 刘燕. 基于全生命周期的建筑碳排放评价模型 [D]. 大连：大连理工大学，2015.

［13］高超. 中国城镇化对建筑业能耗的影响研究［D］. 上海：上海财经大学，2021.

［14］郭浩，王清成. 上海市建筑业建造能耗分析［J］. 建筑节能，2018，46（9）：137-140，144.

［15］白路恒. 公共建筑全生命周期碳排放预测模型研究［D］. 天津：天津大学，2019.

［16］李兵. 低碳建筑技术体系与碳排放测算方法研究［D］. 武汉：华中科技大学，2012.

［17］罗智星. 建筑生命周期二氧化碳排放计算方法与减排策略研究［D］. 西安：西安建筑科技大学，2016.

［18］胡姗，张洋，燕达，等. 中国建筑领域能耗与碳排放的界定与核算［J］. 建筑科学，2020，36（S2）：288-297.

［19］BLENGINI G A，DI CARLO T. The changing role of life cycle phases，subsystems and materials in the LCA of low energy buildings［J］. Energy and buildings，2010，42（6）：869-880.

［20］YOU F，HU D，ZHANG H，et al. Carbon emissions in the life cycle of urban building system in China：a case study of residential buildings［J］. Ecological complexity，2011，8（2）：201-212.

［21］PAN W，LI K，TENG Y. Rethinking system boundaries of the life cycle carbon emissions of buildings［J］. Renewable and sustainable energy reviews，2018，90（7）：379-390.

［22］潘毅群，梁育民，朱明亚. 碳中和目标背景下的建筑碳排放计算模型研究综述［J］. 暖通空调，2021，51（7）：37-48.

［23］倪江波. 绿色建筑十四五规划解读［J］. 城乡建设，2021（11）：9-11.

［24］沈丹丹. 建筑全生命周期碳排放量计算模型［J］. 建筑施工，2021，43（10）：2162-2166.

［25］马敏达. 中国建筑运行碳排放的影响因素与达峰模拟研究［D］. 重庆：重庆大学，2020.

［26］杨天娇. 城镇民用建筑碳排放的时空变化及影响因素［D］. 北京：北京交通大学，2021.

［27］张为程. 基于LEAP的吉林省民用建筑运营期碳排放模拟研究［D］. 长春：吉林大学，2017.

［28］刘惠，王真，曹丽斌，等. 基于LEAP模型的鹤壁市农村生活碳排放研究［J］. 环境科学与技术，2020，43（11）：25-35.

［29］谢娇艳. 基于LEAP模型的重庆市公共建筑碳排放达峰及节能减排探讨［D］. 重庆：重庆大学，2019.

［30］张时聪，王珂，杨芯岩，等. 建筑部门碳达峰碳中和排放控制目标研究［J］. 建筑科学，2021，37（8）：189-198.

［31］徐伟，张时聪，王珂，等. 建筑部门"碳达峰""碳中和"实施路径比对研究［J］. 江苏建筑，2022（2）：1-6.

［32］王珂，杨芯岩，张时聪. 双碳目标下成都市建筑减排路径研究［J］. 四川建筑，2022，42（3）：12-15.

［33］杨佳. 我国省域城镇民用建筑能耗与碳排放差异性研究［D］. 重庆：重庆大学，2016.

［34］王梦洁. 中国城镇民用建筑碳排放区域差异及影响因素研究［D］. 北京：北京交通大学，2019.

［35］陈飞，诸大建. 上海发展低碳建筑的现状问题及目标策略研究［J］. 城市观察，2010（5）：144-155.

［36］白佳令. 重庆地区建筑碳排放核算方法研究［D］. 重庆：重庆大学，2017.

［37］汪洪，林晗. 中国低碳建筑的初期探索和实践［C］//加快可再生能源应用，推动绿色建筑发展——第六届国际绿色建筑与建筑节能大会暨新技术与产品博览会，2010：415-421.

第3章 ▶▶
陕西省人口、经济及建筑规模发展现状

3.1 研究内容与技术路线

摸清陕西省人口、经济及建筑规模的发展情况，是开展建筑领域能耗与碳排放强度研究的数据基础。本章在陕西省建筑领域碳排放边界划定的基础上，以《中国统计年鉴》《中国城乡建设统计年鉴》和《陕西统计年鉴》等国家及地方统计年鉴为依据，以2000～2020年为统计年限，梳理陕西省人口规模、城镇化率、各产业国内生产总值（GDP），以及建筑业从业人口规模、建筑业GDP和建筑业施工及竣工面积等相关数据，探索形成公共建筑、城镇居住建筑和农村居住建筑的实有面积获取方法，进而计算获得不同类型建筑实有面积，并分析各类数据的变化规律，为建筑领域碳排放历史特征分析与未来趋势预测提供数据支撑。本章技术路线如图3-1所示。

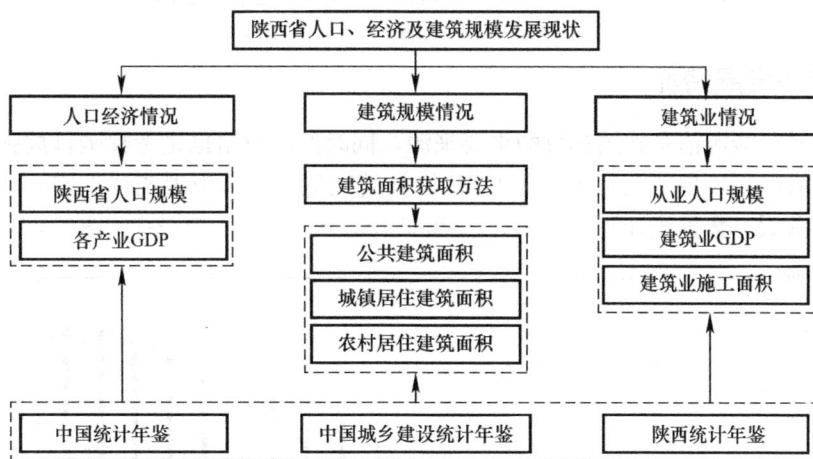

图 3-1 第 3 章技术路线

3.2 人口经济发展现状

3.2.1 人口发展情况

人口的增长是各类能源消费和碳排放增长的重要因素，因此首先对陕西省人口变化情况进行统计分析。根据《中国统计年鉴》和《陕西统计年鉴》，对陕西省2000～2020年的历年人口总量、城镇常住人口、农村常住人口及城镇化率进行统计计算，结果如图3-2所示。2000~2020 年，陕西省人口处于低速增长状态，人口总量由 3644 万人增长至 3955 万人，20 年来共增长 311 万人，年均增长率约 0.43%；农村人口向城镇迁移趋势明显，城镇化率大幅提升，由 32.27% 增长至 62.65%；就城镇化率变化速率而言，以 2015 年作为分水岭，2000~2015 年，年均变化率为 3.57%，而 2015~2020 年，年均变化率为 2.74%，后期城镇化饱和度越来越高，城镇化率增速放缓；陕西省城市化进程已经进入中后期，未来城镇化率将以更加缓慢的速率提升，这种变化也将对建筑领域碳排放产生重要影响。

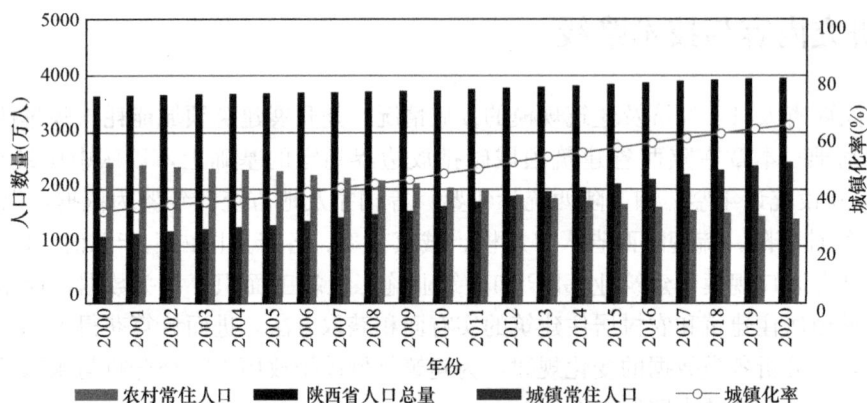

图 3-2 2000~2020 年陕西省人口及城镇化率变化情况

3.2.2 经济发展情况

经济活动是能源消费和碳排放的重要来源，同时经济数据也是考察碳排放强度的重要指标。陕西省经济发展情况及各行业 GDP 增长情况依然从《中国统计年鉴》和《陕西统计年鉴》中获取，数据统计时间为 2000~2020 年，统计结果如图 3-3、图 3-4 所示。

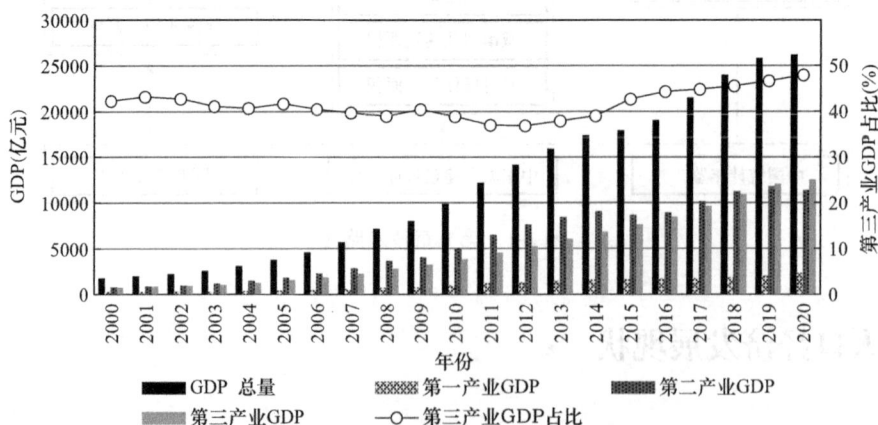

图 3-3 2000~2020 年陕西省各产业 GDP 变化情况

如图 3-3 所示，陕西省的第一、第二和第三产业 GDP 及全省 GDP 总量持续增长。从全省 GDP 总量来看，总体趋势正在快速增长，2000~2020 年，由 1804.00 亿元增长至 26181.86 亿元，20 年共增长 13.51 倍；2012 年后第三产业 GDP 增长较快，2012~2020

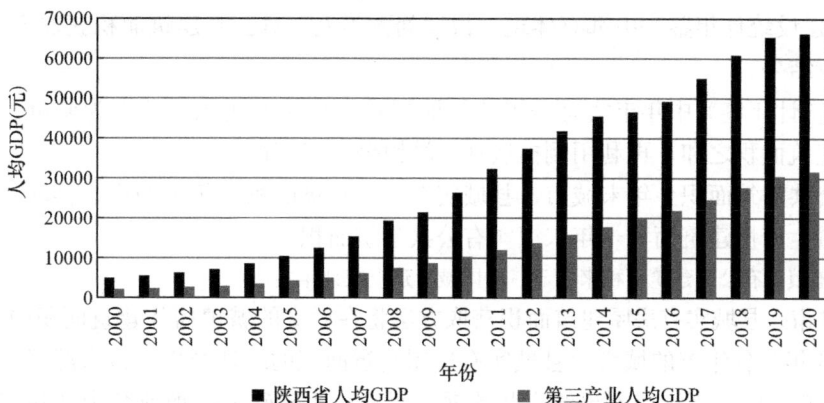

图 3-4　2000～2020 年陕西省人均 GDP 变化情况

年，其所占全省 GDP 的比例由 36.88% 上涨至 47.94%。从人均 GDP 来看，其数值同样在稳步提升，2000～2020 年，陕西省人均 GDP 由 4951 元增长至 66199 元，20 年共增长 12.37 倍，而第三产业人均 GDP 由 2094 元增长至 31736 元，20 年共增长 14.16 倍，且第三产业人均 GDP 占陕西省人均 GDP 的比例也从 42.30% 上涨至 47.94%，也说明了劳动人口正在从其他产业向第三产业转移，未来随着经济水平的不断提高和产业布局的逐步调整，第三产业经济总量和人均数量也将持续提升，而其碳排放又与建筑紧密相连，因此需要重点关注。

3.3　建筑规模发展现状

3.3.1　建筑面积获取方法

作为人类消费能源和产生碳排放的空间载体，建筑及其量化指标——建筑面积是判断未来碳排放强度的重要依据，因此需要对各类建筑面积进行统计，并分析其历史变化特征，首先面临的就是民用建筑面积获取难度大的问题。当前《中国统计年鉴》和《中国城乡建设统计年鉴》等，并未直接给出公共建筑、城镇居住建筑和农村居住建筑的实有面积。

通过对现有研究的梳理，本书采用文献［1］和中国建筑节能协会能耗统计专业委员会[2] 的民用建筑面积获取方法，同时经过对比各类统计年鉴中的数据，以《中国统计年鉴》和《中国城乡建设统计年鉴》为依据，按照公共建筑、城镇居住建筑和农村居住建筑三种类型，统计 2000～2020 年陕西省各类型民用建筑面积的数据。同时注意到年鉴统计口径多次变化的问题，对建筑面积统计数据历年变化进行汇总分析，并讨论其产生原因，综合原始方法与年鉴数据变化，对不同类型建筑实有面积进行分类计算，提高统计数据的准确性。

3.3.1.1　公共建筑面积获取方法

1. 城镇公共建筑

首先对建筑面积计算公式进行分析，有关公共建筑面积的指标在《中国统计年鉴》和

《中国城乡建设统计年鉴》中都有体现，根据刘菁等人[1]对公共建筑面积获取方法的论述，有以下分析结果：

《中国统计年鉴》中年末实有房屋建筑面积及实有住宅面积之差即为城市公共建筑面积与工业建筑面积之和，再利用倒推法计算城镇公共建筑面积。

城镇公共建筑面积=年末城市、县城实有房屋建筑面积-年末城市、县城居住面积-城市、县城生产性建筑面积+年末镇实有公共建筑面积。

注：年末镇实有公共建筑面积来源于《中国城乡建设统计年鉴》。

年末城市、县城实有房屋建筑面积获取方法将在后文的城镇居住建筑面积中展开分析。2001～2006年，各年末的城市、县城实有房屋建筑面积的统计结果直接来源于《中国统计年鉴》，2006年以后该年鉴不再给出此数据，而是在此基础上增加或减少新建竣工和拆除的建筑面积，并逐年递推，得到各年年末城市、县城实有房屋建筑面积：

年末城市、县城实有房屋建筑面积=上年末城市、县城实有房屋建筑面积+本年城市、县城房屋竣工面积-本年城市、县城房屋竣拆除面积。

注：本项中包含城市、县城居住建筑，城市、县城公共建筑，城市、县城生产建筑。

其中，本年城市、县城房屋竣工面积=固定资产不含农户房屋竣工面积-镇房屋竣工面积。

本年城市、县城房屋拆除面积=本年住宅建筑拆除面积+本年公共建筑拆除面积。

根据住房和城乡建设部科技发展促进中心发布的《中国建筑节能发展报告2016》，公共建筑年均拆除比例约1%[3]。

而上述城镇公共建筑在论述过程中与本书划定时间序列的统计年鉴存在部分冲突，对于建筑拆除面积，因在计算过程中年末实有房屋建筑面积包含居住建筑、公共建筑和生产性建筑三类，而公式中并未体现生产性建筑扣除项，这对最终统计结果会产生一定影响。

因而本书作出以下相关分析及数据统计调整方式：

关于公共建筑拆除面积，因《中国统计年鉴》中2006年以后年末城市、县城实有房屋建筑面积是在此前实有面积总量的基础上，增加城市、县城、镇的房屋建筑竣工面积递推得到后续年份的建筑面积总量；同时年末实有建筑面积包含居住建筑、公共建筑、生产性建筑三类，而本书的计算目标为城镇实有公共建筑面积，所以在进行公共建筑拆除比例计算时，无法单独提取公共建筑面积数据；另外，考虑生产性建筑的扣除方式可能与公共建筑不同等影响最终面积计算结果的因素，本书在各类型建筑面积计算过程中并不进行扣除，而是在单独计算出城镇公共建筑面积最终结果后，再按照公共建筑1%的拆除比例进行扣除。

因此公共建筑面积计算公式应按照以下方式进行：

城镇公共建筑实有面积=城镇公共建筑面积-城镇公共建筑拆除面积。

城镇公共建筑面积=年末城市、县城实有房屋建筑面积-本年城市、县城实有居住建筑面积+年末镇实有公共建筑面积。

年末城市、县城实有房屋建筑面积=上年末市、县城实有房屋建筑面积+本年城市、县城房屋竣工面积。

注：本项中包含城市、县城居住建筑，城市、县城公共建筑，城市、县城生产性建筑。

年末城市、县城实有居住建筑面积=上年城市、县城实有居住建筑面积+各地区全社会住宅竣工面积（固定资产不含农户，包括城市、县城、镇）－镇住宅竣工面积。

本年城市、县城房屋竣工面积＝各地区全社会房屋竣工面积（固定资产不含农户，包括城市、县城、镇）－镇房屋竣工面积。

注：2017 年及以后按照建筑业企业开发房屋建筑竣工面积累加。

2. 实有面积计算过程

计算过程中城市、县城公共建筑与生产性建筑需要考虑分离，根据相关研究[4]，认为公共建筑或者生产性建筑平均容积率在短时间内变化很小，直接确定两类建设用地面积即为城市、县城公共建筑与生产性建筑面积的比例。

根据《中国城乡建设统计年鉴》，对 2006～2020 年陕西省城市、县城工业建筑用地与公共建筑用地的统计结果如表 3-1 所示。

2006～2020 年陕西省城市、县城工业建筑用地与公共建筑用地面积　　　　表 3-1

年份	公共建筑用地面积（km²）	工业建筑用地面积（km²）	公共建筑用地面积与工业建筑用地面积的比值	公共建筑用地面积占比（%）
2006	231.23	178.56	1.29	56.43
2007	228.54	184.89	1.24	55.28
2008	222.90	189.98	1.17	53.99
2009	240.09	205.02	1.17	53.94
2010	255.94	211.20	1.21	54.79
2011	242.25	212.43	1.14	53.28
2012	383.12	133.02	2.88	74.23
2013	313.26	168.86	1.86	64.98
2014	330.10	176.16	1.87	65.20
2015	330.65	179.77	1.84	64.78
2016	241.71	146.75	1.65	62.22
2017	350.85	186.54	1.88	65.29
2018	360.37	188.28	1.91	65.68
2019	369.42	214.55	1.72	63.26
2020	369.93	215.49	1.72	63.19

再根据调整后的公式计算得到 2006～2020 年城镇实有公共建筑面积，之后使用 2006～2011 年的数据对 2006 年以前的数据进行线性拟合，得到 2000～2020 年的数据。

3. 乡村公共建筑面积

乡村公共建筑面积获取方式较为简便，根据 2006～2020 年《中国城乡建设统计年鉴》村镇部分的统计，可直接从乡房屋及村庄房屋部分获取历年公共建筑年末实有建筑面积和竣工面积。

乡村公共建筑面积＝乡房屋中公共建筑面积＋村庄房屋中公共建筑面积。

同时由于缺失 2006 年以前的数据，所以针对已有时间序列数据结果剔除异常值后进行数学多项式拟合反推之前的数据，之后再按 1% 的拆除比例扣除，得到乡村实有公共建筑面积。

3.3.1.2　城镇居住建筑面积获取方法

由于《中国统计年鉴》存在历年数据统计口径变化，因此首先要对其数据进行分析，整合相关建筑面积参数,并对相关参数进行调整。《中国统计年鉴》中城镇建筑面积包括"年末实有房屋建筑面积"和"年末实有住宅面积"两项,有效数据为 1995~2006 年,2006 年后这两项数据被删去,且 2000~2001 年的统计口径从城市扩展到城市和县城。

　　本书研究的起始年份为 2000 年,但采用的是《中国统计年鉴》2001 年的数据,因而对研究结果无影响,2001~2006 年统计范围为城市和县城两部分。从 2007 年开始,不再使用年末实有建筑面积,因此需要根据 2006 年实有建筑面积加上下一年的竣工面积,进行递推计算后续年份实有建筑面积。

　　即:年末城镇居住建筑面积=上年末城市、县城居住建筑面积+本年城市、县城住宅建筑竣工面积-本年住宅拆除面积+本年镇实有住宅建筑建筑面积。

　　注:本年镇实有住宅建筑面积来源于《中国城乡建设统计年鉴》,该年鉴自 2006 年以后增设村镇部分统计数据。

　　参考现有研究的处理方法[3],本书认为固定资产住宅竣工面积影响最小,因此采用固定资产投资(不含农户)住宅竣工面积进行递推计算。2010 年固定投资项的统计口径发生变化,由 2006 年的 50 万元上调到 500 万元,导致后续竣工面积变化较大(图 3-5)。同时,本书所研究的城镇居住建筑面积统计所需的房屋竣工面积应为住宅竣工面积,而非全社会房屋竣工面积。

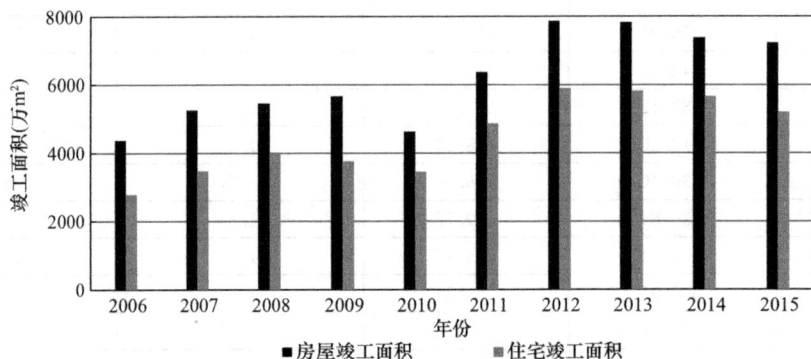

图 3-5　2006~2015 年固定资产投资房屋竣工面积

　　此外,住宅竣工面积中又包含镇住宅竣工面积,因此为保证数据一致,应将镇住宅竣工面积减去,这一数据来源于《中国城乡建设统计年鉴》,同时考虑住宅的拆除,按照《中国建筑节能发展报告 2016》的做法确定拆除面积比例,居住建筑年拆除比例为 0.5%,公共建筑年拆除比例为 1%。

　　自 2017 年起,《中国统计年鉴》中本年固定资产投资不再统计"各地区全社会房屋竣工面积"。根据王君[4]的计算方法,认为 2017 年后按照房地产开发住宅竣工面积进行递推,但按照历史系列分析,此项竣工面积远低于 2017 年之前的固定资产投资数据,因而根据《中国建筑能耗研究报告(2016)》中的做法,采用建筑业企业开发房屋竣工面积进行累加,结果如图 3-6 所示。

　　由图 3-6 可知,房地产竣工房屋面积及住宅竣工面积远远低于此前固定资产投资竣工面积,因此选择建筑业企业开发房屋竣工面积作为 2017 年后累计计算的依据。此外,由于《中国统计年鉴》中 2000~2005 年的数据只有城市和县城两部分,因此基于 2006~

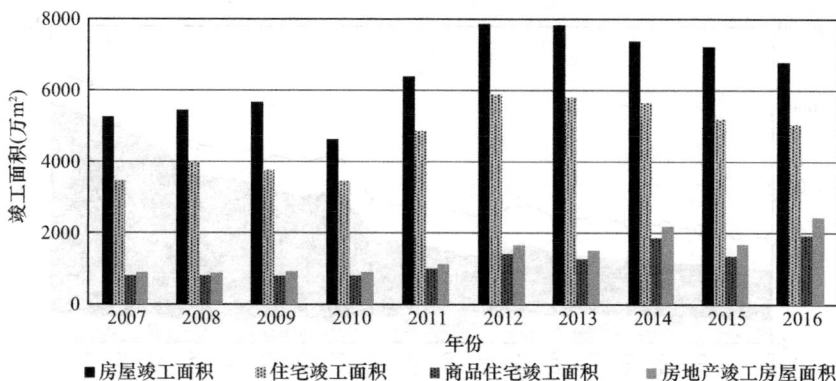

图 3-6 2007~2016 年房地产与固定资产投资竣工面积比较

2016 年时间序列变化结果，参考那威等人[5]对缺失数据进行线性拟合反推的方法推算 2000~2005 年陕西省城镇居住建筑面积。同时，本书将按照先汇总城市、县城、建制镇的总面积，并在此基础上按照 0.5% 的拆除比例进行扣除的办法，计算城镇居住建筑面积。

3.3.1.3 农村居住建筑面积获取方法

根据相关研究中的处理方法[5]，以及对《中国统计年鉴》的数据分析结果发现，《中国统计年鉴》中并未给出农村居住建筑面积的具体数值，因此可参考《中国城乡建设统计年鉴》中 2006~2020 年村镇部分的统计指标，将乡房屋和村房屋建筑面积之和作为农村居住建筑面积，即：农村居住建筑面积＝乡居住建筑面积＋村居住建筑面积。

最终结果需要在农村居住建筑面积计算总和的基础上扣除 0.5% 作为当年拆除面积，2000~2005 年的数据根据相关研究的方法处理[5]，剔除 2006 年的异常数据，对 2007~2010 的数据进行非线性拟合并取 95% 置信下区间，计算得到农村居住建筑面积。

3.3.2 建筑面积变化情况

通过对《中国统计年鉴》和《中国城乡建设统计年鉴》的统计方法、统计口径及数据变化分析，结合现有民用建筑的实有面积获取计算方法，确定了陕西省公共建筑、城镇居住建筑和农村居住建筑的面积计算方法。在此基础上，开展各类型建筑的实有面积计算，并分析其数据变化趋势和特征。

3.3.2.1 实有公共建筑面积

基于本章 3.2.1 节对陕西省实有公共建筑面积的计算获取方法可以得到如图 3-7 所示结果。2000~2020 年，陕西省城镇公共建筑面积处于快速发展状态，由 9234 万 m^2 增长至 30472 万 m^2，年均增长率为 11.5%；2011~2012 年出现规模化快速增长，由 13444 万 m^2 增长到 19381 万 m^2，变化量为 5937 万 m^2，这种快速变化与统计数据口径及方法变化有关；乡村公共建筑面积 20 年来整体变化不大，总体在 4000 万 m^2 以下。两部分面积之和为公共建筑面积的总量，2000~2020 年，陕西省公共建筑面积由 12006 万 m^2 增长至 34223 万 m^2，同时人均公共建筑面积也由 3.29m^2 增长至 8.65m^2，年均增长率约为 8.15%。

3.3.2.2 城镇实有居住建筑面积

根据本章 3.3.1 节对年鉴统计数据的分析结果及相关面积获取方法的讨论，计算得

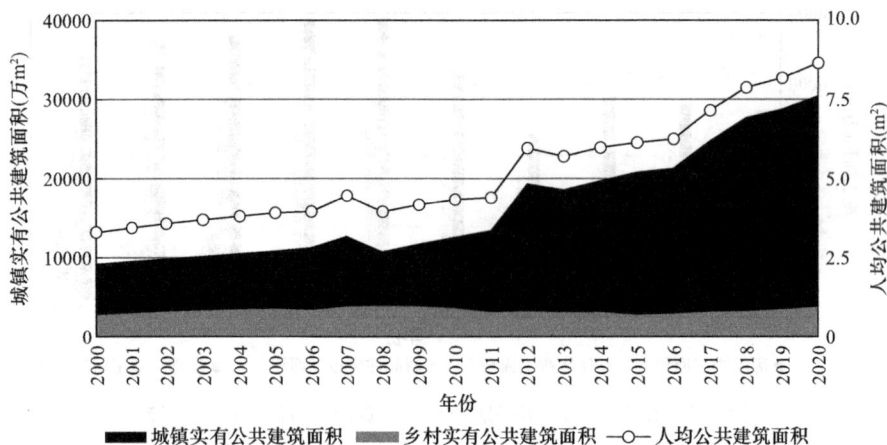

图 3-7　2000~2020 年陕西省城镇实有公共建筑面积变化情况

到 2000~2020 年陕西省城镇实有居住建筑面积，如图 3-8 所示。最终获取了两种城镇实有居住建筑面积：一是分别对来源于《中国统计年鉴》的城市、县城居住建筑和来源于《中国城乡建设统计年鉴》的建制镇居住建筑计算其对应的面积，并按照 0.5% 的拆除比例扣除，三项累计相加得到城镇实有居住建筑面积 1；二是先计算城镇居住建筑面积，之后再计算拆除面积，得到城镇实有居住建筑面积 2。两种计算结果误差不过 0.1%，为了与前述公共建筑面积计算过程中建筑拆除比例的扣除方式保持一致，本书选择后一种计算方法。

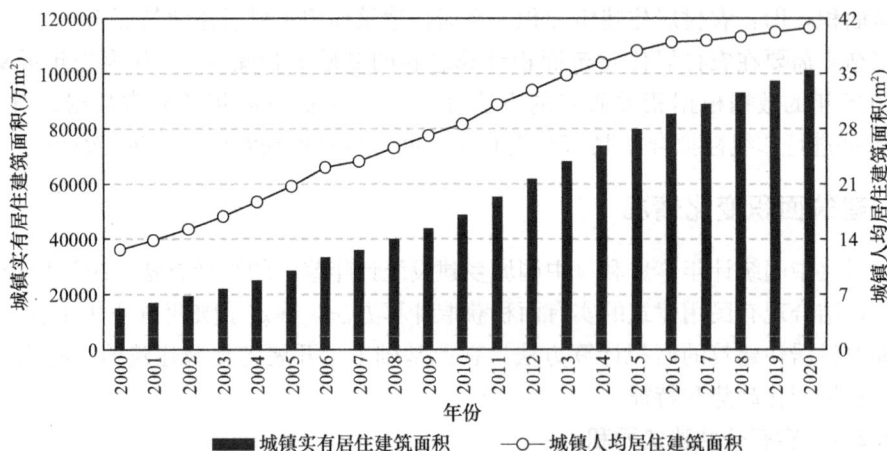

图 3-8　2000~2020 年陕西省城镇实有居住建筑面积变化情况

从图 3-8 可知，2000~2020 年，城镇实有居住建筑面积呈稳定增长状态，由 14846.10 万 m² 增长至 101146.00 万 m²，且中间年份并无较大波动，年均增长率为 10.07%；城镇人均居住建筑面积由 12.62m² 增长至 40.81m²，年均增长率为 6.04%，表明城镇化过程中城镇居民的住房条件在逐渐改善。

3.3.2.3　农村实有居住建筑面积

基于本章 3.3.1 节对农村居住建筑面积获取方法的介绍，计算得到农村实有居住建筑面积，如图 3-9 所示。

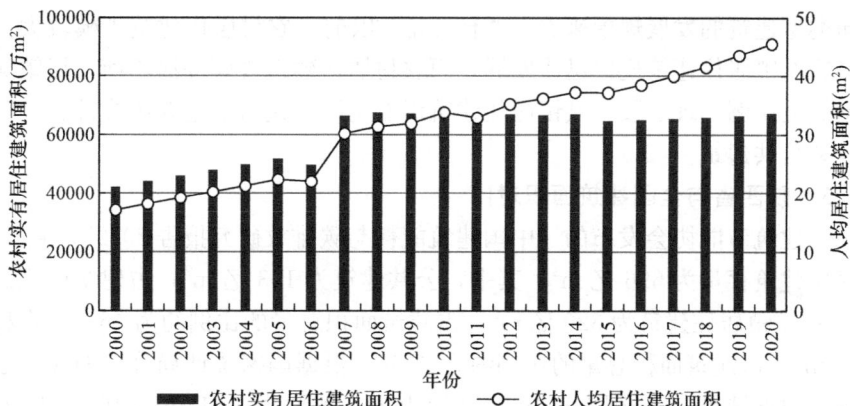

图 3-9　2000～2020 年陕西省农村实有居住建筑面积变化情况

2007 年以前农村实有居住建筑面积总体低于 60000 万 m²，2000 年约 4.21 亿 m²，2007 年增长至 66459 万 m²，此后一直到 2020 年均在 64000 万～69000 万 m² 之间波动，一定程度上反映了统计年鉴在 2007 年以后和 2007 年以前的统计口径及统计方法的改变导致出现了较大差异。由此带来农村人均居住建筑面积由 2006 年的 22.04m² 突变至 2007 年的 30.18m²，虽然后续年份农村居住建筑总面积变化不大，但随着城镇化进程，农村人口向城镇转移的规模逐渐增加，农村无人使用的居住建筑增加，导致农村人均居住建筑面积进一步扩大，至 2020 年达到 45.53m²，2007～2020 年农村人均居住建筑面积年均增长率为 3.91%。

3.3.2.4　民用建筑总面积

基于 2000～2020 年陕西省公共建筑面积、城镇居住建筑面积和农村居住建筑面积的统计数据，可得到 2000～2020 年陕西省建筑总面积存量情况，如图 3-10 所示。2000～2020 年，陕西省建筑面积总量由 68964.60 万 m² 增长至 202621.90 万 m²，年均增长率 5.54%，其中 2020 年末实有公共建筑面积 34223.85 万 m²，占建筑总面积的比例为 16.89%，城镇实有居住建筑面积 101146.00 万 m²，占建筑总面积比例 49.92%，农村实有居住建筑面积 67252.05 万 m²，占建筑总面积比例为 33.19%。

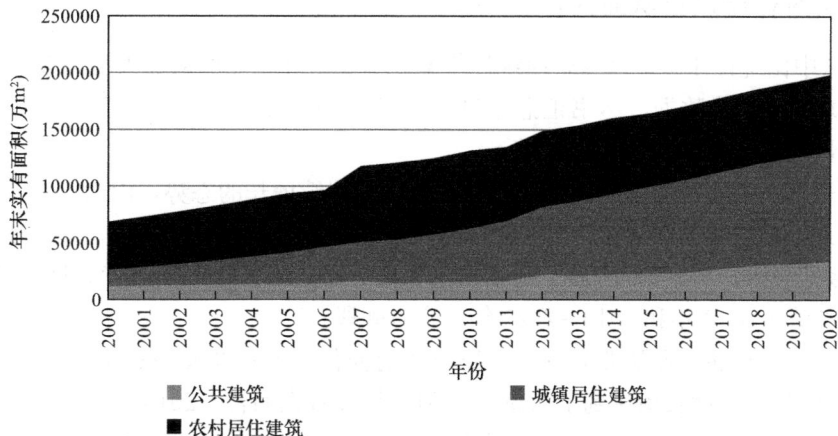

图 3-10　2000～2020 年陕西省建筑面积变化情况

从不同类型建筑的发展规模来看，"十二五"以前，农村居住建筑规模较大，占据最大比例，之后城镇居住建筑规模迅速发展，而农村居住建筑规模停滞不前，城镇居住建筑则逐步占据最大比例。现阶段，城镇居住建筑仍然是民用建筑最主要组成部分，其次是农村居住建筑和公共建筑。

3.3.2.5 陕西省与全国建筑面积对比

根据中国建筑节能协会发布的《中国建筑能耗与碳排放研究报告2022》，截至2020年末，全国民用建筑存量为696亿 m^2，其中，公共建筑为143亿 m^2，占建筑面积总量的比例约为20%；城镇居住建筑为320亿 m^2，占建筑面积总量的比例约为46%；农村居住建筑为233亿 m^2，占建筑面积总量的比例约为34%。根据国家统计局公布的《第七次全国人口普查主要数据结果》，全国人口共141178万人，陕西省人口3955万人，陕西省人口占比约为2.80%。

2020年末，陕西省建筑面积总量为20.26亿 m^2，公共建筑为3.42亿 m^2，占建筑面积总量的比例约为17%，城镇居住建筑面积为10.11亿 m^2，占建筑面积总量的比例约为50%，农村居住建筑面积为6.73亿 m^2，占建筑面积总量比例约为33%。陕西省常住人口占全国人口的比例约为2.80%，建筑面积总量占全国的比例约为2.91%。陕西省公共建筑面积占比低于全国3个百分点，城镇居住建筑面积占比高于全国4个百分点，农村居住建筑面积占比低于全国1个百分点。

3.4 建筑业发展现状

3.4.1 从业人口经济及面积获取方法

基于本书第2章对建筑领域的能耗与碳排放边界划分，将建筑施工建造和拆除阶段中各类能源消耗视为建筑业的能耗。从《中国统计年鉴》和《陕西统计年鉴》中可以直接获取建筑业从业人口规模、历年建筑业GDP，同时可以得到建筑业企业历年的新建建筑施工面积等数据。

3.4.2 陕西省建筑业从业人口和GDP

根据《中国统计年鉴》和《陕西统计年鉴》中建筑业企业的从业人员以及建筑业企业的总产值等相关统计数据，本书汇总了陕西省2000～2020年建筑业从业人口和建筑业GDP变化情况，如图3-11、图3-12所示。

2000～2020年陕西省建筑业从业人口总体上呈持续增长的态势，由39.50万人增长至143.15万人，建筑业增加从业人口约103.65万人，年均增长率6.65%，即越来越多的人参与到城乡建设中，与建筑面积的快速发展趋势相一致。具体增长变化区间可以分为2000～2005年、2005～2010年和2010～2020年三个时间段。

2000～2005年建筑业从业人口一直处于波动变化状态；2005～2010年属于快速增长阶段，5年内的年均增长率达到了9.50%；但就统计数据而言，2010～2011年有一个明显的下降，下降率约为30.76%，此后基本保持增长态势，至2018年达到研究时间段内的峰值，约为153.95万人。

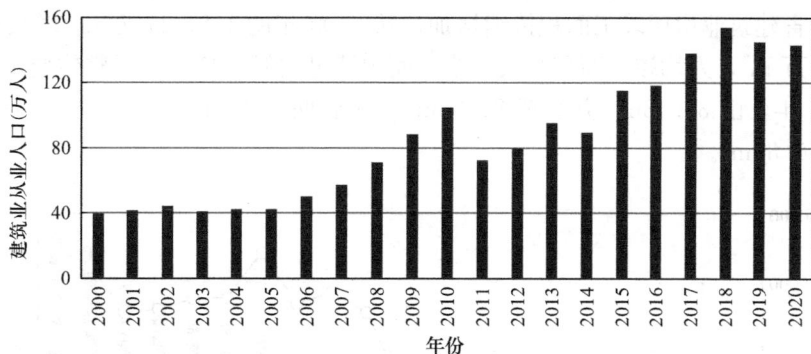

图 3-11 2000～2020 年陕西省建筑业从业人口变化情况

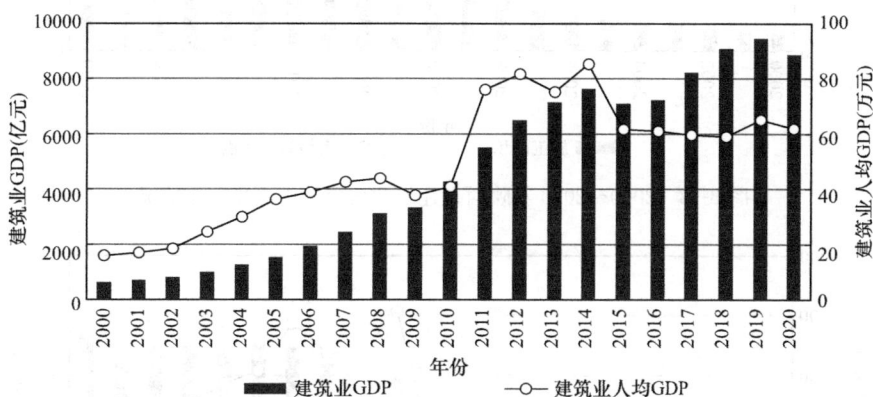

图 3-12 2000～2020 年陕西省建筑业 GDP 变化情况

如图 3-12 所示，建筑业 GDP 在 2014 年以前呈持续增长趋势，2014 年比 2000 年增长 7002.51 亿元，此后两年略有降低，2017～2019 年连续三年突破 9000 亿元大关，最高峰时建筑业 GDP 为 9459.86 亿元。

建筑业人均 GDP 变化情况完全取决于建筑业从业人口规模和建筑业 GDP 的相对变化，在 2005～2010 年建筑业从业人口短时间快速达到一个峰值时，建筑业人均 GDP 也逐渐走低，未能保持前期增长的趋势；2011 年建筑业从业人口规模明显下降，导致本年建筑业人均 GDP 较之上一年增加了 35.28 万元。至 2014 年达到研究时间段内的峰值，为 85.33 万元。

3.4.3 陕西省建筑业施工面积

《中国统计年鉴》和《陕西统计年鉴》中给出了 2000～2020 年建筑业企业房屋开发施工和竣工面积统计结果。2000～2020 年陕西省建筑业房屋施工面积变化情况如图 3-13 所示。2000～2020 年，陕西省建筑业房屋施工面积由 2396.50 万 m^2 上涨至 37555.10 万 m^2，人均施工面积则跟随从业人口中间年份的波动和增长率的变化而变化，2010～2011 年，人均施工面积由 109.78m^2 陡增至 192.77m^2，其后整体仍处于波动较大的状态，至 2014 年达到峰值（257.50m^2），此后逐渐下降至 2018 年的 192.57m^2。

此外，本书也汇总了 2000～2020 年陕西省建筑业房屋竣工面积变化情况，如图 3-14

所示，陕西省建筑业房屋竣工面积持续增加，从 2000 年的 1087.17 万 m^2 增长至 2020 年的 7311.36 万 m^2，人均竣工面积与人均施工面积情况类似，2010 年后整体变化浮动较大，2010～2011 年，由 36.13m^2 突变至 81.36m^2，此后两年不断波动，2015 后逐渐下降至 2018 年的 46.38m^2。

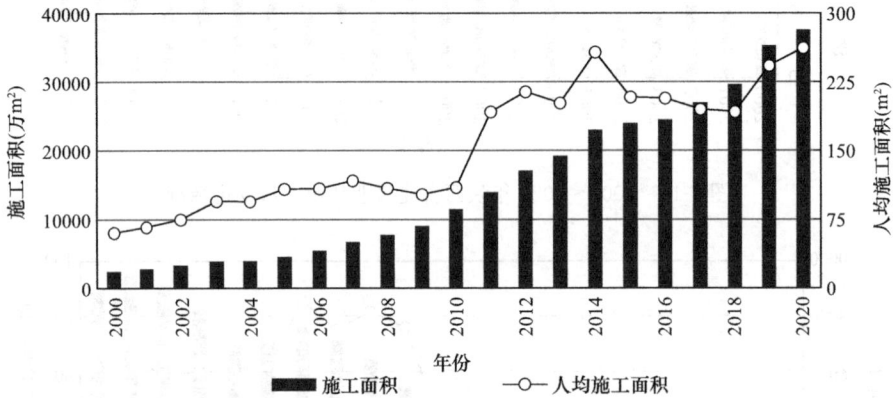

图 3-13　2000～2020 年陕西省建筑业房屋施工面积变化情况

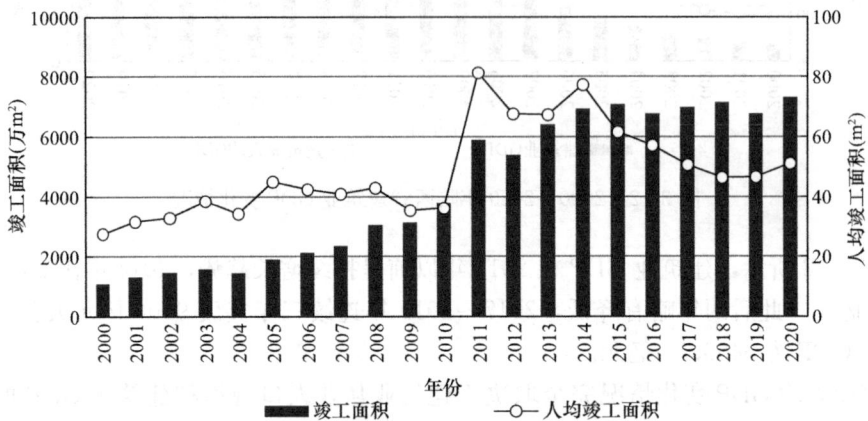

图 3-14　2000～2020 年陕西省建筑业房屋竣工面积变化情况

对建筑业房屋施工面积和竣工面积对比发现，由于建筑建造周期长，跨越年份较多，其面积统计值偏高，与历年新增建筑面积的趋势不相符合。因此本书在建筑业碳排放研究过程中，采用建筑业房屋竣工面积作为建筑业未来施工阶段碳排放强度计算的基础数据。

3.5　总结

以《中国统计年鉴》《陕西统计年鉴》和《中国城乡建设统计年鉴》等统计数据为依据，对 2000～2020 年陕西省人口规模，各产业 GDP，公共建筑、城镇居住建筑、农村居住建筑的历年实有建筑面积，建筑业从业人口规模，建筑业 GDP 和建筑业历年竣工面积，按照各类情况分别进行梳理总结。主要结论如下：

（1）2000～2020 年陕西省人口总量总体呈增长趋势，但人口总体规模变化不大，20

年共增长 311 万人，年均增长率约 0.43%；城镇化率在快速提升，农村人口向城市转移趋势明显，城镇化率由 32.27% 增长至 62.65%。

（2）2000～2020 年陕西省第一、二、三产业 GDP 均持续增长，其中，GDP 总量由 1804.00 亿元增长至 26181.86 亿元，20 年共增长 13.51 倍；第三产业人均 GDP 由 2094 元增长至 31736 元，20 年共增长 14.16 倍。

（3）对 2000～2020 年陕西省公共建筑、城镇居住建筑、农村居住建筑面积进行统计计算，依据《中国统计年鉴》和《中国城乡建设统计年鉴》获得不同类型建筑历年实有面积。实有公共建筑面积从 12006 万 m^2 增长至 34223 万 m^2，年均增长率 5.38%；城镇实有居住建筑面积从 14846.10 万 m^2 增长至 101146 万 m^2，年均增长率约 10.07%；农村实有居住建筑面积从 4.21 亿 m^2 增长至 6.73 亿 m^2，年均增长率约 2.99%。

（4）建筑业从业人口在 2000～2020 年之间波动较大，由 39.50 万人增长至 143.15 万人；建筑业 GDP 由 629.88 亿元增长至 8860.11 亿元；建筑业房屋竣工面积呈现平稳增长的态势，由 1087.17 万 m^2 增长至 7311.36 万 m^2。

（5）陕西省常住人口占全国人口的比例约为 2.80%，建筑面积总量占全国的比例约为 2.91%。陕西省公共建筑面积占比低于全国 3 个百分点，城镇居住建筑占比高于全国 4 个百分点，农村居住建筑面积占比低于全国 1 个百分点。

本章参考文献

[1] 刘菁，赵冬蕾，刘珊珊. 民用建筑实有建筑面积数据获取方法研究 [J]. 建筑科学，2020，36 (S2)：352-359.

[2] 中国建筑节能协会能耗统计专业委员会. 中国建筑能耗研究报告（2016）[R]. 北京：中国建筑节能协会，2016.

[3] 住房和城乡建设部科技发展促进中心. 中国建筑节能发展报告（2016 年）——建筑节能运行管理 [M]. 北京：中国建筑工业出版社，2016.

[4] 王君，申鸿怡，原雯，等. 民用建筑面积及能耗强度计算方法研究 [J]. 建筑科学，2020，36 (S2)：390-401.

[5] 那威，孙永宽，侯静，等. 我国民用建筑时间序列面积统计年鉴数据分析 [J]. 暖通空调，2017，47 (11)：1-6.

第4章 ▶▶
陕西省建筑领域能耗现状

4.1 研究内容与技术路线

建筑领域能耗核算是碳排放核算的基础，本章对现有研究中"自上而下"和"自下而上"两种建筑领域能耗计算方法进行梳理，以基于能源平衡表拆分法作为陕西省建筑领域能耗计算方法，以统计年鉴中的能源平衡表数据为依据，对陕西省建筑运行（公共建筑、城镇居住建筑和农村居住建筑）能耗和建筑业（建筑施工建造和拆除）能耗分别进行核算，获得2000～2020年陕西省建筑领域能耗总量。以陕西省人口、经济和建筑面积为基数，计算获得相应的能耗强度。通过能耗总量和强度的现状及历史变化趋势分析，表征陕西省建筑领域能耗特征，为建筑领域碳排放核算提供数据基础。本章技术路线如图4-1所示。

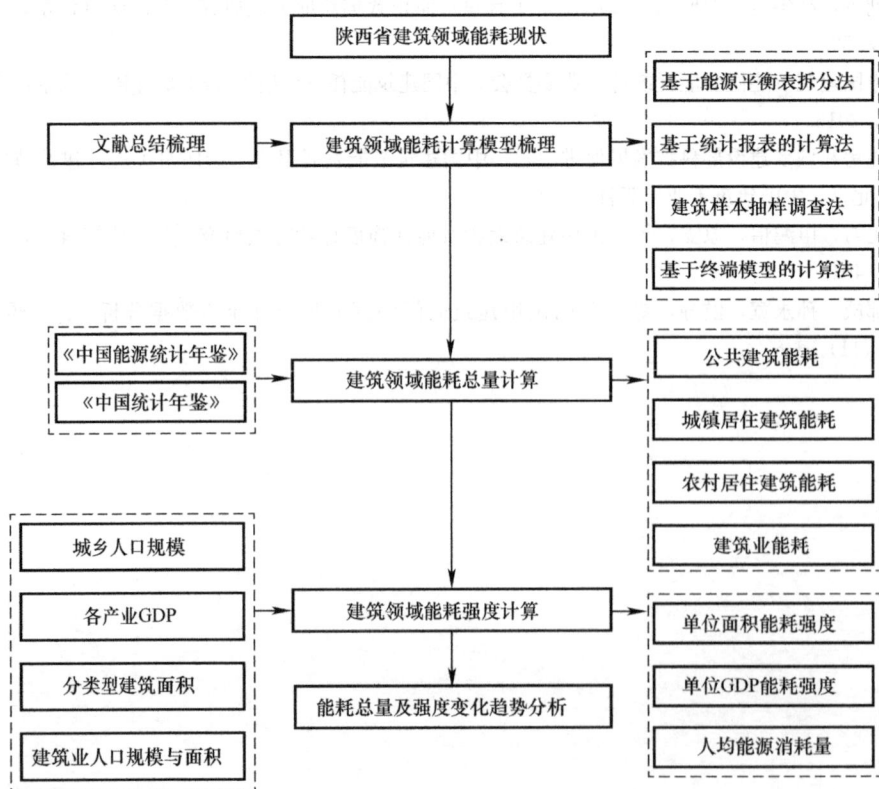

图 4-1 第 4 章技术路线

4.2　建筑领域能耗计算方法

4.2.1　计算模型比较

目前我国建筑能耗计算模型及统计方法已经相对成熟，根据蔡伟光等人[1]的研究，建筑领域能耗计算主要包括 4 种方法：基于能源平衡表拆分法、基于统计报表的计算法、建筑样本抽样调查法和基于终端模型的计算法，各类计算方法的特点如表 4-1 所示。

基本建筑能耗模型计算方法描述　　　　表 4-1

计算方法	建模方法	计算方法描述
基于能源平衡表拆分法	自上而下	将各生产生活部门中涉及建筑能耗的部分进行重新分类处理、汇总（依据实物量能源平衡表）
基于统计报表的计算法	—	采取全面调查和抽样调查相结合的方式，对 23 个城市的国家机关办公建筑和大型公共建筑的基础信息和能耗信息实行全面统计
建筑样本抽样调查法	自下而上	对某一地区同一类型建筑分终端设备用能进行能耗抽样调查或基于单位建筑面积能耗进行抽样调查
基于终端模型的计算法（LEAP）	自下而上	主要对中国商业、居住建筑的终端能耗进行分解，涉及分类型建筑、终端用能、终端设备
基于终端模型的计算法（CBEM）	自下而上	将模型分为建筑和使用者数量模块、北方城镇供暖用能模块、城镇住宅用能模块、公共建筑用能模块、农村住宅用能模块

4.2.1.1　基于能源平衡表拆分法

《中国能源统计年鉴》终端能源消费统计按照第一、二、三产业及居民生活消费四个部门分类统计，建筑部门运行能源消耗主要混杂在第三产业和居民生活消费两大部门之中，需要通过拆分的方法将其分离出来。首先，居民生活能耗中大部分是居住建筑能耗，但需要扣除居民私人车辆所消耗的交通能耗；其次，第三产业能耗中大部分是公共建筑能耗，但需要扣除交通运输、邮政、仓储业能耗及其他交通能耗，同时还应加上工业建筑中非生产类建筑能耗（如宿舍、办公楼等）。

在建筑运行能耗拆分时，按照公共建筑能耗、城镇居住建筑能耗和农村居住建筑能耗分别进行计算，此外北方城镇集中供暖能耗并不单独计算，而是按照比例分摊到公共建筑和城镇居住建筑能耗中。

中国建筑节能协会、重庆大学可持续建设国际研究中心建筑能源大数据组在蔡伟光等人[2]研究的基础上，结合分类能源碳排放因子的测算，提出了我国建筑能耗与碳排放基础数据的系统计算方法，并开发了"中国建筑能耗与碳排放数据库"（CBEED）。CBEED 是我国建筑领域首个基于全国尺度涵盖各类型民用建筑的能源消费、碳排放、建筑面积等指标的综合数据库[3]。

4.2.1.2　基于统计报表的计算法

全国民用建筑能耗统计工作由住房城乡建设部总体负责，国家节能中心负责对能耗数据的收集和审核，国家统计局负责对数据进行统计分析。根据建筑热工设计要求，我国分为五个气候分区，不同气候分区的民用建筑能耗结构及供热空调系统等都具有自身特点[4]。因此，需在全国范围内进行分区统计，且不同气候分区的统计指标各有侧重。在各不同气候分区内，按行政区划逐级统计。分别由各省、市节能中心负责收集本省、市的数据并审核数据的有效性。市内以建筑为调查对象，由物业管理部门对各栋建筑能耗数据进行跟踪采集，并且要求各市的电力、燃气、供暖等部门配合数据的收集工作。这样一方面国家、省、市各级总体形成一个纵向系统，目的是在全国范围内建立起一个结构完整紧凑、分工有序的民用建筑能耗统计体系，以全面了解民用建筑建筑能源消耗情况[5]。

4.2.1.3 建筑样本抽样调查法

清华大学对北京、上海、深圳等地区的居住建筑和公共建筑，按不同的用能终端（如空调、照明、炊事以及设备等）进行能耗抽样调查，获得该地区部分典型建筑的全年能耗数据，再依据测算结果计算单位面积能耗强度，自下而上计算该区域建筑能耗总量。具体为基于大量最新的全国各省市国家机关办公建筑与大型公共建筑的能耗统计与公示数据，计算分析了我国办公建筑的能耗现状，提出了我国办公建筑能耗"二元分布"特性假说，并指出了区域间办公建筑能耗的不平衡性。收集整理美国、日本、欧洲等发达国家和地区近几十年来办公建筑能耗大规模调查数据，分析总结了发达国家和地区办公建筑能耗的宏观分布与历史发展特点。通过调查发现，使用者行为方式是影响办公建筑能耗的重要因素，选取典型建筑进行问卷调查，归纳总结办公建筑中的典型用能行为模式及对能耗的影响[6]。

4.2.1.4 基于终端模型的计算法

基于终端模型的计算法主要有瑞典斯德哥尔摩环境研究所开发的长期能源替代规划系统 LEAP（Long-Range Energy Alternative Planning System）模型法和清华大学开发的中国建筑能耗 CBEM（China Building Energy Model）模型法。LEAP 模型法采用是"自下而上"的计量经济学模型，主要通过"资源、转换、需求"三部分来实现能源从开发到需求的完整过程，要求收集各种统计数据，经过计算得到不同开发情景下的总成本及对应的环境收益，其数据结构灵活，可以透明输入[7]。

CBEM 模型法以年为尺度、以省级行政单位为单位，根据各类建筑能耗特点，对建筑进行分类、分级统计。模型分为 5 个计算模块：建筑和使用者数量模块、北方城镇供暖用能模块、城镇居住建筑用能（不包含北方供暖）模块、公共建筑用能（不包含北方供暖）模块、农村居住建筑用能模块[8]。

《民用建筑能耗统计报表制度》要求全国各地区于"十一五"时期开始逐步展开建筑能耗统计工作，但长期以来建筑能耗统计工作客观上存在着统计对象种类多、数据获取难等原因，存在统计数据不全、数据失真等问题，无法全面有效地反映民用建筑整体能耗水平和强度。因此，基于统计报表的计算法的准确性较低，不适宜本书采用，目前阶段也无法获取有效的能耗数据。

建筑样本抽样调查法过于依靠区域内的典型建筑能耗数据，全面性不足；基于终端能耗模型的计算方法用能模型结构复杂，模型框架属于"黑箱模型"，能耗计算过程可靠性难以验证，可比性不足。以上两种能耗模型计算方法均需要准确的典型建筑终端设备能耗数据，前期需要投入较多的时间、人力和物力，难度较大，因此也不适宜本书采用。

我国能源统计体系未将农村生物质能纳入统计范围，王庆一[9]认为研究中应当将非常规可再生能源——生物质能统计在我国建筑能耗范围之中，但按照蔡伟光等人[10]对于生物质能测算方法的论述，为了与国际能源署（IEA）的统计口径一致，增强与国际数据的可比性，计算建筑能耗时不再考虑生物质能。此外，生物质能一般被认为是零排放能源，而本书的最终目标是碳排放计算及预测，因此本书不将农村生物质能纳入研究范围，仅考虑建筑领域的商品能源消耗。

同时，根据蔡伟光等人[2]的建筑能耗与碳排放计算方法的分类方式，建筑运行阶段按照公共建筑、城镇居住建筑和农村居住建筑三类分别进行能耗计算，将北方城镇集中供暖能耗按照比例摊入公共建筑和城镇居住建筑能耗中，不再单独计算；建筑建造和拆除阶段能耗与碳排放单独进行计算。

通过比较上述建筑能耗计算方法，发现基于能源平衡表拆分法数据易于获取、来源权威、容易获得连续的时间序列数，计算方法简便，同时无须进行参数假设，计算结果不受测算单位的差异性影响，由此获得的能耗与碳排放数据可靠，可比性较强，更符合软科学课题研究。因此本书采用基于能源平衡表拆分法作为后续对建筑能耗数据进行处理研究的首选方法。

4.2.2 模型方法运用

4.2.2.1 计算方法概述

根据前文的论述，本书采用基于能源平衡表拆分法的建筑能耗计算方式，基于《中国能源统计年鉴》和《中国统计年鉴》中的能源平衡表，分别对陕西省公共建筑、城镇居住建筑和农村居住建筑进行能耗拆分，拆分过程仅涉及既有建筑的运行阶段。按照能源平衡表对终端消费七大社会生产生活部门进行划分，数据获取时间段为 2000~2020 年。

能源平衡表是获取各个行业能源消费数据的主要渠道，而我国能源平衡表中没有单列建筑能耗。因此，要从统计年鉴中获取建筑能耗数据，首先需要理清能源平衡表中各项数据的来源与口径。我国能源平衡表中终端能耗部门分为 7 类：①农、林、牧、渔业；②工业；③建筑业；④交通运输、仓储和邮政业；⑤批发、零售业和住宿、餐饮业；⑥其他；⑦居民生活消费。以下逐项对能源平衡表中的 7 类终端能耗部门进行分析，为计算建筑能耗奠定基础。

（1）农、林、牧、渔业。根据国民经济行业分类标准，农、林、牧、渔业属于第一产业，包括农业、林业、畜牧业和渔业，以及对上述 4 类生产活动进行的各种支持性服务业。该行业能耗对应国际能源署（IEA）能源平衡表中的农业/林业和渔业能耗，主要为第一产业的生产能耗，不包含建筑能耗，但其中包含了该行业的交通工具能耗，本书不涉及相关数据。

（2）工业。在我国国民经济行业分类中，工业包括采矿业、制造业，以及电力、热力、燃气及水生产和供应业三大类。工业能耗主要为生产能耗，对应 IEA 能源平衡表中的工业能耗，但与之相比，有多处不同：一是我国的工业能耗包括了能源工业自身能耗，而在 IEA 能源平衡表中，能源工业能耗划入能源加工转换的能源损失；二是我国工业能耗包含了该部门的交通能耗；三是我国工业企业中未独立计算的部门（如生产区的办公楼、职工宿舍），该部分能耗属于建筑能耗，由于统计渠道的原因，被算入了工业生产能耗。考虑到该部分能耗占比很小，本书也不做专门核算。

（3）建筑业。建筑业与工业同属第二产业，该部门能耗主要为建筑施工生产能耗，属于 IEA 能源平衡表中的工业能耗。与工业相似，建筑业能耗同样包括了未独立计算的建筑能耗，以及该部门的交通运输能耗。

（4）交通运输、仓储和邮政业。根据国民经济行业分类标准，交通运输、仓储和邮政业包括铁路运输业、道路运输业、城市公共交通业、水上运输业、航空运输业、管道运输业、装卸搬运及其他运输服务业、仓储业、邮政业九大类。该部门能耗对应 IEA 能源平衡表中的交通能耗，但与之相比存在较大的差异：一是我国统计的主要为交通运输企业能耗，未包含其他行业和私人交通能耗；二是该部门能耗同样包含了建筑能耗，如火车站、汽车站、机场航站楼、邮政局的能耗。

（5）批发、零售业和住宿、餐饮业。批发、零售业和住宿、餐饮业属于第三产业，该部门能源消费主要为建筑能耗，对应 IEA 能源平衡表中的商业和公共服务能耗，但其中包含了该行业的交通工具能耗。

（6）其他。我国能源平衡表中的其他行业，是除了"交通运输、仓储和邮政业"和"批发、零售业和住宿、餐饮业"以外的第三产业，包括：信息传输、软件和信息技术服务业、金融业、房地产业、教科文卫体、公共管理等，该部门能源消费主要为建筑能耗，对应 IEA 能源平衡表中的商业和公共服务能耗，但其中包含了该部门的交通工具能耗。

（7）居民生活消费。居民生活能耗分为城镇和农村生活能耗，主要为建筑能耗，对应 IEA 能源平衡表中的居住能耗，但其中包含了私人交通工具能耗。

基于对各个部门的能耗分项分析，本书对建筑领域的能耗统计计算过程，将按照以下方法进行计算修正。

4.2.2.2 公共建筑

公共建筑运行能耗＝批发、零售业和住宿、餐饮业能耗＋其他部门能耗一分摊到公共建筑上的交通能耗扣除量＋分摊到公共建筑上的供暖能耗修正量＋交通运输、仓储和邮政业能耗。

（1）批发、零售业和住宿、餐饮业能耗按照《中国能源统计年鉴》的"6-26 陕西能源平衡表"直接获取其历年实物消耗量。

（2）其他部门能耗按照《中国能源统计年鉴》的"6-26 陕西能源平衡表"直接获取历年实物消耗量。

（3）分摊到公共建筑上的交通能耗扣除量按照王庆一[9]的测算方法，认为公共建筑中商业和服务业所消耗的 95％的汽油和 35％的柴油用于交通运输。

（4）供暖能耗修正量，认为从《中国统计年鉴》分地区集中供热情况中的集中供热总量减去《中国能源统计年鉴》的"6-26 陕西能源平衡表"中"批发、零售业和餐饮、住宿业""其他"以及"居民生活"中的热力消耗量得到。因此，认为供暖能耗修正量由公共建筑和城镇居住建筑两部分构成。

（5）分摊到公共建筑上的供暖能耗修正量按照"批发、零售业和住宿、餐饮业热力消耗"和"其他热力消耗"与"城镇居民生活热力消耗"之比得到。

（6）交通运输、仓储和邮政业能耗由交通煤耗和交通用电量构成。由于建筑电气化的推进，交通运输中的煤耗全部归于交通建筑能耗；而交通用电量主要由电气化铁路及公路运输、管道运输、城市内公共交通用电量三部分构成。其中，交通工具用电量中电气化铁路和管道运输占交通能耗的比例很大，因此认为交通用电量中全部为电气化铁路及公路运输、管道运输，无民用建筑用电量。

基于以上分析，计算得到运行能耗实物量，共有原煤、洗精煤、焦炭、汽油、煤油、柴油、燃料油、液化石油气、天然气、热力和电力 11 项实物消耗。再将能源实物量按其热值折算为标准量，以比较能源消耗结构变化，折算方法采用电热当量法，按照表 4-2 进行热值折算。

各类能源折算标准煤系数　　　　　　　　表 4-2

能源名称	折算标准煤系数
原煤	0.7143kgce/kg
洗精煤	0.9000kgce/kg
洗中煤	0.2857kgce/kg
煤泥	0.2857～0.4286kgce/kg
焦炭	0.9714kgce/kg
原油	1.4286kgce/kg
燃料油	1.4286kgce/kg
汽油	1.4714kgce/kg
煤油	1.4714kgce/kg
柴油	1.4571kgce/kg
液化石油气	1.7143kgce/kg
炼厂干气	1.5714kgce/kg
天然气	1.1000～1.3300kgce/m³
焦炉煤气	0.5714～0.6143kgce/m³
发生炉煤气	0.1786kgce/m³
重油催化裂解煤气	0.6571kgce/m³
重油热裂解煤气	1.2143kgce/m³
焦炭制气	0.5571kgce/m³
压力气化煤气	0.5143kgce/m³
水煤气	0.3571kgce/m³
热力（当量）	0.03412kgce/GJ
电力（当量）	0.1229kgce/kWh

4.2.2.3　城镇居住建筑

城镇居住建筑运行能耗＝城镇居民生活消费能耗－城镇居住建筑中的交通能耗扣除量＋分摊到城镇居住建筑中的供暖能耗修正量。

（1）城镇居民生活消费能耗来源于《中国能源统计年鉴》的"6-26 陕西能源平衡表"的居民生活城镇部分。

（2）城镇居住建筑中的交通能耗扣除量，按照居民生活消费的全部汽油和 95% 的柴油用于交通运输进行扣除。

（3）分摊到城镇居住建筑中的供暖能耗修正量，将各地区集中供热总量按照"城镇居民生活热力消耗"与"批发、零售业和住宿、餐饮业热力消耗和其他热力消耗"的比例进行拆分，得到此项供暖能耗。

基于以上方法，计算得到运行能耗实物量，按照能源消费类型，共有原煤、洗精煤、煤制品、焦炉煤气、其他煤气、柴油、液化石油气、天然气、热力和电力10项实物量。
再根据各类能源折算标准煤系数，按照热值折算为标准量。

4.2.2.4 农村居住建筑

农村居住建筑运行能耗＝农村居民生活消费能耗—农村居住建筑中的交通能耗扣除量。

（1）农村居民生活消费能耗来源于《中国能源统计年鉴》的"6-26陕西能源平衡表"中居民生活农村消费部分。

（2）农村居住建筑中的交通能耗扣除量，按照居民生活消费的全部汽油和95％的柴油用于交通运输进行扣除。

基于以上方法，计算得到运行能耗实物量，按照能源消费类型，共有原煤、洗精煤、煤制品、其他煤气、柴油、液化石油气、天然气和电力8项实物量。再根据各类能源折算标准煤系数，按照热值折算为标准量。

4.3 建筑领域能耗现状

4.3.1 建筑运行能耗现状

4.3.1.1 公共建筑能耗

基于本章4.2节对公共建筑能耗的计算拆分方法分析，从《中国能源统计年鉴》和《中国统计年鉴》中获取2000～2020年陕西省相关部门能耗数据，计算得到公共建筑运行能耗实物量，依据表4-2的折算标准煤系数，获得公共建筑运行能耗标准量和运行能耗分布，如图4-2和图4-3所示。

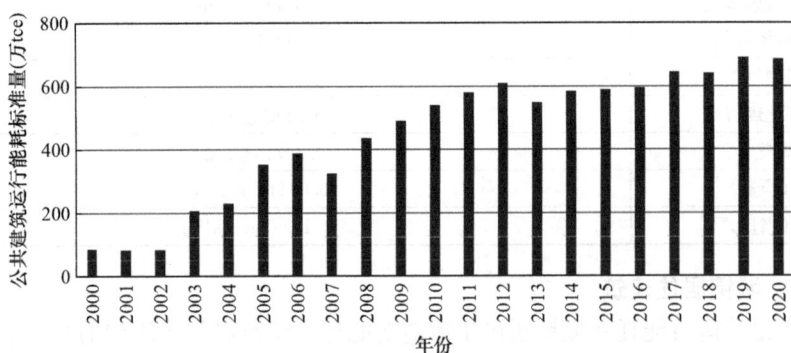

图4-2 2000～2020年陕西省公共建筑运行能耗标准量

从能耗总量上来看，2000～2020年，陕西省公共建筑运行能耗总量变化迅速，由86.21万tce增长至685.61万tce，年均变化率为10.92％。以2012年为分水岭，2012年之前增长快速，2012年之后呈缓慢变化的趋势，2000～2012年共增加524.01万tce，而2012～2020年增加75.37万tce，前期的增长量约为后期的6.95倍，这也间接表明公共建筑规模及其能耗已经度过快速增长期，未来公共建筑运行阶段能耗增长趋势将逐渐放缓。

从能源消费结构上来看，2000～2020年，陕西省公共建筑能源消费结构优化明显，化石燃料的使用比例明显降低，由55.11％降低至33.39％，而热力和电力的使用比例明

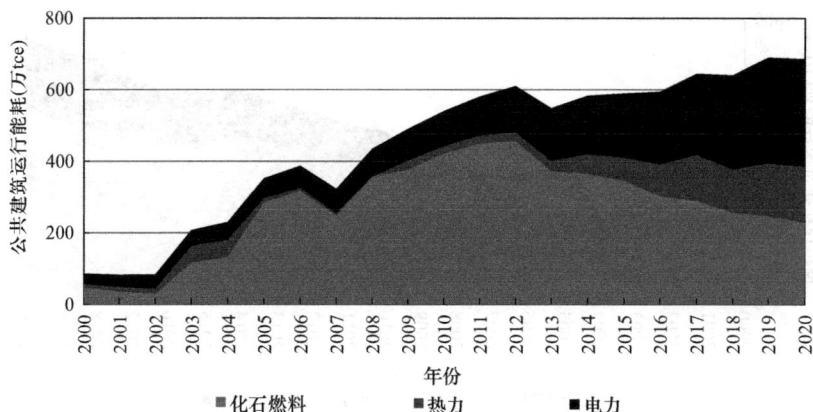

图 4-3　2000～2020 年陕西省公共建筑运行能耗分布

显增高，其中，热力使用比例由 10.54％提升至 22.91％，电力使用比例由 34.36％提升至 43.70％，即 2020 年末公共建筑间接能耗占比为 66.61％，公共建筑电气化率已经达到 43.70％，超过了直接能耗占比。可以预见，未来公共建筑能源消费结构将进一步优化提升。

4.3.1.2 城镇居住建筑能耗

基于本章 4.2 节对城镇居住建筑能耗的计算拆分方法，从《中国能源统计年鉴》和《中国统计年鉴》中获取陕西省 2000～2020 年的城镇居住建筑运行能耗实物量，根据表 4-2 的折算标准煤系数，获得城镇居住建筑运行能耗标准量和运行能耗分布，如图 4-4 和图 4-5 所示。

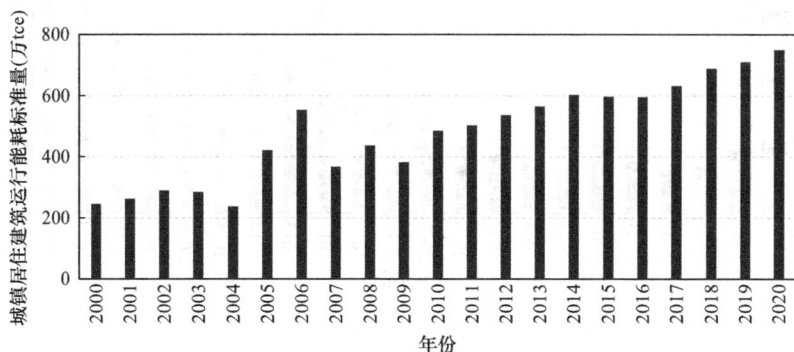

图 4-4　2000～2020 年陕西省城镇居住建筑运行能耗标准量

从能耗总量上来看，2000～2020 年，陕西省城镇居住建筑运行能耗总体呈增长趋势，由 245.34 万 tce 增长至 749.96 万 tce，年均增长率为 5.75％；自 2004 年至 2010 年，陕西省居住建筑运行能耗变化波动较大，尤其是 2004～2006 年，公共建筑能耗由 237.34 万 tce 快速增长至 553.89 万 tce，两年的平均增长率为 52.77％；2010～2020 年后呈平稳上升态势，至 2020 年达到 749.96 万 tce，在此 10 年间的平均增长率为 4.46％。

从能源消费结构上来看，2000～2020 年，陕西省城镇居住建筑能源消费结构优化明显，化石燃料的使用比例明显降低，由 87.47％降低至 40.21％，热力的使用比例由 1.85％提升

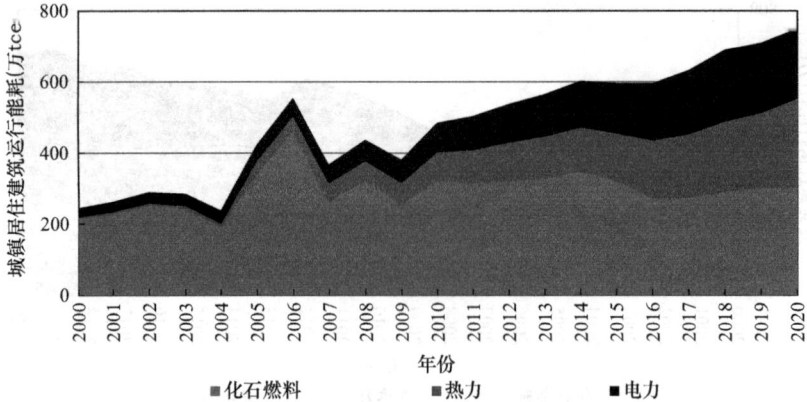

图 4-5　2000～2020 年陕西省城镇居住建筑运行能耗分布

至 33.42％，电力的使用比例由 10.68％提升至 26.37％。说明城镇集中供热水平逐步提升，未来城镇居住建筑电气化水平也将不断提高。

4.3.1.3　农村居住建筑能耗

基于本章 4.2 节对农村居住建筑能耗的计算拆分方法，从《中国能源统计年鉴》和《中国统计年鉴》中获取陕西省 2000～2020 年的农村居住建筑运行能耗实物量，依据表 4-2 的标准煤折算系数，获得农村居住建筑运行能耗标准量和运行能耗分布，如图 4-6 和图 4-7 所示。

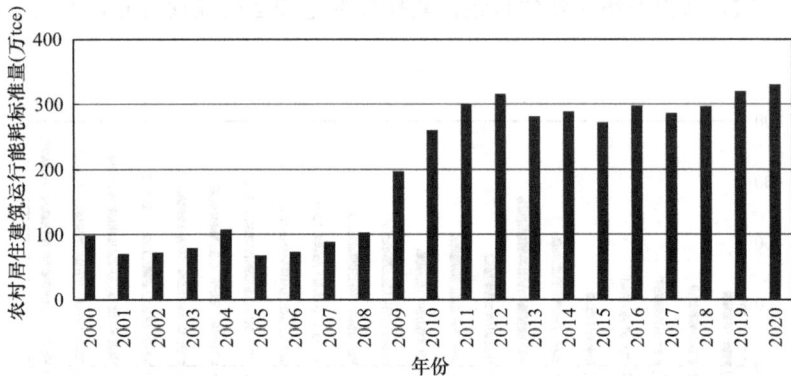

图 4-6　2000～2020 年陕西省农村居住建筑运行能耗标准量

从能耗总量上来看，自 2005 年初至 2012 年末，陕西省农村居住建筑能耗处于快速增长状态，由 67.66 万 tce 增长至 315.41 万 tce，7 年间共增长 247.75 万 tce，年均增长率为 29.25％，而 2000～2020 年从 98.15 万 tce 增长至 329.86 万 tce，共增长 231.71 万 tce，年均增长率为 6.25％，不同时期的结果相差较大，在此时间区间内农村人口快速向城镇转移，表明农村居住建筑运行阶段的能耗统计方法存在一定程度调整。

从能源消费结构上来看，由于陕西省农村居住建筑并未进行集中供暖，因此能源消费中只有化石能源和电力两项，2000～2020 年陕西省农村居住建筑能源消费结构优化明显，直接使用化石燃料的比例明显降低，由 84.97％降低至 60.30％，电力的使用比例由 15.03％提升至 39.70％，建筑电气化趋势明显，未来农村居住建筑能源结构将进一步优化提升。

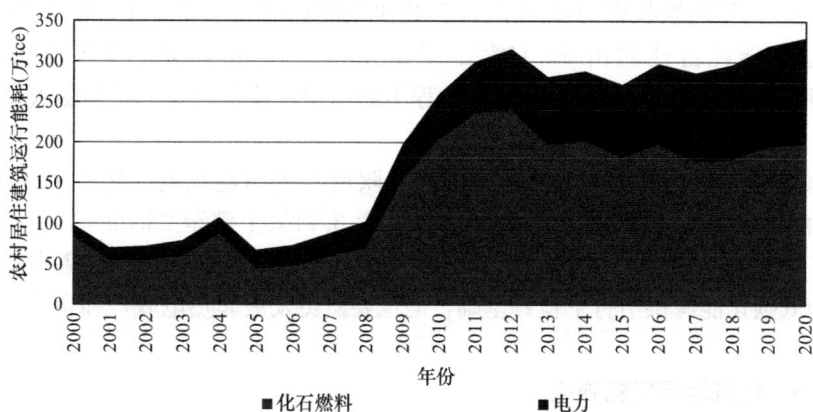

图 4-7　2000～2020 年陕西省农村居住建筑运行能耗分布

4.3.1.4　建筑运行能耗总量

对三类建筑运行能耗进行计算汇总，得到 2000～2020 年陕西省建筑运行能耗总量，如图 4-8 和图 4-9 所示。

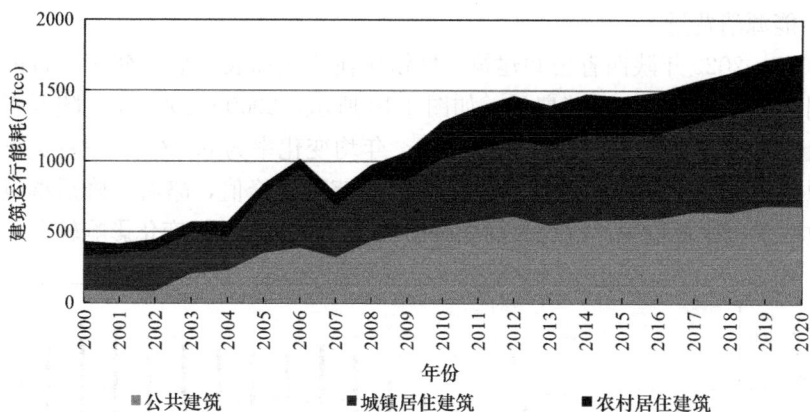

图 4-8　2000～2020 年陕西省建筑运行能耗情况

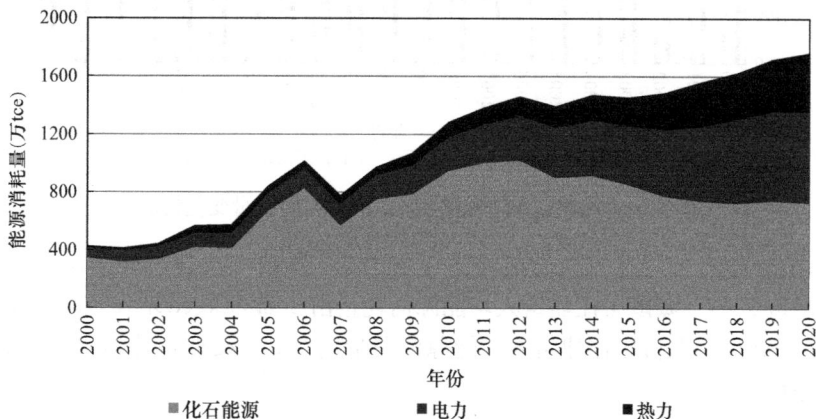

图 4-9　2000～2020 年陕西省建筑运行各类能源消耗变化情况

从能耗总量上来看，2000～2020 年，建筑运行能耗总量由 429.71 万 tce 增长至 1765.42 万 tce，年均增长率为 7.32%；公共建筑能耗占比由 20.06% 增长至 38.83%，城镇居住建筑能耗占比例由 57.10% 下降至 42.48%，农村居住建筑能耗占比例由 22.84% 下降至 18.69%。这表明城镇化进程不断加快，使得建筑能耗伴随人口流动而发生变化。

从能源消费结构上来看，2000～2020 年，陕西省民用建筑电气化水平在逐步提升，电力占比由 16.42% 上涨至 35.59%，热力占比由 3.71% 上涨至 23.09%，化石能源占比由 80.41% 下降至 41.31%。能源消费结构持续优化，建筑电气化水平和集中供热水平不断提升，为低碳化能源供给打下良好基础，但也要避免发展非热电联产和余热回收利用的集中供热。

4.3.1.5 建筑运行能耗强度

根据《中国统计年鉴》中对能耗强度的定义，能耗强度越低说明单位面积或单位 GDP 消耗的能量越少，发展质量越高。目前实行能耗总量和强度"双控"的主要目的是提高能源利用效率，促进产业结构不断升级。因此，有必要对能耗强度进行计算分析。对于建筑运行能耗强度，可从人均能源消费量、单位建筑面积能耗和单位 GDP 能耗三个角度进行分析。

1. 人均能源消费量

基于 2000～2020 年陕西省公共建筑、城镇居住建筑和农村居住建筑运行能耗和人口数据，分别计算历年人均能源消费量，如图 4-10 所示。2000～2020 年，陕西省人均能源消费量均值由 117.92kgce 增长至 446.38kgce，年均变化率为 6.88%。三种类型的民用建筑人均能源消费量均在 2011～2012 年达到一个小范围的峰值，略有下降后继续增长，这表明人口数据变化比较均匀，因而人均能源消费受能源消费总量变化影响较大。

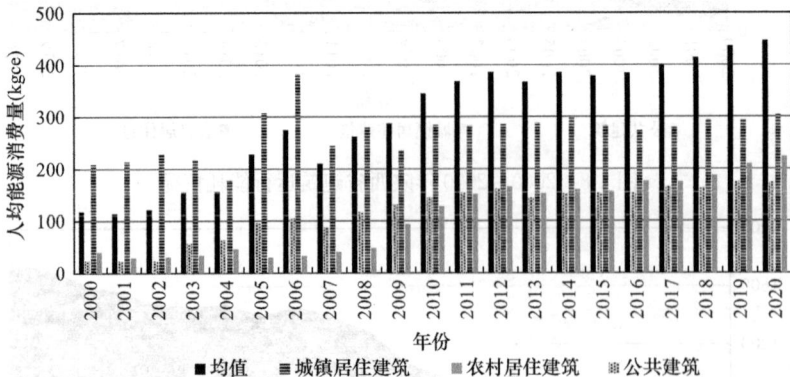

图 4-10 2000～2020 年陕西省人均能源消费量变化情况

2000～2020 年，公共建筑人均能源消耗量由 23.66kgce 快速增长至 173.35kgce，年均增长率为 10.47%；城镇居住建筑人均能源消耗量由 208.62kgce 增长至 302.65kgce，年均增长率为 1.88%；农村居住建筑人均能源消费量由 39.77kgce 快速增长至 223.33kgce，年均增长率为 9.01%。

2. 单位建筑面积能耗

基于 2000～2020 年陕西省公共建筑、城镇居住建筑和农村居住建筑能耗及面积，分别计算不同类型建筑的单位建筑面积能耗，如图 4-11 所示。

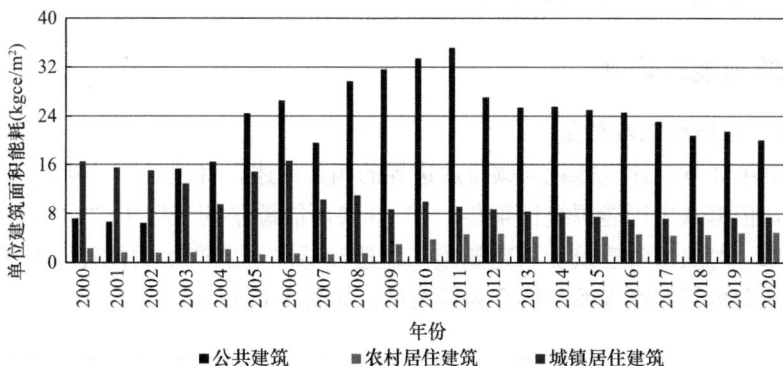

图 4-11　2000～2020 年陕西省单位建筑面积能耗变化情况

2000～2011 年，公共建筑单位建筑面积能耗由 7.18kgce/m² 达到峰值 35.13kgce/m²，年均增长率为 15.53%，2012 年快速下降至 27.06kgce/m²，此后每年以不超过 5% 的速率下降，2020 年降低至 20.03kgce/m²；城镇居住建筑单位建筑面积能耗变化波动幅度比公共建筑更小，2000～2006 年，由 16.53kgce/m² 变化至 16.58kgce/m²，期间经历了较大波动，2010～2016 年稳定下降，年均下降率为 5.68%，2016 年以后变化较为稳定，甚至有小幅增长，2020 年为 7.41kgce/m²；农村居住建筑单位建筑面积能耗的变化幅度较小，2000～2020 年，由 2.33kgce/m² 增长至 4.90kgce/m²，年均增长率为 3.79%，由于农村居住建筑能耗总量较低，且其面积较大，使得其单位建筑面积能耗远远低于城镇居住建筑。

3. 单位 GDP 能耗

基于各产业 GDP 和对应三种类型建筑能耗数据，分别计算不同类型建筑的单位 GDP 能耗，如图 4-12 所示。

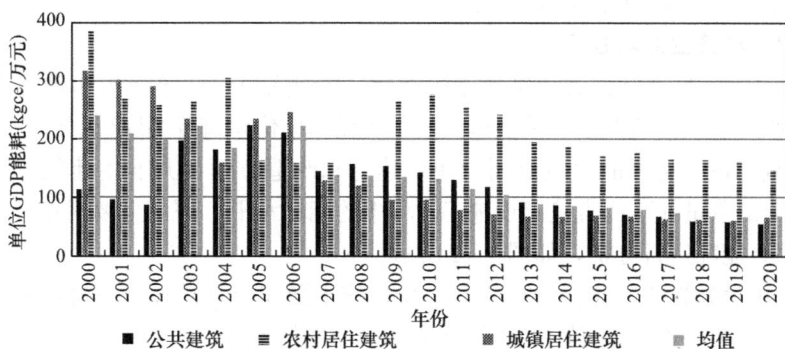

图 4-12　2000～2020 年陕西省民用建筑单位 GDP 能耗变化情况

2000～2020 年，单位 GDP 能耗均值由 238.20kgce/万元下降至 67.43kgce/万元，下降 71.69%。2000～2005 年，公共建筑单位 GDP 能耗由 112.96kgce/万元增长至峰值 221.62kgce/万元，年均增长率为 1.36%，此后降低到 2020 年的 54.62kgce/万元，年均下降 8.91%。2000～2020 年，城镇居住建筑单位 GDP 能耗由 313.51kgce/万元降低至

66.00kgce/万元，年均下降 7.49%；农村居住建筑单位 GDP 能耗由 380.10kgce/万元降低至 145.47kgce/万元，年均下降 6.11%。

4.3.2 建筑业能耗现状

4.3.2.1 建筑业能耗总量

根据本书第 2 章对建筑能耗与碳排放边界的相关论述，将建筑业（建筑施工阶段）纳入计算范围，依据《中国能源统计年鉴》"6-26 陕西能源平衡表"中"建筑业"终端能源消费统计结果，对陕西省建筑业（建筑施工建造和拆除）所产生的能耗实物量进行统计，并根据各类能源折算标准煤系数换算为标准量，如图 4-13 所示。

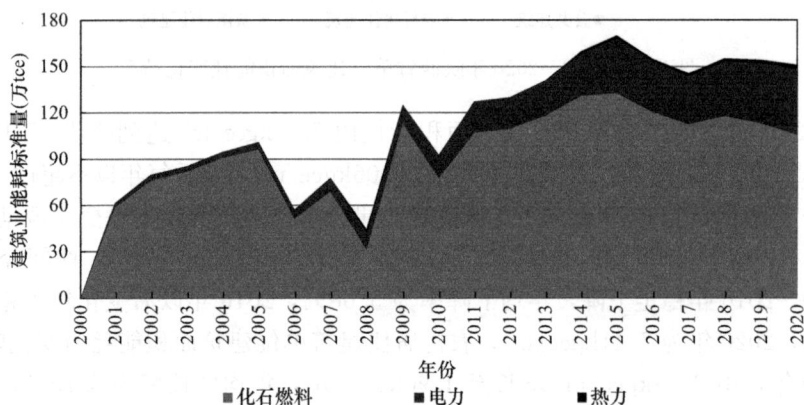

图 4-13 2000～2020 年陕西省建筑业各类能源消耗情况

从能源消耗总量上来看，2000～2020 年陕西省建筑业能耗标准量由 61.63 万 tce 增长至 145.97 万 tce，年均增长率 4.41%，且中间年份变化波动较为剧烈；而从能源消费结构上来看，2000～2020 年陕西省建筑业化石燃料消费占比长期超过 70%，电力占比由 4.55% 增长至 25.80%，建筑业电气化水平在不断提高。

4.3.2.2 建筑业能耗强度

基于 2000～2020 年陕西省建筑业能耗总量、从业人口、建筑面积和建筑业 GDP，分别计算建筑业人均能源消费量、单位施工面积能耗和单位建筑业 GDP 能耗。

由于建筑业各类能源消耗主要用于建筑建造和改造方面，并非由建筑业从业人员消耗，人均能源消费量并不能直接展现施工过程中的能耗水平。因此主要对单位施工面积能耗和单位 GDP 能耗进行分析，如图 4-14 所示。

以 2010 年为分界线，2000～2010 年，单位施工面积能耗总体呈下降趋势，但中间存在波动情况，前五年单位施工面积能耗均在 50.00kgce/m² 以上，2005 年下降至 30.01kgce/m²，此后五年间波动较大，2010 年以后单位施工面积能耗的下降趋势相对稳定；2010～2020 年，单位施工面积能耗由 33.63kgce/m² 下降至 19.97kgce/m²，年均下降 5.08%。呈现如此变化结果的原因，一方面在于早期施工过程能耗较高，后期施工效率及技术提升，使得能耗强度下降；另一方面，早期的统计方法及口径变换较多，准确度不够，后期统计方法逐渐成熟，数据逐渐准确。

单位建筑业 GDP 能耗与单位施工面积能耗变化较为相似，2010 年以前数据变化波动

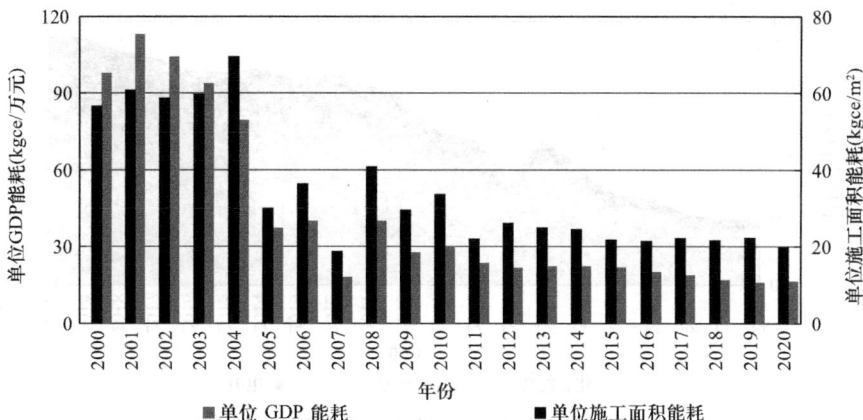

图 4-14　2000～2020 年陕西省建筑业单位施工面积能耗与 GDP 能耗变化情况

较大，且前期能耗较高。2000～2004 年，单位建筑业 GDP 能耗超过 80.00kgce/万元，2005 年突降至 37.23kgce/万元，此后波动较为剧烈，2010～2020 年，数值由 29.77kgce/万元下降至 16.47kgce/万元，年均下降 5.75%。现阶段已处于较低状态，变化较为缓慢。

4.3.3　建筑领域能耗现状

4.3.3.1　陕西省建筑领域能耗总量

基于对 2000～2020 年陕西省建筑运行和建筑业的能耗统计结果，可以得到陕西省建筑领域在不同阶段各类型建筑能耗总量和分类能源变化情况，如图 4-15 及图 4-16 所示。

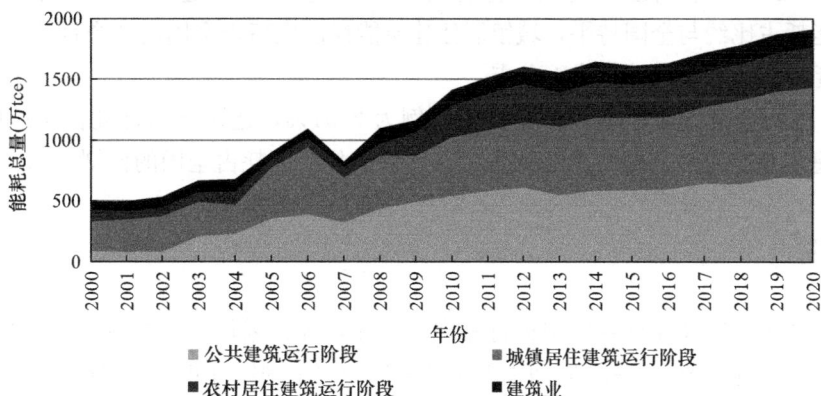

图 4-15　2000～2020 年陕西省建筑领域能耗变化（建筑类型）

如图 4-15 所示，从能耗总量和能耗产生的阶段来看，2000～2020 年，陕西省建筑领域能耗总量持续增长，由 491.34 万 tce 增长至 1911.39 万 tce，年均增长率为 7.41%。建筑运行能耗为建筑领域能耗的主要来源，其占比由 87.46% 上涨至 92.36%，建筑业能耗占比不足 10%。

如图 4-16 所示，从能源类型上来看，2000～2020 年，陕西省建筑领域化石能源消耗长期占据主要地位，但总体在逐年降低，其占比由 82.29% 下降至 43.67%，热力所占比例由 2.78% 增长至 21.49%，电力所占比例由 14.93% 增长至 34.84%。由此可以看出，

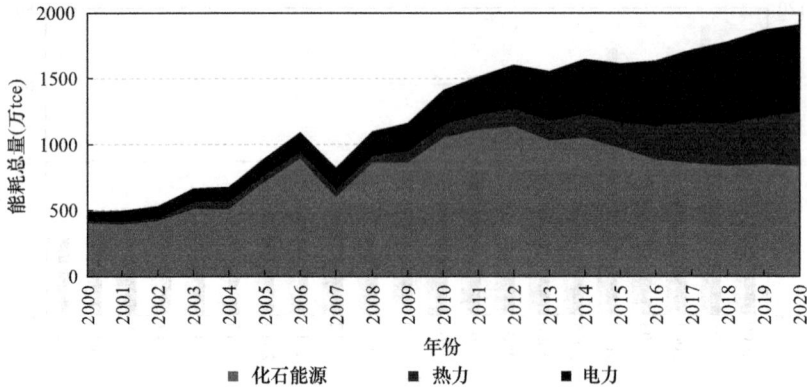

图 4-16 2000～2020 年陕西省建筑领域能耗变化（能源类型）

建筑的电力消耗占比在快速扩大，建筑运行和建筑业的电气化水平均在不断升高。

4.3.3.2 陕西省与全国建筑领域能耗对比

根据中国建筑节能协会发布的《中国建筑能耗与碳排放研究报告 2022》，2020 年末，全国建筑运行能耗为 10.60 亿 tce，其中，公共建筑运行能耗 4.20 亿 tce，约占建筑运行总能耗的 39.62%；城镇居住建筑运行能耗 4.10 亿 tce，约占建筑运行总能耗的 38.68%；农村居住建筑运行能耗 2.30 亿 tce，占建筑运行总能耗的 21.70%。全国建筑业能耗为 0.90 亿 tce，因此，建筑运行和建筑业能耗加和后的全国建筑领域能耗总量为 11.50 亿 tce。

2020 年末，陕西省建筑运行能耗为 0.1766 亿 tce，其中，公共建筑运行能耗 0.0686 亿 tce，约占建筑运行能耗的 38.81%；城镇居住建筑运行能耗 0.0750 亿 tce，约占建筑运行能耗的 42.50%；农村居住建筑运行能耗 0.0330 亿 tce，占建筑运行能耗的 18.69%。公共建筑能耗占比与全国持平，城镇居住建筑能耗占比高于全国约 3 个百分点，农村居住建筑能耗占比低于全国约 3 个百分点。

此外，陕西省建筑面积总量占全国的比例为 2.91%，建筑运行能耗占全国的比例为 1.67%，建筑业能耗占全国的比例为 1.62%，建筑领域能耗占全国的比例为 1.66%。

4.4 总结

本章对建筑运行能耗计算模型进行梳理和对比，优选采用基于能源平衡表的拆分法。从《中国能源统计年鉴》"6-26 陕西能源平衡表"和《中国统计年鉴》"分地区城市集中供热情况表"获取 2000～2020 年数据，对陕西省建筑运行能耗和建筑业能耗的总量和强度进行拆分计算，主要结论如下：

（1）2000～2020 年，陕西省公共建筑能耗由 86.21 万 tce 增长至 685.61 万 tce，年均增长率 10.92%；城镇居住建筑能耗由 245.34 万 tce 增长至 749.96 万 tce，年均增长率 5.75%；农村居住建筑能耗由 98.15 万 tce 增长至 329.86 万 tce，年均增长率 6.25%。公共建筑能耗增速最快，其次为农村和城镇居住建筑。

（2）2000～2020 年，陕西省建筑运行能耗总量由 429.71 万 tce 增长至 1765.42 万 tce，年均增长率为 7.32%；建筑电气化水平在逐步提升，至 2020 年陕西省建筑电气化率达到 35.59%，化石能源消费占比由 80.41% 降低至 41.31%。

（3）2000～2020 年，公共建筑单位建筑面积能耗由 7.18kgce/m² 增长至 20.03kgce/m²；城镇居住建筑单位建筑面积能耗由 16.53kgce/m² 降低至 7.41kgce/m²；农村居住建筑单位建筑面积能耗由 2.33kgce/m² 增长至 4.90kgce/m²。

（4）2000～2020 年，陕西省建筑业能耗标准量由 61.63 万 tce 增长至 145.97 万 tce，年均增长率 4.41%；化石能源占比超过 70%，电力占比由 4.55% 增长至 25.80%。建筑业单位施工面积能耗由 56.68kgce/m² 下降至 19.97kgce/m²；单位建筑业 GDP 施工能耗 97.84kgce/万元下降至 16.47kgce/万元。

（5）2000～2020 年，陕西省建筑领域能源消耗呈持续增长状态，建筑运行阶段为建筑领域能耗的主要来源。建筑领域能源消费总量由 491.34 万 tce 增长至 1911.39 万 tce；建筑运行能耗占建筑领域总能耗的比例由 87.46% 增长至 92.36%。

本章参考文献

[1] 蔡伟光，庞天娇，郎宁宁，等. 我国各省建筑能耗测算与分析 [J]. 暖通空调，2020，50 (2)：66-71，116.

[2] 蔡伟光，李晓辉，王霞，等. 基于能源平衡表的建筑能耗拆分模型及应用 [J]. 暖通空调，2017，47 (11)：27-34.

[3] 中国建筑节能协会能耗统计专业委员会. 中国建筑能耗研究报告 2019 [R]. 北京：中国建筑节能协会，2019.

[4] 陈淑琴，李念平，付祥钊，等. 住宅建筑能耗统计方法的研究 [J]. 暖通空调，2007 (3)：44-48，95.

[5] 丁洪涛，刘海柱，王立雷. 民用建筑能耗统计初步分析 [J]. 暖通空调，2009，39 (10)：1-3.

[6] 江亿，薛志峰. 北京市建筑用能现状与节能途径分析 [J]. 暖通空调，2004 (10)：13-16.

[7] ZHOU N, FRIDLEY D, KHANNA N Z, et al. China's energy and emissions outlook to 2050：Perspectives from bottom-up energy end-use model [J]. Energy Policy，2013，53：51-62.

[8] 清华大学建筑节能研究中心. 中国建筑节能年度发展研究报告 2012 [M]. 北京：中国建筑工业出版社，2012.

[9] 王庆一. 中国建筑能耗统计和计算研究 [J]. 节能与环保，2007 (8)：9-10.

[10] 蔡伟光，魏海锋，王霞，等. 建筑能耗测算数据差异及其原因分析 [J]. 暖通空调，2017，47 (11)：35-39.

第5章 ▶▶

陕西省建筑领域碳排放现状

5.1 研究内容与技术路线

梳理总结和比较分析国内外主流的建筑碳排放计算方法，优选采用碳排放因子法作为陕西省建筑领域碳排放计算方法。查阅相关化石能源的碳排放因子，并基于年鉴统计的能耗数据计算获得电力和热力的逐年动态碳排放因子，完善碳排放计算的数据基础。依据确定的碳排放计算方法和建筑领域能耗核算结果，计算得到 2000～2020 年陕西省建筑运行碳排放和建筑业碳排放变化趋势，为建筑领域碳排放预测提供数据基础，同时对各类能源消费的碳排放结构进行分析，并与全国建筑领域碳排放现状进行对比，评估陕西省建筑领域碳排放的发展现状。本章技术路线如图 5-1 所示。

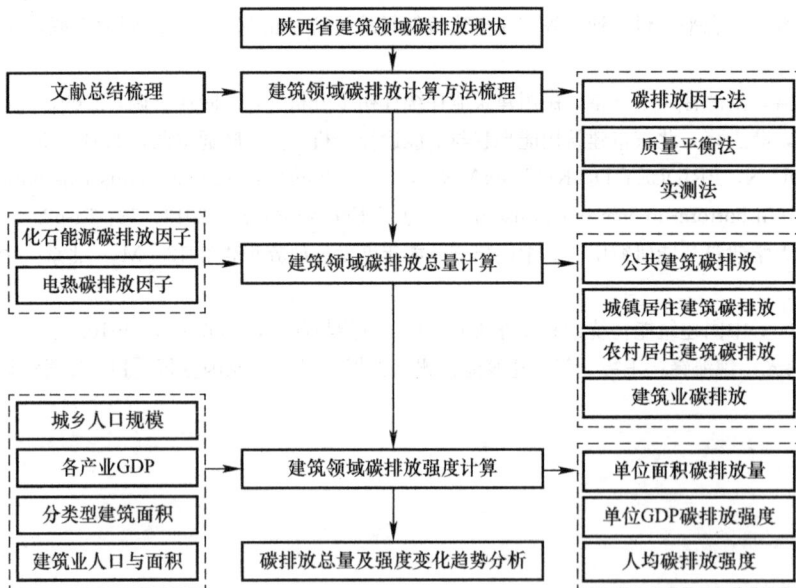

图 5-1 第 5 章技术路线

5.2 建筑领域碳排放计算方法

5.2.1 碳排放计算概念

碳排放是关于温室气体排放的简称，温室气体有很多种，如 CO_2、CH_4、O_3 等，IPCC

第五次报告指出，化石燃料和工业过程排放的 CO_2 对温室气体排放量增长的贡献率达到了 78% 以上，目前政府和学界普遍采用计算 CO_2 的方法来估算特定区域的温室气体排放量，这种方法已被社会各界广泛接受[1]。

CO_2 排放量与碳排放量在数值上是有区别的，CO_2 排放量不仅包含碳元素质量，还包含氧元素质量，碳排放量换算成 CO_2 排放量需要乘以 44/12（约为 3.667）。基于以上分析，本书中所述碳排放均指 CO_2 排放，且数值方面为 CO_2 排放量而非单质碳的排放量，即碳排放因子为 CO_2 排放因子。

5.2.2 碳排放因子计算

5.2.2.1 碳排放计算方法

目前国际上较为认可的关于碳排放的计算方法主要有三种，分别是碳排放因子法、质量平衡法和实测法[2]，已广泛应用于不同排放源的碳排放估算。

1996 年，IPCC 出版首份国家温室气体清单指南，并在该指南中提出第一种碳排放估算的方法，即碳排放因子法，也是目前应用最广泛的方法[3]。随后 IPCC 又出版了《2006 年 IPCC 国家温室气体清单指南》，并沿用至今[4]。其基本思路是根据碳排放清单列表，针对每种排放源构造其活动水平数据和碳排放因子，两者的乘积即为碳排放的估算值。质量平衡法的基本原理是质量守恒，即投入某系统或者设备的物料量必然等于该系统产出的物料量。该方法可以反映发生地的实际碳排放，捕获各类设施和设备之间的差异。1996 年，IPCC 提出的估算化石能源碳排放的参考方法和工业生产过程碳排放计算的可选方法即为质量平衡法。实测法的基本思路是基于排放源的现场实测基础数据进行汇总，计算得到相关碳排放。该方法结果精确，中间环节少，但是数据获取难度大、成本高。三种碳排放计算方法的比较见表 5-1。

碳排放计算方法比较　　　　　　　　　　表 5-1

方法	公式	特点及优点	局限性	适用尺度	应用现状
碳排放因子法	排放量=活动数据×碳排放因子	简单明确易于理解，实用性和适用性高	能源碳排放因子的地域性较强，不确定性大，需加强因子计算	宏观、中观、微观	应用广泛，权威性高，各种能源碳排放计算均可使用
质量平衡法	投入物料总和=产品量总和+物料和产品流失量总和	可反映发生地的实际排放，捕获各类设施和设备之间的差异	存在统计误差；统计工作量大，数据需求多，实用性不高	宏观、中观	多应用于工业生产过程排放计算
实测法	排放量=介质流量×气体的浓度×单位换算系数	结果精确	成本高，数据难获取，数据的代表性也值得考虑，实用性不高	微观	数据获取难，应用范围窄

基于以上对碳排放计算方法的总结，碳排放因子法适用于宏观区域内基于能源统计数据的各类能源消费产生的碳排放计算，因此本书优选采用碳排放因子法，即对化石能源和电热消耗分别进行计算。

1. 化石能源碳排放计算方法

化石能源燃烧所产生的碳排放计算方法主要有三种。

（1）将各类化石能源消耗量按折算标准煤系数换算为标准量，通过计算得到标准煤的碳排放系数，将两者相乘并加和即可得到各类化石能源的碳排放总量。这种计算方法适合全国范围内大尺度的碳排放计算，在区域层面使用时误差较大。

（2）将化石能源分为煤炭、石油、天然气三类，类似于美国国家实验室给出的固体能源、液体能源和气体能源的分类方法，将三者的能源消耗量与对应的碳排放系数相乘分别得到煤炭消耗、石油消耗以及天然气消耗释放的二氧化碳量。这种方法比第一种方法误差小，但不同机构给出的同类能源碳排放系数有所差异，计算准确度与所选系数直接相关。

（3）采用《省级温室气体清单编制指南（试用版）》中 IPCC 碳排放因子方法[4]，基于各种化石能源的消费量、单位发热量、含碳量以及燃烧各种化石能源的主要设备的平均氧化率等参数，综合计算得到，具有计算结果准确、可信度较高的特点，但数据处理量较大。

为避免直接利用标准煤进行计算时产生较大误差，本书采用第三种方法计算建筑能耗中化石能源消耗引发的碳排放。

2. 电热碳排放计算方法

按照能源分类，电力及热力属于二次能源，其直接消费过程中并未产生二氧化碳，而在其生产过程中，消耗的煤炭等化石能源燃烧会释放大量二氧化碳，因此本书将建筑运行和施工过程中的电力和热力碳排放理解为电力和热力生产过程中的碳排放，纳入建筑领域碳排放的计算范围。

5.2.2.2 各类能源碳排放因子计算

1. 化石能源碳排放因子

建筑碳排放的计算首先应当考虑计算过程中各类能源对应的碳排放因子，按照《建筑碳排放计算标准》GB/T 51366—2019 的定义，碳排放因子是指能源与材料消耗量与二氧化碳排放相对应的系数，用于量化建筑物不同阶段相关活动的碳排放。

建筑碳排放计算结果是根据建筑消耗的各类能源实物量乘以相关能源的碳排放因子计算得到，化石能源的碳排放因子计算公式如下：

$$F_{Ex} = V_{ALCx} C_{PCVx} R_{CO} \times 3.667 \times 10^{-6} \tag{5-1}$$

式中　F_{Ex}——第 x 类化石能源的碳排放因子，kg/kg；

V_{ALCx}——第 x 类化石能源平均低位发热量，kJ/kg；

C_{PCVx}——第 x 类化石能源单位热值含碳量，t/TJ；

R_{CO}——碳氧化率；

3.667——二氧化碳与碳的分子量之比。

根据《建筑碳排放计算标准》GB/T 51366—2019 和《省级温室气体清单编制指南》给出的测算方法，将各类化石能源碳排放的测算结果按照热值换算出含碳量和氧化率，然后计算碳排放，并在《建筑碳排放计算标准》GB/T 51366—2019 附录 A 中获取多数能源的碳排放因子，部分从《省级温室气体清单编制指南》[4]和闫树睿等人[5]的计算结果中获取，如表 5-2 所示。

各类化石能源碳排放因子　　　　　　　　　　　　表 5-2

种类	碳排放因子	单位
原煤	1.930711	$kgCO_2/kg$
洗精煤	2.344616	$kgCO_2/kg$

种类	碳排放因子	单位
其他洗煤	1.030345	$kgCO_2/kg$
煤制品	1.908273	$kgCO_2/kg$
焦炭	2.860421	$kgCO_2/kg$
焦炉煤气	0.824610	$kgCO_2/m^3$
其他煤气	0.793214	$kgCO_2/m^3$
原油	3.020370	$kgCO_2/kg$
汽油	2.924884	$kgCO_2/kg$
煤油	3.017915	$kgCO_2/kg$
柴油	3.096109	$kgCO_2/kg$
燃料油	3.170489	$kgCO_2/kg$
液化石油气	3.101564	$kgCO_2/kg$
天然气	1.976363	$kgCO_2/m^3$

2. 电热碳排放因子

对于电力碳排放因子和热力碳排放因子而言，由于各年的发电和供热的生产能源类型的不同，使其各年碳排放因子也不同，因此应该采用逐年浮动的电力和热力碳排放因子进行计算，而非采用静态碳排放因子。

根据《中国建筑能耗与碳排放研究报告2021》对电力碳排放因子的计算论述可知，目前共有4种方法计算分省建筑电力碳排放因子[6]：

方法1：生产端电力碳排放因子。这种方法计算结果表明各省份之间电力排放差异较大。

方法2：区域电网碳排放因子。此方法按照地理区域范围，划分为6大区域，每个区域覆盖多个省份。

方法3：生产端电力同区域电网相结合。

方法4：考虑电力输配。该方法涉及跨区域电力调配，且调配比例较高。

以上4种计算方法所获取的部分计算结果如表5-3所示，但由于受省份自身生产端电力碳排放因子、调入电量及类型、调出电量等因素影响，不同方法计算的电力碳排放因子存在较大差异[7]。表5-3中，北京、内蒙古同属华北电网，而其计算差异较大，达到28%；上海外调电力主要来自湖北和四川的清洁电力，不同计算方法相差18%。

不同省份电力碳排放因子（单位：$kgCO_2/kWh$） 表5-3

省份	生产端电力（方法1）	区域电网（方法2）	生产端电力同区域电网相结合（方法3）	考虑电力输配（方法4）
北京	0.41	0.78	0.64	0.6
内蒙古	0.93	0.78	0.92	0.92
上海	0.71	0.60	0.65	0.47
湖南	0.44	0.42	0.43	0.44
广东	0.50	0.41	0.48	0.42
四川	0.11	0.42	0.12	0.12
陕西	0.64	0.61	0.64	0.62
青海	0.11	0.61	0.16	0.17

考虑终端能源消费链条长、难以追踪等问题，因此本书的电力和热力碳排放因子采用《中国建筑能耗与碳排放研究报告2021》给出的生产端电力碳排放因子计算公式进行计算。

对于电力碳排放因子而言，应采用下式进行计算：

$$F_{e,n} = \frac{\sum_{i=1}^{j} E_{e,i} R_{e,i}}{W_n} \tag{5-2}$$

式中　$F_{e,n}$——第 n 年电力碳排放因子，$kgCO_2/kWh$；

　　　j——化石能源类型总数；

　　　$E_{e,i}$——火电的第 i 类化石能源消耗量，kg 或 m^3；

　　　$R_{e,i}$——第 i 类化石能源碳排放因子，$kgCO_2/kg$ 或 $kgCO_2/m^3$；

　　　W_n——第 n 年总发电量，kWh；

　　　i——化石能源种类。

即：电力碳排放因子＝火力发电消耗的各类化石能源碳排放量/总发电量。

对于热力碳排放因子而言，应采用下式进行计算：

$$F_{h,n} = \frac{\sum_{i=1}^{j} E_{h,i} \times R_{h,i}}{H_n} \tag{5-3}$$

式中　$F_{h,n}$——第 n 年热力碳排放因子，$kgCO_2/GJ$；

　　　$E_{h,i}$——热力的第 i 类化石能源消耗量，kg 或 m^3；

　　　$R_{h,i}$——第 i 类化石能源碳排放因子，$kgCO_2/kg$ 或 $kgCO_2/m^3$；

　　　H_n——第 n 年总供热量，kWh；

　　　i——化石能源种类；

　　　j——化石能源类型总数。

即：热力碳排放因子＝热力消耗的各类化石能源碳排放量/热力产出量。

以上所有数据来源均为《中国能源统计年鉴》的全国能源平衡表和陕西能源平衡表，电力碳排放因子使用全国数据，《2010年中国区域及省级电网平均二氧化碳排放因子》中给出各省份电网及区域平均碳排放因子，2011年、2012年均给出五大区域的平均碳排放因子，2010~2012年西北地区平均碳排放因子分别为 $0.6958tCO_2/MWh$、$0.6860tCO_2/MWh$ 和 $0.6671tCO_2/MWh$。生态环境部《关于做好2022年企业温室气体排放报告管理相关重点工作的通知》中将2021年全国平均碳排放因子由 $0.6101tCO_2/MWh$ 降为 $0.5810tCO_2/MWh$。此外，陕西省历年从未发布电力碳排放因子，且陕西省电力长期存在输出和输入。

上述结果表明，区域电网电力调整以及全国跨区域的电力调配会使得电力碳排放因子发生较大变化，随着全国统一电力市场建设，区域电网之间调度逐步加强，电力碳排放因子取值将趋于全国统一。同时，结合表5-3中不同省份电力碳排放因子计算结果及区域电网碳排放因子差异的分析论述，为使数据更能体现一般规律，当地方电力碳排放因子计算缺乏数据基础或者进出口电力差异较多时，建议采用全国电力碳排放因子。

热力碳排放因子采用《中国能源统计年鉴》"6-26陕西省能源平衡表"中能源投入与

产出数据，热力一般完全由本省自供自给，同时《中国能源统计年鉴》"6-26 陕西能源平衡表"中给出了相关原始数据，且供热生产企业热力输送范围一般在几十千米以内，无法跨省输送，因而可完全考虑使用本省计算结果作为热力碳排放因子的依据。计算过程中发现热力碳排放因子在 2000～2005 年数据异常，因此根据已有的计算结果进行异常年份的拟合反推，计算结果表明电力及热力碳排放因子逐年降低，这与能源结构调整的预期相一致，即清洁能源的使用量和比例越高，电力及热力碳排放因子降低得越快，如图 5-2 所示。

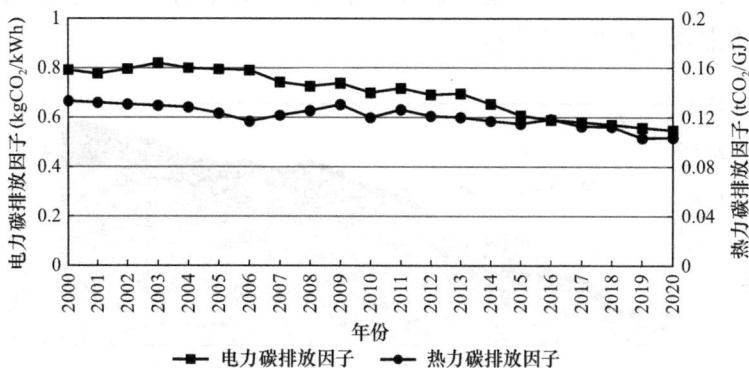

图 5-2　2000～2020 年陕西省电力热力碳排放因子变化情况

电力碳排放因子历年下降变化趋势较小，2000～2020 年，全国电力碳排放因子由 0.7923kgCO$_2$/kWh 降低至 0.5476kgCO$_2$/kWh，年均降低速率为 1.83%，与国家发布的 2011 年、2012 年和 2015 年的数据相近；陕西省热力碳排放因子由 0.1331tCO$_2$/GJ 降低至 0.1036tCO$_2$/GJ，年均降低速率为 1.25%。因此本书采用计算得到的全国电力碳排放因子和陕西省热力碳排放因子作为计算依据。

3. 建筑领域碳排放量

建筑领域碳排放量计算公式：

$$C = \sum_{i=1}^{j} E_{B,i} \times F_i + \sum_{i=1}^{j} E_{b,i} \times F_i \tag{5-4}$$

式中　C——建筑领域碳排放量，kgCO$_2$；

　　　$E_{B,i}$——建筑运行阶段的第 i 类实物量能耗，kWh 或 GJ；

　　　$E_{b,i}$——建筑业的第 i 类实物量能耗，kWh 或 GJ；

　　　F_i——第 i 类能源的碳排放因子，kgCO$_2$/kWh 或 kgCO$_2$/GJ。

5.3　建筑领域碳排放现状

5.3.1　建筑运行碳排放现状

5.3.1.1　公共建筑碳排放

根据化石能源碳排放因子和历年电力热力碳排放因子计算结果，可计算得到公共建筑运行碳排放，同时为了对建筑碳排放进行评估，并更好地反映能源消费结构比例，计算了公共建筑的综合碳排放系数，其定义如下式所示：

$$C_E = \frac{C}{E} \tag{5-5}$$

式中　C_E——综合碳排放系数，$kgCO_2/kgce$；

　　　C——碳排放量，$kgCO_2$；

　　　E——能耗，kgce。

即：综合碳排放系数＝对应的建筑类型碳排放总量/能耗标准量。

基于本章 5.2 节中讨论的建筑碳排放计算流程，计算得到 2000～2020 年陕西省公共建筑碳排放变化情况，如图 5-3 所示。

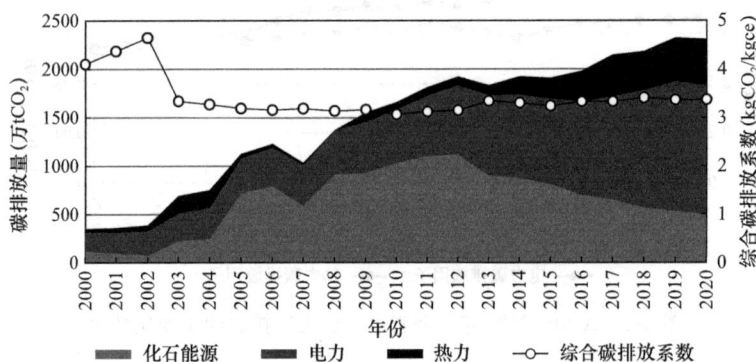

图 5-3　2000～2020 年陕西省公共建筑碳排放变化情况

从碳排放量上看，2000～2020 年，陕西省公共建筑碳排放量持续增长，由 353.79 万 tCO_2 增长至 2309.45 万 tCO_2，年均增长率 9.83％。由图 5-3 可知，2007 年和 2012 年公共建筑碳排放量变化较为剧烈，能耗标准量反映了同样的变化趋势。"十二五"以后，公共建筑碳排放量仍呈现增长态势。"十一五"以后，公共建筑综合碳排放系数较为稳定，未发生明显波动和明显变化趋势。

从碳排放结构上看，2000～2020 年，陕西省公共建筑碳排放构成中，因化石能源消耗而产生的碳排放量由 127.39 万 tCO_2 增长至 497.38 万 tCO_2，占碳排放总量的比例由 36.01％降低至 21.54％；电力消耗所产生的碳排放量由 190.95 万 tCO_2 增长至 1335.16 万 tCO_2，占碳排放总量的比例由 53.97％增长至 57.81％；热力消耗所产生的碳排放量由 35.45 万 tCO_2 增长至 476.91 万 tCO_2，占碳排放总量的比例由 10.02％增长至 20.65％。现阶段，间接碳排放占主体。

5.3.1.2　城镇居住建筑碳排放

基于 2000～2020 年陕西省城镇居住建筑能耗和碳排放因子，计算得到陕西省城镇居住建筑碳排放变化情况，并计算得到综合碳排放系数，如图 5-4 所示。

从碳排放量上看，2000～2020 年，对于城镇居住建筑而言，无论是建筑碳排放量还是能源消耗情况均在持续增长，碳排放量由 627.97 万 tce 增长至 2172.89 万 tce，年均增长率 6.40％，与建筑能耗变化趋势相同。城镇居住建筑综合碳排放系数波动较大，但近年来整体呈现下降趋势。

2004～2006 年，碳排放量出现较大的波动，由 644.03 万 tce 增长至 1529.58 万 tce。经调研，我国能源统计的重大变革是在 2007～2008 年，《国务院批转节能减排统计监测及

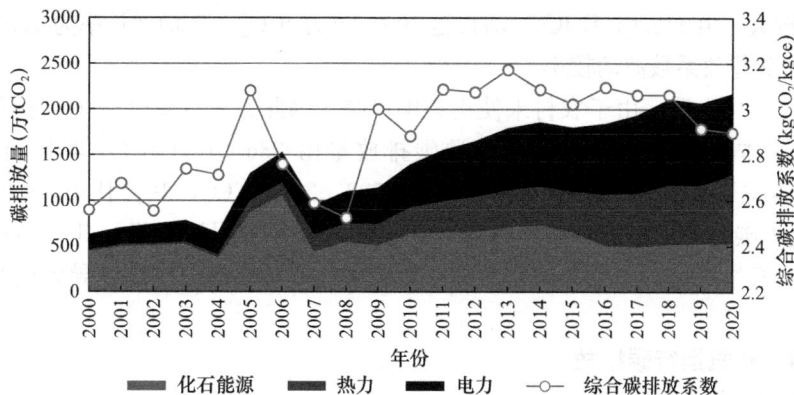

图 5-4　2000～2020 年陕西省城镇居住建筑碳排放变化情况

考核实施方案和办法的通知》要求健全能源统计范围、完善能源统计内容、增加能源产品分类、提高能源统计调查频率、加强能源统计监测。2007 年之前的数据存在统计的不稳定性。随着统计制度的不断完善，"十二五"以来的相关数据变化趋势较为稳定，数据可靠性和可信度较高。

从城镇居住建筑碳排放结构上看，与公共建筑不同的是，2011～2015 年城镇居住建筑的电力及热力消耗占比在持续增长，而 2016～2020 年二者占比例在 26％左右波动；三类能源的碳排放系数在 2011～2020 年持续下降，化石能源碳排放系数在 2015 年和 2020 年相较 2011 年分别下降 1.12％和 11.07％，热力碳排放系数分别下降 9.09％和 17.88％，电力碳排放系数分别下降 15.39％和 23.64％。早期城镇居住建筑综合碳排放系数波动较大，但"十二五"以来已明显呈现下降趋势。

5.3.1.3　农村居住建筑碳排放

基于本章 5.2 节对各类能源碳排放因子的计算和对 2000～2020 年陕西省农村居住建筑运行能耗的统计结果，计算得到 2000～2020 年陕西省农村居住建筑碳排放变化情况，如图 5-5 所示。

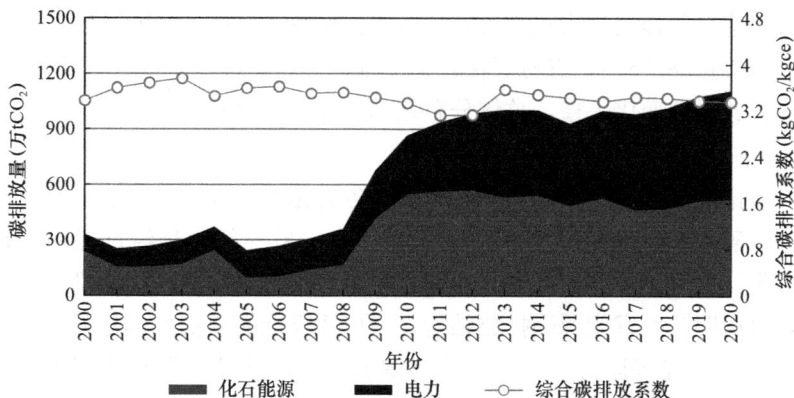

图 5-5　2000～2020 年陕西省农村居住建筑碳排放变化情况

从碳排放量上看，2000～2020 年，陕西省农村居住建筑碳排放量由 331.29 万 tCO_2 增长至 1106.69 万 tCO_2，20 年共增长 775.40 万 tCO_2，年均增长率为 6.22％，其中在 2005～

2013 年增长较大，由 242.91 万 tCO_2 增长至 1002.89 万 tCO_2，年均增长率为 19.39%。农村居住建筑综合碳排放系数波动较小。

从碳排放结构上看，由于农村未使用集中供暖，因此并未计算其热力碳排放。2000～2020 年，陕西省农村居住建筑化石能源碳排放量由 236.21 万 tCO_2 增长至 523.07 万 tCO_2；电力碳排放量由 95.08 万 tCO_2 增长至 583.62 万 tCO_2，其占比由 28.70% 降低至 52.74%。电力碳排放量明显增加，而综合碳排放系数并未明显下降，其原因在于电力作为二次能源，其生产过程中投入的化石能源量较大，非低碳电力供应，导致电力总体碳排放量偏高。

5.3.1.4 建筑运行碳排放

1. 建筑运行碳排放汇总

综合 2000～2020 年陕西省公共建筑、城镇居住建筑、农村居住建筑碳排放变化情况，获得建筑运行碳排放总量和综合碳排放系数，如图 5-6 所示。

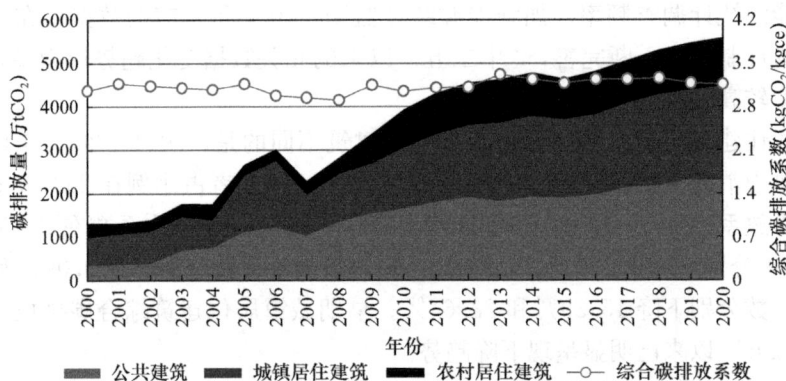

图 5-6 2000～2020 年陕西省建筑运行碳排放总量和综合碳排放系数

2000～2020 年，陕西省建筑运行碳排放总量持续增长，由 1313.05 万 tCO_2 增长至 5589.03 万 tCO_2，年均增长率 7.51%；而从不同建筑类型碳排放结构上看，2000～2020 年，陕西省公共建筑碳排放量占比由 26.94% 增长至 41.32%，城镇居住建筑碳排放量占比由 47.83% 下降至 38.88%，农村居住建筑碳排放量占比由 25.23% 下降至 19.80%。建筑运行综合碳排放系数变化平稳，总体分布在 3.10 $kgCO_2/kgce$ 左右。

2. 建筑运行碳排放特征

建筑运行碳排放分为两个部分：一部分是由各类化石能源（如煤、石油、天然气）直接燃烧释放的二氧化碳，这部分主要在消费端产生；另一部分是经过能源转换后（如供热、用电）产生的二氧化碳间接排放，这部分主要在生产端产生。但两部分的碳排放均需要进行核算，以探明陕西省能源碳排放结构，为后续降低能源消费制定对应措施。基于对 2000～2020 年陕西省建筑运行阶段各类型能源消耗量的统计，得到建筑运行阶段的直接碳排放量（化石能源）和间接碳排放量（电力和热力）。

如图 5-7 所示，2000～2012 年陕西省建筑运行阶段直接碳排放量由 804.99 万 tCO_2 增长至 2341.24 万 tCO_2，此后又下降至 2020 年的 1551.13 万 tCO_2，2000～2012 年的年均增长率为 9.30%；2000～2020 年，间接碳排放量由 508.06 万 tCO_2 增长至 4037.90 万

tCO_2，年均增长率为 10.92%，且 2006 年以后间接碳排放量占建筑运行阶段碳排放总量的比例中呈逐年升高的趋势，2006～2020 年，其所占比例由 35.11% 增长至 72.25%；其中电力碳排放量明显增大，由 889.12 万 tCO_2 增长至 2800 万 tCO_2，年均增长率 8.54%，其占比由 29.43% 增长至 50.10%。

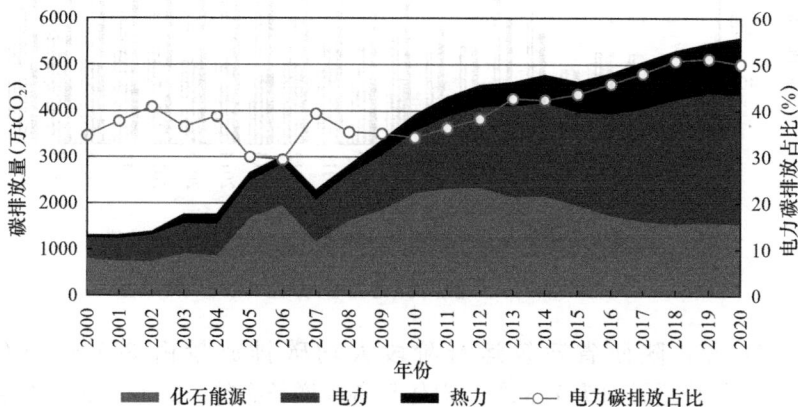

图 5-7　2000～2020 年陕西省建筑运行碳排放情况

5.3.1.5　建筑运行碳排放强度

基于本章建筑运行阶段各类型碳排放量和第 3 章陕西省常住人口、各产业 GDP 及各类型建筑面积的划分，计算建筑运行阶段人均碳排放量、单位建筑面积碳排放量和单位 GDP 碳排放量，并分析其变化特征，计算公式分别为：

$$c_P = \frac{C}{P} \tag{5-6}$$

$$c_A = \frac{C}{A} \tag{5-7}$$

$$c_{GDP} = \frac{C}{G} \tag{5-8}$$

式中　c_P——人均碳排放量，$kgCO_2/人$[①]；

　　　P——常住人口，公共建筑对应全省常住人口，城镇居住建筑对应全省城镇常住人口，农村居住建筑对应全省农村常住人口，人；

　　　c_A——单位建筑面积碳排放量，$kgCO_2/m^2$；

　　　C——碳排放量，$kgCO_2$；

　　　A——建筑面积，建筑运行中指当年年末实有建筑面积，建筑业中指当年施工建筑面积，m^2；

　　　c_{GDP}——单位 GDP 碳排放量，kg/万元；

　　　G——相应产业 GDP，万元。

1. 人均碳排放量

基于 2000～2020 年陕西省建筑运行碳排放量和常住人口统计结果，计算得到陕西省

---

① 为了与公式计算中的量纲保持一致，本书公式中表示人均的量的单位均表示为"单位/人"。后文中类似情况不再单独说明。

建筑运行阶段人均碳排放量，如图 5-8 所示。

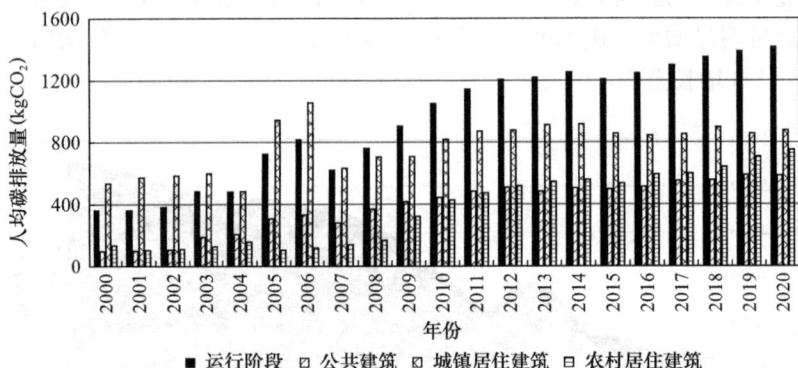

图 5-8　2000～2020 年陕西省建筑运行阶段人均碳排放量

2000～2020 年，陕西省建筑运行阶段人均碳排放量由 360.33kgCO$_2$ 增长至 1413.15kgCO$_2$，年均增长率为 7.32%，总体呈持续增长态势。2000～2020 年公共建筑人均碳排放量由 97.09kgCO$_2$ 增长至 583.93kgCO$_2$，年均增长率为 9.39%；城镇居住建筑人均碳排放量由 533.99kgCO$_2$ 增长至 876.87kgCO$_2$，年均增长率为 2.51%，且 2004～2005 年人均碳排放量由 481.34kgCO$_2$ 快速增长至 944.03kgCO$_2$，年均变化率为 43.70%，2006～2009 年则由 1057.07kgCO$_2$ 快速降低至 706.61kgCO$_2$，年均变化率为 -12.56%；2000～2020 年，农村居住建筑人均碳排放量由 134.23kgCO$_2$ 增长至 749.28kgCO$_2$，年均增长率为 8.98%。由人均碳排放量的计算结果可以发现，公共建筑人均碳排放量整体较低，得益于公共建筑人均碳排放量计算时采用陕西省总人口。但公共建筑人均碳排放量增速最快，其次是农村居住建筑，而近年来城镇居住建筑人均碳排放量波动较小。

2. 单位建筑面积碳排放

基于对 2000～2020 年陕西省建筑运行阶段的碳排放量和建筑面积的统计结果，计算得到陕西省建筑运行阶段单位建筑面积碳排放量以及三种类型民用建筑的单位建筑面积碳排放量，如图 5-9 所示。

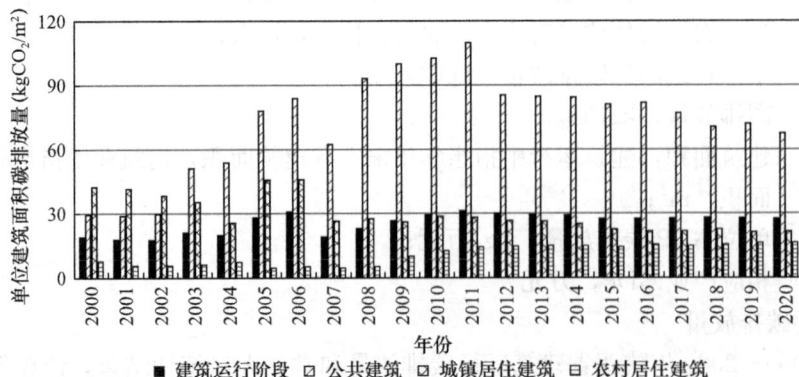

图 5-9　2000～2020 年陕西省建筑运行阶段单位建筑面积碳排放量

2000～2011 年，陕西省建筑运行阶段单位建筑面积碳排放量由 19.04kgCO$_2$/m^2 增长至峰值 31.43kgCO$_2$/m^2，年均增长率 4.66％。2020 年降低至 27.58kgCO$_2$/m^2，2011～2020 年年均变化率为－1.44％。

2000～2011 年，公共建筑单位建筑面积碳排放量年均增长率为 12.71％；在 2011 年达到峰值以后又开始逐渐降低，至 2020 年降低至 72.08kgCO$_2$/m^2，年均变化率为－2.41％。2000～2020 年，城镇居住建筑单位建筑面积碳排放量持续下降，由 42.30kgCO$_2$/m^2 降低至 21.27kgCO$_2$/m^2，年均变化率为－3.38％。2000～2020 年，农村居住建筑单位建筑面积碳排放量则与公共建筑和城镇居住建筑的趋势相反，呈持续增长态势，由 7.87kgCO$_2$/m^2 增长至 16.46kgCO$_2$/m^2，年均增长率为 3.76％，这与农村居住建筑面积长期保持稳定，且能源消费碳排放量持续增长有关，也反映了陕西省农村地区居民生活水平不断提高，未来仍有较大的能源消耗和碳排放释放潜力，因此针对农村居住建筑的建筑节能和清洁供暖工作尤为重要。

3. 单位 GDP 碳排放量

基于 2000～2020 年陕西省建筑运行碳排放量和各产业 GDP 的统计数据，计算得到陕西省建筑运行阶段单位 GDP 碳排放量，如图 5-10 所示。

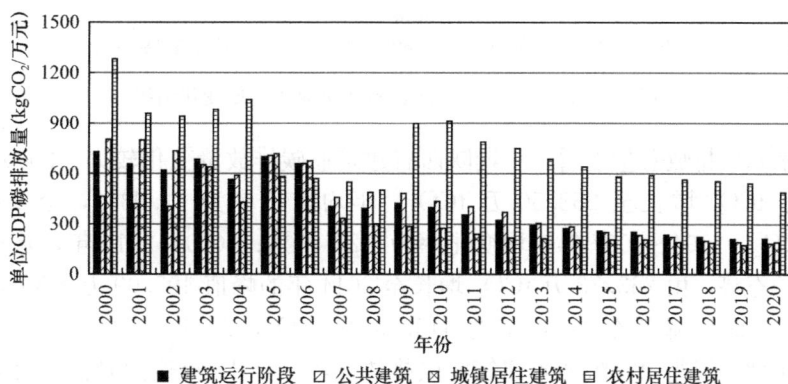

图 5-10　2000～2020 年陕西省建筑运行阶段单位 GDP 碳排放量

与单位建筑面积碳排放量类似，早期建筑运行阶段单位 GDP 碳排放量变化较大。在前文中已有说明，我国能源统计的重大变革是在 2007～2008 年，《国务院批转节能减排统计监测及考核实施方案和办法的通知》要求完善能源统计内容，2008 年国家统计局专门成立能源统计司，同时全国一半以上的地市级统计部门和部分县级部门成立了专门的能源统计机构，全国各级统计部门从事能源工作的人员由 2006 年的不足 20 人增加到 2009 年的 1500 多人。因此 2008 年以后的相关数据对于碳排放规律分析和趋势预测更为有利。

陕西省建筑运行阶段单位 GDP 碳排放量由 2009 年的 421.87kgCO$_2$/万元降低至 2020 年的 213.47kgCO$_2$/万元；公共建筑单位 GDP 碳排放量由 2009 年的 481.23kgCO$_2$/万元降低至 2020 年的 183.99kgCO$_2$/万元；城镇居住建筑单位 GDP 碳排放量持续下降，由 2000 年的 802.44kgCO$_2$/万元降低至 2020 年的 191.23kgCO$_2$/万元；农村居住建筑单位 GDP 碳排放量同样持续下降，"十二五"以后变化较为规律，从 2010 年的 1282.98kgCO$_2$/万元持续下降至 2020 年的 488.06kgCO$_2$/万元。

5.3.2 建筑业碳排放现状

5.3.2.1 建筑业碳排放

基于对前文中有关建筑施工面积和本章对 2000~2020 年陕西省建筑业能耗实物量的计算汇总、各类能源的碳排放因子测算结果,计算得到陕西省建筑业碳排放变化情况如图 5-11 所示。

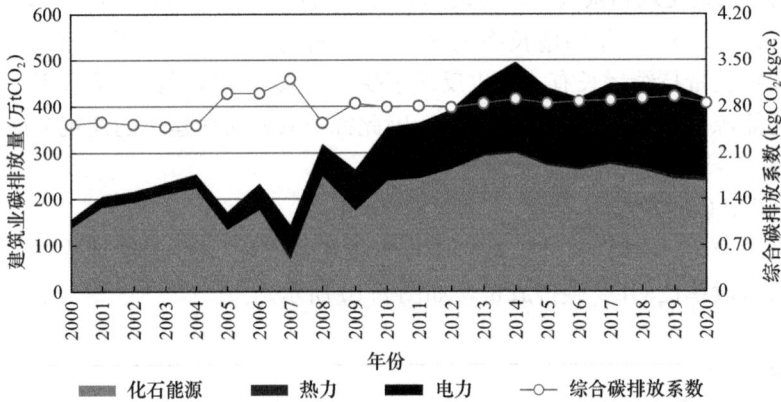

图 5-11 2000~2020 年陕西省建筑业碳排放变化情况

从能源消费碳排放总量上看,早期陕西省建筑业碳排放量变化较大,2000~2004 年,由 155.87 万 tCO_2 增长至 253.50 万 tCO_2,年均增长率为 12.93%,至 2007 年降至 142.72 万 tCO_2,2004~2007 年年均变化率为 -24.97%;2009~2014 年,建筑业碳排放量呈持续增长态势,由 263.73 万 tCO_2 增长至 2014 年的峰值 495.09 万 tCO_2,年均增长率为 13.42%;此后降低至 2020 年的 415.83 万 tCO_2,2014~2020 年年均变化率为 -2.87%。由此可以得出,陕西省建筑业碳排放已经于 2014 年达到峰值,目前处于缓慢降低阶段。

从建筑业碳排放结构上看,2000~2020 年,化石能源碳排放量由 137.81 万 tCO_2 增长至 238.80 万 tCO_2,年均增长率为 2.79%,其所占比例由 88.41% 下降至 57.43%;电力碳排放量由 18.07 万 tCO_2 增长至 167.80 万 tCO_2,年均增长率为 11.79%,其所占比例由 11.59% 增长至 40.35%;而热力在施工现场消耗较少。建筑业碳排放量的变化中,化石能源占据主要部分,原因在于建筑建造和拆除过程中,有大量施工机械的使用,导致化石能源消耗量较大,但随着施工机械电气化水平的提高,电力碳排放量占比已经超过 40%。

5.3.2.2 建筑业碳排放强度

基于 2000~2020 年陕西省建筑业碳排放量和对陕西省建筑业从业人口规模、建筑业施工面积和建筑业 GDP 的统计数据,计算得到陕西省人均施工碳排放量、单位面积施工碳排放量和建筑业单位 GDP 碳排放量。

1. 人均施工碳排放量

2000~2020 年陕西省人均施工碳排放量变化情况如图 5-12 所示。人均施工碳排放量波动较大,早期无明显规律和发展趋势,这与早期建筑业从业人口变化波动较为剧烈存在较大关系,但"十三五"以来,人均施工碳排放量总体呈稳定的下降趋势,有利于建筑业

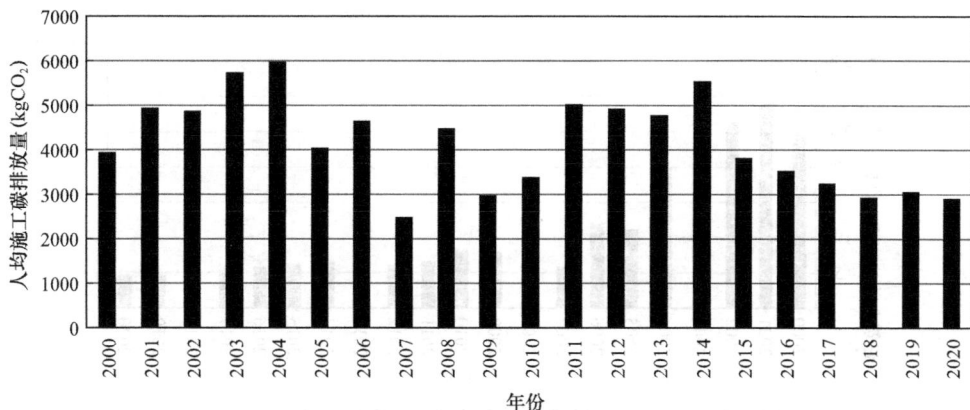

图 5-12　2000～2020 年陕西省人均施工碳排放量变化情况

减排工作。2000～2004 年，建筑业人均施工碳排放量由 3946kgCO$_2$ 增长至 5984kgCO$_2$，至 2007 年降低到 2483kgCO$_2$，此后至 2014 年抵达最后一个峰值 5535kgCO$_2$，最终在 2020 年降低至 4904kgCO$_2$。近年来我国大力发展建筑工业化，2017 年，《陕西省人民政府办公厅关于大力发展装配式建筑的实施意见》发布后，陕西省开始系统化推进装配式建筑，提高施工效率，对于降低人均施工碳排放量和单位施工面积碳排放量等都是利好消息。

2. 单位施工面积碳排放量

2000～2020 年陕西省单位施工面积碳排放量变化情况如图 5-13 所示。2000～2020 年，陕西省单位施工面积碳排放量大体上呈下降状态，其间有较大波动。2000～2004 年，由 143.37kgCO$_2$/m^2 增长至 174.95kgCO$_2$/m^2，年均增长率为 5.10%；2004～2020 年，由 174.95kgCO$_2$/m^2 下降至 56.87kgCO$_2$/m^2，年均变化率为 -6.78%。

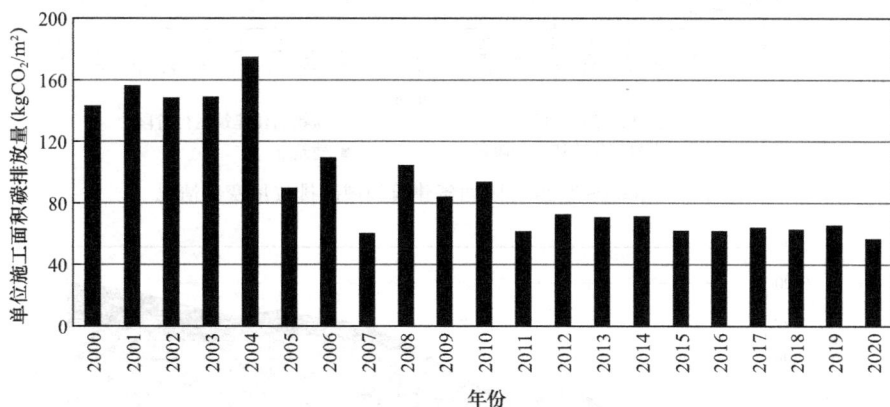

图 5-13　2000～2020 年陕西省单位施工面积碳排放量变化情况

3. 建筑业单位 GDP 碳排放量

2000～2020 年陕西省建筑业单位 GDP 碳排放量变化情况如图 5-14 所示。与单位施工面积碳排放量类似，陕西省建筑业单位 GDP 碳排放量同样在早期变化较为剧烈，在 2007 年跌入低谷，这与本年的施工碳排放总量的迅速降低有关。2000～2001 年，由 247.46kgCO$_2$/万元增长至 290.30kgCO$_2$/万元；2001～2020 年，由 290.30kgCO$_2$/万元下降至 46.93kgCO$_2$/万元，年均变化率为 -9.14%。

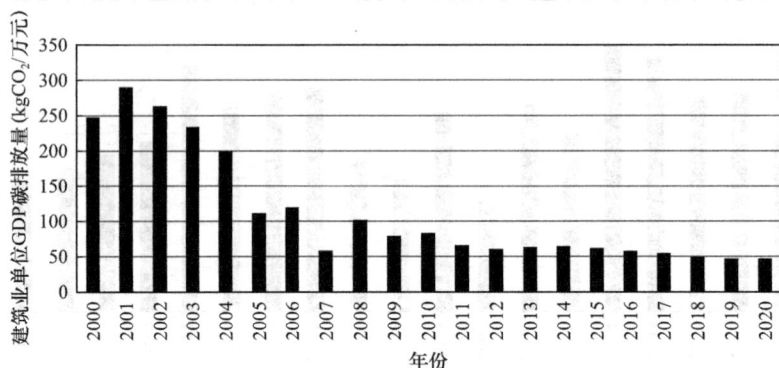

图 5-14　2000～2020 年陕西省建筑业单位 GDP 碳排放量变化情况

5.3.3　建筑领域碳排放发展现状

5.3.3.1　陕西省建筑领域碳排放总量

基于 2000～2020 年陕西省建筑运行和建筑业的碳排放量统计结果，计算得到不同阶段各类型建筑和不同能源碳排放量变化情况，如图 5-15 及图 5-16 所示。

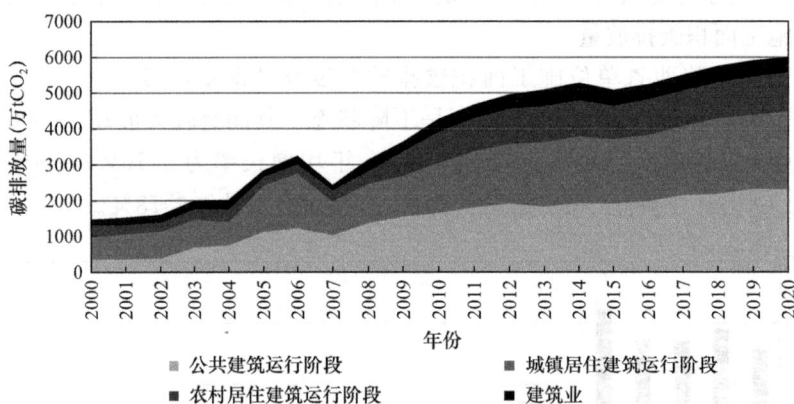

图 5-15　2000～2020 年陕西省建筑领域碳排放量变化情况

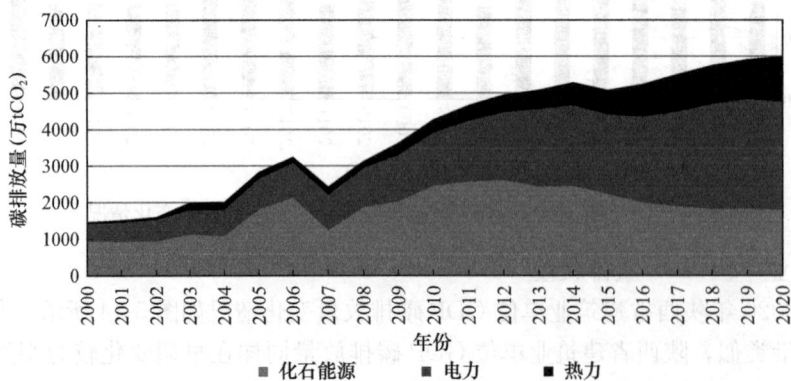

图 5-16　2000～2020 年陕西省建筑领域不同能源碳排放量变化情况

从能源消费碳排放总量和建筑类型上来看，陕西省建筑领域碳排放量可分为建筑运行碳排放量（公共建筑、城镇居住建筑、农村居住建筑）和建筑业碳排放量。2000～2020 年，陕西省建筑领域碳排放总量由 1468.92 万 tCO_2 增长至 6004.86 万 tCO_2，年均增长率为 7.29%，从年均变化结果来看，与建筑领域能耗变化趋势相近；建筑运行碳排放量占比由 83.39% 增长至 93.08%，建筑业碳排放量占比不到 10%。由此可知，建筑运行碳排放是建筑领域碳排放的主体，其中公共建筑和城镇居住建筑碳排放又是建筑运行碳排放的主体。结合 4.3.3 节建筑领域能耗现状可以看到，建筑运行阶段为建筑领域能耗和碳排放的主要贡献阶段，未来建筑领域节能降碳应重点考虑建筑运行阶段，以城镇建筑为主要突破口，但也应注意农村居住建筑碳排放的增长势头。

从不同能源排放量上看，陕西省建筑领域碳排放总量中，不同能源碳排放量的占比变化较大。2000～2020 年，直接碳排放量（化石能源碳排放量）占比由 64.65% 下降至 33.64%，电力碳排放量占比由 31.78% 增长至 46.72%，热力碳排放量占比由 3.57% 增长至 19.63%，间接碳排放量（电力和热力碳排放量）占比由 35.35% 增长至 66.35%。可见当前建筑领域碳排放量主要由间接碳排放量贡献，尤其是电力碳排放量。但热力碳排放量的增速也较快，近年来随着城镇居住建筑规模迅速增长和清洁供暖政策下大量自建锅炉被取缔，市政热力得到了广泛应用。

在建筑电气化率不断提升的同时，需值得注意的是，电力碳排放量占建筑领域碳排放总量的比例远高于电力能耗所占建筑领域总能耗的比例，这表明现阶段陕西省电网清洁度仍然较低，火力发电所占比例仍然较高，可再生能源发电所占比例较低，电力碳排放因子较大。因此，低碳电力供应也是亟需解决的重要问题。

前文研究了化石能源、热力及电力的实物碳排放因子，不同能源类型的基准不同，因而缺乏统一的比较基准，本书将各类能源均折算为标准煤，统一比较基准，计算得到 2000～2020 年以标准煤为基准的化石能源、热力、电力碳排放系数以及建筑领域综合碳排放系数，如图 5-17 所示。

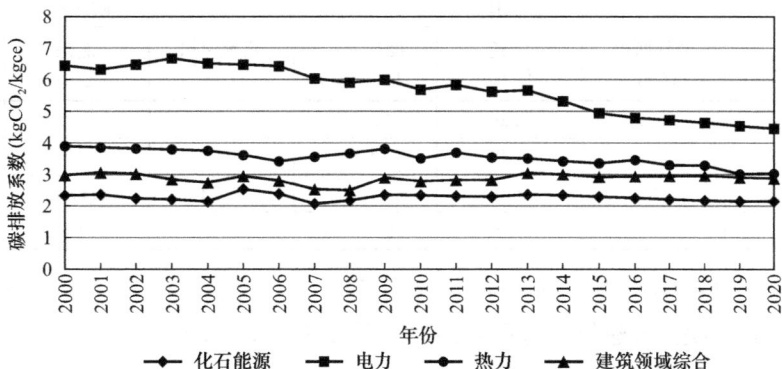

图 5-17　不同能源的碳排放系数及建筑领域综合碳排放系数

化石能源碳排放系数较小、波动也较小，而热力及电力主要是由化石能源转化后的间接能源，其碳排放系数明显高于化石能源，建筑领域综合碳排放系数则介于热力碳排放系数与化石能源碳排放系数之间。2020 年，化石能源、热力及电力碳排放系数分别为 $2.1446kgCO_2/kgce$、$3.0362kgCO_2/kgce$、$4.4560kgCO_2/kgce$，热力及电力碳排放系数分别为达到了化石能源的 1.42 倍和 2.08 倍，使得 2020 年建筑领域热力和电力能耗占比为 56.33%，却贡献了

70.19％的碳排放量，而化石能源能耗占比为43.67％，仅贡献了29.81％的碳排放量。这说明虽然建筑能源结构不断优化升级，但间接能源碳排放系数过高，导致间接碳排放量增速过快，建筑领域综合碳排放系数没有得到有效降低。因此，在提高建筑电气化率和应用集中供暖的同时，必须着力提高间接能源的低碳化水平。

5.3.3.2 陕西省与全国建筑领域碳排放对比

根据中国建筑节能协会发布的《中国建筑能耗与碳排放研究报告2022》，2020年末，全国建筑运行碳排放量为21.62亿tCO_2，其中，公共建筑碳排放量为8.34亿tCO_2，占比约为38％；城镇居住建筑碳排放量为9.01亿tCO_2，占比约为42％；农村居住建筑碳排放量为4.27亿tCO_2，占比约为20％。全国建筑业碳排放量为1.0亿tCO_2，经建筑运行与建筑业碳排放加和得到全国建筑领域碳排放总量为22.62亿tCO_2。

2020年末，陕西省建筑运行碳排放总量为0.5589亿tCO_2，其中，公共建筑碳排放量为0.2309亿tCO_2，占比约为41％；城镇居住建筑碳排放量为0.2173亿tCO_2，占比约为39％，农村居住建筑碳排放量为0.1107亿tCO_2，占比约为20％。公共建筑碳排放量占比高于全国3个百分点，城镇居住建筑碳排放量占比低于全国3个百分点，农村居住建筑碳排放量占比和全国一致。陕西省建筑业碳排放量为0.0416亿tCO_2，经建筑运行与建筑业碳排放累加，得到陕西省建筑领域碳排放总量为0.6003亿tCO_2。

陕西省建筑面积总量占全国的2.91％，建筑运行碳排放量占全国的2.58％，建筑业碳排放量占全国的4.16％，建筑领域碳排放量占全国的2.65％。

表5-4为全国和陕西省建筑运行能耗强度，全国建筑运行平均能耗强度为15.23kgce/m²，陕西省建筑运行平均能耗强度为8.72kgce/m²，陕西省建筑运行平均能耗强度比全国平均水平低42.74％。

全国和陕西省建筑运行能耗强度　　　　　　　　　　　　　　　　　表5-4

内容	全国			陕西省		
	建筑面积 （亿 m²）	能耗 （亿 tce）	能耗强度 （kgce/m²）	建筑面积 （亿 m²）	能耗 （亿 tce）	能耗强度 （kgce/m²）
公共建筑	143	4.20	29.37	3.42	0.0686	20.06
城镇居住建筑	320	4.10	12.81	10.11	0.0750	7.42
农村居住建筑	233	2.30	9.87	6.73	0.0330	4.90
合计	696	10.60	15.23（均值）	20.26	0.1766	8.72（均值）

表5-5为全国和陕西省建筑运行碳排放强度，全国建筑运行平均碳排放强度为31.06kgCO₂/m²，陕西省建筑运行平均碳排放强度为27.59kgCO₂/m²，陕西省建筑运行平均碳排放强度比全国平均水平低11.17％。

全国和陕西省建筑运行碳排放强度　　　　　　　　　　　　　　　　　表5-5

内容	全国			陕西省		
	建筑面积 （亿 m²）	碳排放量 （亿 tCO₂）	碳排放强度 （kgCO₂/m²）	建筑面积 （亿 m²）	碳排放量 （亿 tCO₂）	碳排放强度 （kgCO₂/m²）
公共建筑	143	8.34	58.32	3.42	0.2309	67.49
城镇居住建筑	320	9.01	28.16	10.11	0.2173	21.49

内容	全国			陕西省		
	建筑面积 （亿 m²）	碳排放量 （亿 tCO₂）	碳排放强度 （kgCO₂/m²）	建筑面积 （亿 m²）	碳排放量 （亿 tCO₂）	碳排放强度 （kgCO₂/m²）
农村居住建筑	233	4.27	18.33	6.73	0.1107	16.45
合计	696	21.62	31.06（均值）	20.26	0.5589	27.59（均值）

表 5-6 为全国和陕西省建筑领域综合碳排放系数，全国建筑领域综合碳排放系数为 1.9670kgCO₂/kgce，陕西省建筑领域综合碳排放系数 3.1406kgCO₂/kgce，陕西省建筑领域综合碳排放系数高出全国平均水平 59.66%。另外可以看到，陕西省建筑领域各个环节的综合碳排放系数均明显高于全国平均水平。数据表明，陕西省建筑领域的用能结构、电力及热力碳排放因子仍有较大的优化潜力和空间，需要加大低碳能源、可再生能源的应用，优化建筑能源结构，加大低碳电力、低碳热力的供给，降低电力及热力碳排放因子，进而降低综合碳排放系数。

全国和陕西省建筑领域综合碳排放系数　　　　　　　　表 5-6

内容		全国			陕西省		
		能耗 （亿 tce）	碳排放量 （亿 tCO₂）	综合碳排放 系数 （kgCO₂/kgce）	能耗 （亿 tce）	碳排放量 （亿 tCO₂）	综合碳排放 系数 （kgCO₂/kgce）
建筑运行	合计	10.60	21.62	2.0396	0.1766	0.5589	3.1648
	公共建筑	4.20	8.34	1.9857	0.0686	0.2309	3.3685
	城镇居住建筑	4.10	9.01	2.1976	0.0750	0.2173	2.8973
	农村居住建筑	2.30	4.27	1.8565	0.0330	0.1107	3.3550
建筑业		0.90	1.00	1.1111	0.0146	0.0416	2.8487
建筑领域		11.50	22.62	1.9670（均值）	0.1912	0.6005	3.1406（均值）

5.4　总结

本章对现有建筑碳排放计算方法进行梳理分析，并选取 IPCC 碳排放因子法作为建筑领域碳排放计算的基本方法，计算了不同能源的碳排放因子，并采用电力和热力的逐年动态碳排放因子，计算得到了 2000～2020 年陕西省不同类型建筑运行阶段和建筑业的碳排放量及碳排放强度。主要结论如下：

（1）不同类型建筑运行碳排放量方面，2000～2020 年，陕西省公共建筑碳排放量由 353.79 万 tCO₂ 增长至 2309.45 万 tCO₂；城镇居住建筑碳排放量由 627.97 万 tCO₂ 增长至 2172.89 万 tCO₂；农村居住建筑碳排放量由 331.29 万 tCO₂ 增长至 1106.69 万 tCO₂；建筑运行碳排放总量由 1313.05 万 tCO₂ 上升至 5589.03 万 tCO₂。2020 年，公共建筑、城镇居住建筑、农村居住建筑运行碳排放占比分别为 41.32%、38.88%、19.80%，三者的碳排放量占比接近于 4∶4∶2 的关系。

（2）建筑运行阶段不同能源类型碳排放量方面，2000～2020 年，陕西省建筑运行直接碳排放量由 804.99 万 tCO₂ 增长至 1551.13 万 tCO₂，建筑运行间接碳排放量从 508.06

万 tCO_2 增长至 4037.90 万 tCO_2，建筑运行直接碳排放量占比在逐渐减少，而建筑运行间接碳排放量占比在逐渐增加，由 2000 年的 38.69% 增长至 2020 年的 72.25%，其中，建筑运行电力碳排放量占比由 2000 年的 34.64% 增长至 2020 年的 50.10%，建筑电气化水平不断上升。但从各类建筑的综合碳排放系数中发现，随着电力水平的提高，综合碳排放系数不降反升，这说明当前陕西省电力含碳量过高，应当更多采用清洁可再生能源发电，大力发展低碳电力。

（3）不同类型建筑运行碳排放强度方面，2011～2020 年，公共建筑单位建筑面积碳排放量从 $109.85 kgCO_2/m^2$ 降低至 $72.08 kgCO_2/m^2$，城镇居住建筑单位建筑面积碳排放量从 $28.11 kgCO_2/m^2$ 降低至 $21.48 kgCO_2/m^2$，农村居住建筑单位建筑面积碳排放量从 $14.36 kgCO_2/m^2$ 上升至 $16.46 kgCO_2/m^2$。

（4）建筑业碳排放量已经在 2014 年达到峰值 495.09 万 tCO_2，此后总体处于下降趋势，至 2020 年降低至 415.83 万 tCO_2。建筑领域碳排放总量由 1468.92 万 tCO_2 增长至 6004.86 万 tCO_2，年均增长率为 7.29%。建筑运行碳排放量占建筑领域碳排放总量的 90% 以上，建筑领域碳达峰碳中和主要关注对象是建筑运行阶段。

（5）陕西省建筑运行平均能耗强度比全国平均水平低 42.74%，建筑运行平均碳排放强度仅比全国平均水平低 11.17%。建筑领域综合碳排放系数高出全国平均水平 37.39%。这表明，陕西省建筑领域减排工作的重点任务是：巩固减排成果，持续优化建筑能源结构，在提升建筑电气化率的同时，加大低碳电力和热力、可再生能源的应用，不断降低综合碳排放系数。

本章参考文献

[1] 胡姗，张洋，燕达，等. 中国建筑领域能耗与碳排放的界定与核算 [J]. 建筑科学，2020，36 (S2)：288-297.

[2] 李小冬，朱辰. 我国建筑碳排放核算及影响因素研究综述 [J]. 安全与环境学报，2020，20 (1)：317-327.

[3] The Intergovenmental Pannel on Climate Change. 2006 IPCC Guidelines for national Greenhouse Gas Inventory [R]. Japan：The Institute for Clobal Eviroy Mental Strategies，2006.

[4] 国家发展和改革委员会应对气候变化司. 省级温室气体清单编制指南（试用版）[Z]. 北京：国家发展和改革委员会应对气候变化司，2011.

[5] 闫树睿，刘念雄. 基于能源平衡表拆分法的北京城镇居住建筑使用阶段碳排放趋势研究 [J]. 住区，2020 (Z1)：182-187.

[6] 中国建筑节能协会建筑能耗与碳排放数据专业委员会. 中国建筑能耗与碳排放研究报告 2021 [R]. 北京：中国建筑节能协会，2021.

[7] 张时聪，王珂，徐伟. 建筑碳排放标准化计算的电力碳排放因子取值研究 [J]. 建筑科学，2023，39 (2)：46-57.

第6章 ▶▶

建筑领域碳排放驱动因素分析

6.1 研究内容与技术路线

梳理现有碳排放模型构建方法及其影响因素，基于自上而下的碳排放模型计算思路，构建以 Kaya 恒等式为核心方程的碳排放模型，分别按照单位面积能耗、单位 GDP 能耗和人均能耗的拆分方式，构建以 Kaya 恒等式为核心方程的碳排放计算评估模型。最后以 Kaya 恒等式为基础，采用 LMDI 碳排放影响因素分析方法（简称 LMDI 方法），量化分析人口规模、建筑面积、产业 GDP、能耗、碳排放因子等因素对陕西省建筑领域碳排放的影响效果，探明不同因素的主次顺序。本章技术路线如图 6-1 所示。

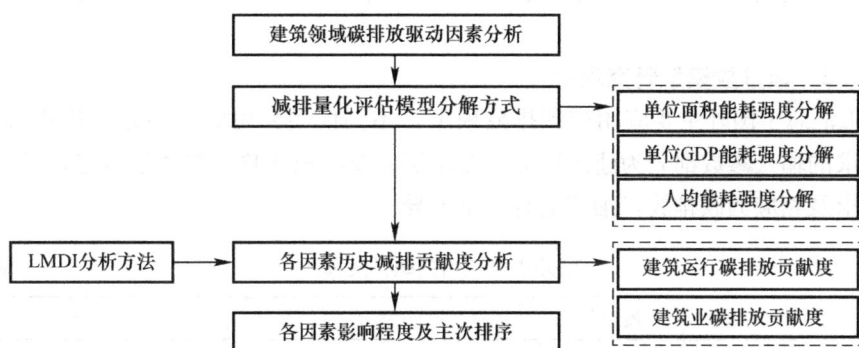

图 6-1 第 6 章技术路线

6.2 碳排放驱动因素分析模型

6.2.1 碳排放模型

6.2.1.1 碳排放模型基本方法

根据碳排放计算思路，可将建筑能耗与碳排放计算模型方法分为"自上而下"和"自下而上"两种[1]。

"自上而下"方法是先估算总体建筑能耗与碳排放，再进行时间和空间的降尺度分析；而"自下而上"方法是先计算单个建筑的逐时能耗，再放大到区域尺度进行碳排放计算。"自上而下"方法通常是从宏观层面进行分析，旨在拟合国家能源消耗和碳排放数据的历史时间序列，其模型可以分为经济"自上而下"模型和技术"自上而下"模型。经济"自上而下"模型主要基于经济收入、能源价格和 GDP 等变量,表征能耗或者碳排放与经济之间的关系。因此,经济"自上而下"模型更强调宏观经济因素的影响,而非物理因素对建筑能耗的影响,往往缺乏技术细节。

"自下而上"方法考虑了温湿度、建筑性能、末端设备和运行特点等细节,以具有代表性的典型建筑的能耗为基础,预测和模拟区域、地区乃至国家尺度的建筑能源需求,进而推算碳排放。"自下而上"模型可分为三种:物理模型、统计模型和混合模型[3]。物理模型可模拟不同节能技术的减排效果,为决策者制定能源政策和确定技术措施提供支持;统计模型是基于回归分析方法的模型,由单体建筑能耗推算区域建筑能耗和碳排放,统计模型的技术细节和灵活性较差,对节能措施效果的评价能力有限。

总的而言,"自上而下"方法普遍以统计数据为依据计算碳排放,数据来源和计算过程较为可靠,注重把握社会宏观发展规律,无须考虑建筑类型的用能差异化,因此在具体实施路径研究方面,主要用于定性分析减排的重点任务方向。"自下而上"方法是基于建筑细节层面建模,例如构建建筑具体模型和复杂机电系统,与"自上而下"方法相比,更有助于评价各类节能措施对节能减排的贡献,可根据现有技术确定实现减排目标的最具有成本效益的技术方案[4]。因此,目前各国在制定减排路径时,也大量应用了"自下而上"模型,但涉及建筑细节和考虑因素过多,一般需要涵盖各类型建筑的用能特征,研究工作量大。

6.2.1.2 碳排放模型研究现状

表 6-1 汇总了国外主要应用的碳排放模型,不同模型采用的核心方法和侧重点不同。各模型要求的输入参数都分为建筑层面、技术层面及能源和政策的情景设定,输出结果包括能源需求及相应的碳排放,细节上有一定差异。

国外主要应用的碳排放模型
表 6-1

模型	应用地区	模型方法	计算尺度	模型描述
Invert/EE-Lab[5-8]	欧洲多国	"自上而下"模型	逐月能源需求;全国范围	基于 Logit 回归的信息不完全决策,可用于对建筑节能措施进行寻优
ECCABS[9-11]	欧洲多国	"自上而下"模型	逐时能源需求;年投资;气候区	基于逐时热平衡原理,通过典型建筑能耗计算区域能耗和碳排放
RE-BUILDS[12-16]	欧洲多国	混合方法:"自下而上"模型+"自上而下"模型	逐年能源需求;全国范围	基于动态物质流分析法,主要预测建筑存量变化对碳排放的影响
CoreBee[17]	德国、希腊	"自下而上"模型	逐年负荷/能耗;年投资;全国范围	基于准稳态假设,计算建筑的供暖和制冷能耗,确定节能减排措施
Scout[18]	美国	混合方法:"自下而上"模型+"自上而下"模型	逐年能源需求;6个地区	基于混合整数线性优化模型,计算建筑、农业、工业等多个部门与土地利用有关的温室气体排放
BLUES[19]	巴西	混合方法:"自下而上"模型+"自上而下"模型	逐年能源需求;6个地区	基于混合整数线性优化模型,计算建筑、农业、工业等多个部门与土地利用有关的温室气体排放

模型	应用地区	模型方法	计算尺度	模型描述
ELENA[20]	厄瓜多尔	"自上而下"模型	逐月选取典型日，每日划分 5 个时间段；5 个地区	基于 BLUES 框架，预测 6 个部门（交通、建筑、商业、工业、农业和其他）的未来能源结构、土地利用及温室气体排放趋势

为指导建筑行业的节能减排，欧洲学者提出了多种建筑能耗与碳排放模型，常用的有 Invert/EE-Lab、ECCABS、RE-BUILDS 和 CoreBee 等。Invert/EE-Lab 是动态"自下而上"模型，用于模拟整个地区或国家的建筑供热、供冷和热水需求，并评价不同的激励制度和能源价格情景对未来能源结构、碳排放及可再生能源使用占比的影响[5]。Invert/EE-Lab 的核心算法是短期成本导向的 Logit 方法，可在信息不完全条件下进行目标寻优，从而代表决策者做出与建筑相关的决策[6]。通过"自下而上"方法，Invert/EE-Lab 可在高度细化的水平上模拟建筑的供热、供冷和热水系统，计算出相关的负荷与能耗；该模型基于威布尔分布确定建筑翻新周期，从而预测建筑存量的变化。此外，Invert/EE-Lab 也考虑了一定的"自上而下"因素，例如能源价格、用户偏好及政策制度的影响[7]。

ECCABS 是"自下而上"模型，该模型可用于评价建筑节能减排措施的效果[10]，ECCABS 基于逐时热平衡方法计算典型建筑的净能耗，通过权重系数叠加得到区域尺度的建筑能耗。在计算区域建筑能耗的基础上，该模型可分析不同节能措施下不同的改造成本和能源价格情景对应的碳排放。

RE-BUILDS 是基于动态物质流分析法的混合模型[13]。该模型主要的驱动是人口变化对居住建筑和商业建筑面积需求的影响。RE-BUILDS 通过概率函数对既有建筑的拆除时间和翻新周期进行预测，并按建筑类型、建造时间和改造情况划分不同的典型建筑。根据典型建筑的能耗强度、能源结构和所在地的可再生能源使用情况，可计算城区建筑的总能耗及各能源的使用占比。在此基础上，该模型引入各能源形式的碳排放因子，以计算碳排放总量。

CoreBee 是"自下而上"模型，基于准稳态假设计算参考建筑的供暖和制冷能耗，目前主要适用于欧盟的建筑[18]。该模型根据建筑类型、建造时间、围护结构热工性能及空调系统划分典型建筑，然后为每个典型建筑确定成本最优的节能减排方案（包括围护结构改造、建筑节能技术应用和可再生能源利用等）。

Scout 是用于美国住宅和商业建筑的"自下而上"模型，用以评估各类节能措施（Energy Congservation Measure，ECM）对建筑能耗和碳排放的影响[19]。美国劳伦斯伯克利国家实验室和美国能源部国家可再生能源实验室最早开发了 Scout。对于住宅和商业建筑的节能措施，Scout 会考虑其相对或绝对能效、投资成本、服务寿命和市场化程度的概率分布。

BLUES 是利用国际应用系统分析研究所（IIASA）信息平台开发的一个混合整数线性优化模型[20]。该模型可以在技术、经济和环境变量的限制下判断给定时间内整个能源系统（包括发电、农业、工业、运输和建筑物）成本最低的配置方案。

ELENA 是厄瓜多尔第一个碳排放综合评估模型，由 Villama 等人[21] 在 BLUES 的框架上建立。ELENA 考虑了 6 个能耗部门（交通、建筑、商业、工业、农业和其他）的可再生能源和电力需求，模拟从一次能源到用能侧的整个能量转换链，是一种部分均衡综合优化模型。

针对我国的建筑碳排放相关研究，Zhou 等人[22]采用我国终端能源模型 LBNL，就节能政策分别设定持续改进情景（Continued Improvement Scenario，CIS）和加速改进情景（Accelerated Improvement Scenario，AIS）来评估我国控制能源需求增长和减少碳排放的潜力。

在此基础上，Zhou 等人[23]展开进一步研究，采用美国劳伦斯伯克利国家实验室开发的 DREAM 对我国建筑的能源需求和碳排放进行情景分析。DREAM 采用"自下而上"方法，通过长期能源替代规划模型（Long-range Energy Alternatives Planning，LEAP）软件平台实现能耗和碳排放的分析。

6.2.1.3 碳排放影响因素模型识别方法

碳排放问题持续受到广泛关注，为了提高节能降碳政策的科学性、针对性和可操作性，国内外学者针对能源消费碳排放的变化特征、影响因素及其作用机理和贡献率展开了丰富的研究和讨论。目前学术界较为认可的关于能源消费碳排放影响因素识别分析的模型方法主要有：IPAT 系列识别模型、指数分解（Index Decomposition Analysis，IDA）方法和结构分解（Structural Decomposition Analysis，SDA）方法。

1. IPAT 系列识别模型

IPAT 系列识别模型最早由 Ehrlich 等人[24]于 1971 年提出，目的是揭示人口增长、经济发展和技术进步对环境的影响，现在是一个被广泛认可的用于分析环境影响驱动因素的模型[25]。IPAT 系列识别模型表示环境影响是三个主要驱动因素的倍增产物，其公式表示为 $I=PAT$［其中，I 为环境影响，P 为人口规模，A 为人均财富（人均消费或生产量），T 为技术（单位消费或者生产的影响）］。

Waggoner 等人[26]对 IPAT 系列识别模型进行了改进，将原本的 T 分解为单位 GDP 的消耗（C）和单位消耗的影响（T），即 $I=PACT$，并重新命名为 ImPACT。IPAT 模型和 ImPACT 模型都是定义明确的方程并且考虑了影响因素对碳排放的共同作用，但是也存在很大的局限性，其不允许驱动因素产生非单调或者非比例效应[26]。Dietz 等人[27]为了克服这个局限性，将 IPAT 模型重新构建为一个随机模型，通过对人口、富裕程度和技术的回归产生随机影响，将其称为 STIRPAT 模型，即 $I=aP^bA^cT^de$，模型进行对数化处理后可表示为 $\ln I=\ln a+b\ln P+c\ln A+d\ln T+\ln e$，式中：$a$、$b$、$c$、$d$ 为模型系数，e 为残差项。以上模型为研究碳排放的影响因素提供了很好的方法基础。

Kaya 在 1989 年的一次 IPCC 的研讨会上，基于 IPAT 模型首次提出了碳排放的 Kaya 恒等式[28]，其将能源碳排放驱动因素分解为人口、人均 GDP、能源强度及单位能耗碳排放，其已成为分析碳排放驱动因素和全球历史碳排放变化原因的主流分析模型。同时，IPAT 系列识别模型具有较强的可拓展性，最新研究对其也进行了改进和创新，如对 STIRPAT 模型中各因素进一步拆分[29]，采用模型与指数分解方法[30]或者路径分析方法[31]相结合，分析碳排放的影响因素，模型与情景分析相结合探索减排路径等[32,33]。IPAT 系列识别模型被国内外学者广泛应用于不同国家、区域（如按行政划分的省市、按富裕程度划分的区域等）、行业（如煤炭、农业、交通、水泥制造、建筑、电力等）等层面碳排放影响因素的研究[34-41]。

2. 指数分解方法

指数分解（IDA）方法的核心思想是将目标变量的变化分解为若干影响因素的组合，从而辨别各因素的影响程度，即贡献率，客观确定影响较大的因素[42]。但是 IDA 方法存在一个很大的不足，就是该方法只能考虑直接影响因素而不能考虑驱动因素中的间接因素。1991年，Torvanger[43] 最先采用该方法对9个国家的制造业碳排放进行分解。指数分解方法主要有拉氏指数法和迪氏指数法[44]。对数平均迪氏指数（Logarithmic Mean Divisia Index，LMDI）方法是 Ang 等人提出的[45]，因为具有分析路径独立、无残差、易用等优点，被广泛应用于各国、各区域、各领域对能耗和碳排放因素的分解研究中。De-Freitas 等人[46]、Dong 等人[47] 以及 Wang 等人[48]利用 LMDI 方法分别研究了巴西等不同收入水平国家与能源相关碳排放的影响因素。Ye 等人[49]基于 LMDI 方法研究了我国省级层面碳排放的驱动因素。指数分解方法在工业、交通、建筑等部门碳排放驱动因素的研究中也有较多的实践[50-53]。在方法创新方面，除了与 IPAT 系列识别模型相结合以外，也有学者进行了其他探索，如 Jiang 等人[54]将两层 LMDI 方法与 Q 型层次聚类方法相结合，系统地考察了我国各省份相关因素对国家碳排放增长的贡献。

3. 结构分解方法

结构分解（SDA）方法是基于投入产出模型框架，该方法能够分析技术变化、终端需求效应等直接和间接影响因素，但是 SDA 方法的数据要求与 IDA 方法相比更高，计算也相对更复杂[42]。基于 SDA 方法的碳排放驱动因素研究的视角主要集中于国家、地区、部门层面。Cansino 等人[55]、Baiocchi 等人[56]、Wood[57] 和 Liang 等人[58]利用 SDA 方法研究了西班牙、英国、澳大利亚和美国的碳排放变化影响因素。Wei 等人[59]从技术、部门联系、经济结构和规模等方面对北京碳排放的驱动因素进行了结构分解。Akpan 等人[60]利用 SDA 方法分析了日本工业部门 1995～2005 年碳排放变化驱动因素。

将以上三类碳排放影响因素分析方法从数据需求、特点及局限性、指标形式、分解形式和应用现状等方面进行了归纳总结，见表 6-2。

碳排放影响因素分析主要模型方法比较　　　　　　　　　表 6-2

模型方法	数据需求	局限性	指标形式	分解形式	应用现状
IPAT 系列识别模型（Kaya 恒等式、STIRPAT 模型等）	历史信息、面板数据	不能分析间接影响	绝对指标	线性（IPAT/Kaya）；非线性（STIRPAT）	多作为基础与指数分解方法相结合应用
指数分解（IDA）方法	历史信息、时间序列变化数据（年度数据）	不能分析间接影响；仅可以分析直接影响	绝对/强度指标	加法/乘法	LMDI 方法应用广泛
结构分解（SDA）方法	投入产出表、时间序列变化数据	数据需求量大；计算复杂	绝对指标	加法	多集中于国家、区域方面的宏观研究

基于对以上碳排放影响因素相关模型的特点分析，本书采用 IPAT 系列识别模型的衍生模型 Kaya 恒等式来筛选建筑碳排放的影响因素，然后对建筑运行阶段的公共建筑、城镇居住建筑和农村居住建筑以及建筑业碳排放总量进行分解，并依据分解方式对所确定的碳排放历史因素进行基于 LMDI 因素分析法的贡献度分析，探明各类影响因素的实际效果。

Kaya 恒等式由日本著名学者 Kaya Yoichi 于 1989 年基于 IPAT 系列识别模型提出，被 IPCC 推荐应用于分析二氧化碳排放和温室气体排放变化特征及其影响因素，在多个行业和领域得到了广泛应用，如下式所示：

$$C = P \cdot \frac{GDP}{P} \cdot \frac{E}{GDP} \cdot \frac{C}{E} \tag{6-1}$$

式中 　C——某区域的碳排放总量，万 tCO_2；

　　　　P——该区域的人口规模，万人；

　　　C/E——该区域的单位能耗碳排放（综合碳排放系数），tCO_2/tce；

E/GDP——该区域的单位 GDP 能耗（指能源使用强度），tce/万元；

GDP/P——区域的人均 GDP（指社会富裕程度），元/人。

上式将碳排放的驱动因素分解为人口、人均 GDP、能源强度及单位能耗的碳排放，已成为分析碳排放驱动因素和全球历史碳排放变化原因的主流模型。

6.2.1.4 碳排放影响因素确定

当前影响碳排放的因素按照类型可以分为社会因素（如人口规模、GDP、产业结构、建设投入等）、技术因素（如建筑节能标准、技术研发投入），能源结构因素（能耗强度、能源使用效率、综合碳排放系数、能源供给数量、能源供给结构、能源消费结构、能源碳排放因子、能源消费数量、能源成本等）、行业结构因素（如城镇居住建筑、农村居住建筑、公共建筑和集中供暖等）等。

表 6-3 对现有研究中的影响因素进行归类，主要包括人口规模、居住建筑面积/人均面积、公共建筑面积、第三产业 GDP、城镇人均可支配收入、能耗强度、单位 GDP 能耗、建筑综合碳排放系数等几类。

现有研究中碳排放影响因素归类　　　　　　　　　　表 6-3

文献编号	影响因素	影响因素子类
[61]	社会因素	人口规模、城镇化率、建筑业从业人口、全员劳动生产率
	经济因素	人均可支配收入、第三产业增加值
	行业结构因素	施工面积、公共建筑面积、城镇居住建筑面积、人均建筑面积
	能耗因素	单位施工/公共建筑面积能耗、单位居住建筑面积能耗
	能源结构因素	施工/公共建筑运行阶段能源综合碳排放系数、城镇居住建筑运行阶段能源综合碳排放系数
[62]	社会因素	家庭户均人口、家庭成员年龄结构、住房房价收入比、住房购买指数、人口规模、城镇化率
	经济因素	人均 GDP、公共建筑经济活动强度
	行业结构因素	居住建筑/人均面积、公共建筑/人均面积
	能耗因素	居住建筑单位面积能耗、公共建筑单位面积能耗
	能源结构因素	居住建筑综合碳排放因子、公共建筑综合碳排放因子
[63]	社会因素	人口规模、城镇化率
	经济因素	居民消费水平、第三产业 GDP
	行业结构因素	房屋建筑施工面积、农村人均住房面积、城镇居住建筑人均面积
	技术因素	围护结构节能技术、建筑设备节能技术、技术政策、节能标准、行业监管政策

续表

文献编号	影响因素	影响因素子类
[64]	社会因素	人口规模、城镇化率；居民家庭电器量
	经济因素	GDP 增长、第三产业增长；居民消费水平
	行业结构因素	人均建筑面积
[65]	社会因素	各气候区人口规模及城镇化率、城镇户均人数、城镇居民数
	行业结构因素	农村居住建筑/人均面积、城镇居住建筑/人均面积、公共建筑/人均面积
	能耗因素	居住建筑能效水平、公共建筑/居住建筑用能强度
	能源结构因素	建筑用能结构变化、能源碳排放因子
[66]	社会因素	各气候区人口规模、城镇化率
	行业结构因素	建筑总面积存量、城镇居住建筑/人均面积、农村住宅/人均面积、公共建筑面积
	能耗因素	住宅建筑户均能耗强度、城镇和农村户均面积能耗强度、公共建筑单位面积能耗强度
	能源结构因素	碳排放因子、碳排放强度
[67]	社会因素	人口规模、城镇化率
	经济因素	各产业 GDP、人均收入水平
	技术因素	公共建筑节能改造技术、绿色建筑节能技术
	能耗因素	单位公共建筑面积能耗强度、公共建筑能源消费总量
	行业结构因素	公共建筑/人均面积
	能源结构因素	公共建筑能源碳排放因子
[68]	社会因素	人口规模、城镇化率
	经济因素	人均 GDP、第三产业占比
	能耗因素	单位 GDP 能耗、能源消费总量
[69]	社会因素	人口规模、城镇化率
	经济因素	第三产业发展、居民收入
	行业结构因素	总建筑面积、城镇和农村居住建筑/人均面积、公共建筑/人均面积
	能耗因素	居民日常用能行为、单位建筑面积能耗强度、公共建筑和居住建筑能源消耗量
	能源结构因素	公共建筑和居住建筑碳排放量、公共建筑和居住建筑的碳排放强度

综合上述分析，本书采用基于"自上而下"的能耗与碳排放计算过程，选取陕西省公共建筑、城镇和农村居住建筑运行碳排放量作为目标变量，人口规模、城镇化率、建筑面积、各产业 GDP、建筑能耗与碳排放系数则作为解释变量。

6.2.2　模型分解方式分析

根据前文对 2011～2020 年陕西省公共建筑、城镇居住建筑、农村居住建筑的人口、经济、建筑面积、能耗和碳排放的历史趋势变化分析，以及对建筑碳排放影响因素归类的结果可知，进行 Kaya 恒等式分解时，主要涉及三种基于强度的分解方式：按照单位面积能耗强度分解、按照单位 GDP 能耗强度分解和按照人均能耗强度分解。

6.2.2.1 单位面积能耗强度分解模型

1. 公共建筑

公共建筑单位面积能耗强度分解方式涉及公共建筑碳排放、公共建筑能耗、年末实有建筑面积、人口四个变量，如下式所示：

$$C_c = P \cdot \frac{A_c}{P} \cdot \frac{E_c}{A_c} \cdot \frac{C_c}{E_c} = P \cdot A_{P,c} \cdot E_{A,c} \cdot C_{E,c} \tag{6-2}$$

即：公共建筑碳排放量＝总人口×人均公共建筑面积×公共建筑单位面积能耗强度×公共建筑综合碳排放系数。

式中　C_c——公共建筑碳排放量，万 tCO_2；

　　　P——总人口，万人；

　　　A_c——公共建筑面积，万 m^2；

　　　E_c——公共建筑能耗，万 tce；

　　$A_{P,c}$——人均公共建筑面积，m^2/人；

　　$E_{A,c}$——公共建筑单位面积能耗强度，tce/m^2；

　　$C_{E,c}$——公共建筑综合碳排放系数，tCO_2/tce。

2. 城镇居住建筑

城镇居住建筑单位面积能耗强度分解方式涉及城镇居住建筑碳排放量、能耗、年末实有建筑面积、城镇化率、人口五个变量，如下式所示：

$$C_u = P \cdot U \cdot \frac{A_u}{P_u} \cdot \frac{E_u}{A_u} \cdot \frac{C_u}{E_u} = P \cdot U \cdot A_{P,u} \cdot E_{A,u} \cdot C_{E,u} \tag{6-3}$$

即：城镇居住建筑碳排放量＝总人口×城镇化率×城镇人均居住面积×城镇居住建筑单位面积能耗强度×城镇居住建筑综合碳排放系数。

式中　C_u——城镇居住建筑碳排放量，万 tCO_2；

　　　P——总人口，万人；

　　　U——城镇化率；

　　　P_u——城镇人口，万人；

　　　A_u——城镇居住建筑面积，万 m^2；

　　　E_u——城镇居住建筑能耗，万 tce；

　　$A_{P,u}$——城镇人均居住面积，m^2/人；

　　$E_{A,u}$——城镇居住建筑单位面积能耗强度，tce/m^2；

　　$C_{E,u}$——城镇居住建筑综合碳排放系数，tCO_2/tce。

3. 农村居住建筑

农村居住建筑单位面积能耗强度分解方式涉及农村居住建筑碳排放量、能耗、年末实有建筑面积、城镇化率、人口五个变量，如下式所示：

$$C_r = P \cdot (1-U) \cdot \frac{A_r}{P_{1-u}} \cdot \frac{E_r}{A_r} \cdot \frac{C_r}{E_r} = P \cdot (1-U) \cdot A_{P,r} \cdot E_{A,r} \cdot C_{E,r} \tag{6-4}$$

即：农村居住建筑碳排放量＝总人口×（1－城镇化率）×农村人均居住面积×农村居住建筑单位面积能耗强度×农村居住建筑综合碳排放系数。

式中　C_r——农村居住建筑碳排放量，万 tCO_2；

P——总人口，万人；

U——城镇化率；

A_r——农村居住建筑面积，万 m^2；

E_r——农村居住建筑能耗，万 tce；

P_{1-u}——农村人口，万人；

$A_{P,r}$——农村人均居住面积，m^2/人；

$E_{A,r}$——农村居住建筑单位面积能耗强度，tce/m^2；

$C_{E,r}$——农村居住建筑综合碳排放系数，tCO_2/tce。

4. 建筑业

建筑业单位面积能耗强度分解方式涉及建筑业碳排放量、建筑业能耗、建筑业从业人口、施工面积四个变量，如下式所示：

$$C_{co}=P_{co} \cdot \frac{A_{co}}{P_{co}} \cdot \frac{E_{co}}{A_{co}} \cdot \frac{C_{co}}{E_{co}}=P_{co} \cdot A_{P,co} \cdot E_{A,co} \cdot C_{E,co} \qquad (6\text{-}5)$$

即：建筑业碳排放量＝建筑业从业人口×人均施工面积×单位施工面积能耗强度×建筑业综合碳排放系数。

式中　C_{co}——建筑业碳排放量，万 tCO_2；

P_{co}——建筑从业人口，万人；

A_{co}——建筑业施工面积，万 m^2；

E_{co}——建筑业能耗，万 tce；

$A_{P,co}$——人均施工面积，m^2/人；

$E_{A,co}$——单位施工面积能耗强度，tce/m^2；

$C_{E,co}$——建筑业综合碳排放系数，tCO_2/tce。

6.2.2.2　单位 GDP 能耗强度分解模型

1. 公共建筑

公共建筑单位 GDP 能耗强度分解方式涉及公共建筑碳排放量、公共建筑能耗、总人口和第三产业 GDP 总量四个变量，如下式所示：

$$C_c=P \cdot \frac{GDP_3}{P} \cdot \frac{E_c}{GDP_3} \cdot \frac{C_c}{E_c}=P \cdot GDP_{P,3} \cdot E_{GDP,c} \cdot C_{E,c} \qquad (6\text{-}6)$$

即：公共建筑碳排放量＝总人口×第三产业人均 GDP×公共建筑单位 GDP 能耗强度×公共建筑综合碳排放系数。

式中　C_c——公共建筑碳排放量，万 tCO_2；

P——总人口，万人；

GDP_3——第三产业 GDP 总量，万元；

E_c——公共建筑能耗，万 tce；

$GDP_{P,3}$——第三产业人均 GDP，元/人；

$E_{GDP,c}$——公共建筑单位 GDP 能耗，tce/元；

$C_{E,c}$——公共建筑综合碳排放系数，tCO_2/tce。

2. 城镇居住建筑

城镇居住建筑单位 GDP 能耗分解方式涉及城镇居住建筑碳排放量、能耗、人口、第二产业 GDP 总量和城镇化率五个变量，如下式所示：

$$C_u = P \cdot U \cdot \frac{GDP_2}{P_u} \cdot \frac{E_u}{GDP_2} \cdot \frac{C_u}{E_u} = P \cdot U \cdot GDP_{P,2} \cdot E_{GDP,u} \cdot C_{E,u} \tag{6-7}$$

即：城镇居住建筑碳排放量＝总人口×城镇化率×第二产业人均 GDP×城镇居住建筑单位 GDP 能耗强度×城镇居住建筑综合碳排放系数。

式中 C_u——城镇居住建筑碳排放量，万 tCO_2；

      P——总人口，万人；

      P_u——城镇人口，万人；

   GDP_2——第二产业 GDP 总量，万元；

      E_u——城镇居住建筑能耗，万 tce；

      U——城镇化率；

 $GDP_{P,2}$——第二产业人均 GDP，元/人；

 $E_{GDP,u}$——城镇居住建筑单位 GDP 能耗，tce/元；

  $C_{E,u}$——城镇居住建筑综合碳排放系数，tCO_2/tce。

3. 农村居住建筑

农村居住建筑单位 GDP 能耗分解方式涉及农村居住建筑碳排放量、能耗、人口、第一产业 GDP 总量和城镇化率五个变量，如下式所示：

$$C_r = P \cdot (1-U) \cdot \frac{GDP_1}{P_{1-u}} \cdot \frac{E_r}{GDP_1} \cdot \frac{C_r}{E_r} = P \cdot (1-U) \cdot GDP_{P,1} \cdot E_{GDP,r} \cdot C_{E,r} \tag{6-8}$$

即：农村居住建筑碳排放量＝总人口×（1－城镇化率）×第一产业人均 GDP×农村居住建筑单位 GDP 能耗强度×农村居住建筑综合碳排放系数。

式中 C_r——农村居住建筑碳排放量，万 tCO_2；

      P——总人口，万人；

   P_{1-u}——农村人口，万人；

   GDP_1——第一产业 GDP 总量，万元；

      E_r——农村居住建筑能耗，万 tce；

      U——城镇化率；

 $GDP_{P,1}$——第一产业人均 GDP，元/人；

 $E_{GDP,r}$——农村居住建筑单位 GDP 能耗，tce/元；

  $C_{E,r}$——农村居住建筑综合碳排放系数，tCO_2/tce。

4. 建筑业

建筑业单位 GDP 能耗分解方式涉及建筑业碳排放量、能耗、建筑业 GDP 总量和建筑业从业人口四个变量，如下式所示：

$$C_{co} = P_{co} \cdot \frac{GDP_{co}}{P_{co}} \cdot \frac{E_{co}}{GDP_{co}} \cdot \frac{C_{co}}{E_{co}} = P_{co} \cdot GDP_{P,co} \cdot E_{GDP,co} \cdot C_{E,co} \tag{6-9}$$

即：建筑业碳排放量＝建筑业从业人口×建筑业人均 GDP×建筑业单位 GDP 能耗强度×建筑业综合碳排放系数。

式中 C_{co}——建筑业碳排放量，万 tCO_2；

   P_{co}——建筑业从业人口，万人；

GDP_{co}——建筑业 GDP 总量，万元；

E_{co}——建筑业能耗，万 tce；

$GDP_{P,co}$——建筑业人均 GDP，元/人；

$E_{GDP,co}$——建筑业单位 GDP 能耗，tce/元；

$C_{E,co}$——建筑业综合碳排放系数，tCO_2/tce。

6.2.2.3　人均能耗强度分解模型

1. 公共建筑

公共建筑人均能耗强度分解方式涉及公共建筑碳排放量、能耗、总人口三个变量，如下式所示：

$$C_c = P \cdot \frac{E_c}{P} \cdot \frac{C_c}{E_c} = P \cdot E_{P,c} \cdot C_{E,c} \tag{6-10}$$

即：公共建筑碳排放量＝总人口×公共建筑人均能耗强度×综合碳排放系数。

式中　C_c——公共建筑碳排放量，万 tCO_2；

P——总人口，万人；

E_c——公共建筑能耗，万 tce；

$E_{P,c}$——公共建筑人均能耗强度，tce/人；

$C_{E,c}$——公共建筑综合碳排放系数，tCO_2/tce。

2. 城镇居住建筑

城镇居住建筑人均能耗强度分解方式涉及城镇居住建筑碳排放量、能耗、人口和城镇化率四个变量，如下式所示：

$$C_u = P \cdot U \cdot \frac{E_u}{P_u} \cdot \frac{C_u}{E_u} = P \cdot U \cdot E_{P,u} \cdot C_{E,u} \tag{6-11}$$

即：城镇居住建筑碳排放量＝总人口×城镇化率×城镇居住建筑人均能耗强度×城镇居住建筑综合碳排放系数。

式中　C_u——城镇居住建筑碳排放量，万 tCO_2；

P——总人口，万人；

U——城镇化率；

P_u——城镇人口，万人；

E_u——城镇居住建筑能耗，万 tce；

$E_{P,c}$——城镇居住建筑人均能耗强度，tce/人；

$C_{E,u}$——城镇居住建筑综合碳排放系数，tCO_2/tce。

3. 农村居住建筑

农村居住建筑人均能耗强度分解方式涉及农村居住建筑碳排放量、能耗、人口和城镇化率四个变量，如下式所示：

$$C_r = P \cdot (1-U) \cdot \frac{E_r}{P_{1-u}} \cdot \frac{C_r}{E_r} = P \cdot (1-U) \cdot E_{P,r} \cdot C_{E,r} \tag{6-12}$$

即：农村居住建筑碳排放量＝总人口×（1－城镇化率）×农村居住建筑人均能耗强度×农村居住建筑综合碳排放系数。

式中　C_r——农村居住建筑碳排放量，万 tCO_2；

P——总人口，万人；

U——城镇化率；

P_{1-u}——农村人口，万人；

E_r——农村居住建筑能耗，万 tce；

$E_{P,r}$——农村居住建筑人均能耗强度，tce/人；

$C_{E,r}$——农村居住建筑综合碳排放系数，tCO_2/tce。

4. 建筑业

建筑业人均能耗强度分解方式涉及建筑业碳排放量、能耗、建筑从业人口三个变量，如下式所示：

$$C_{co} = P_{co} \cdot \frac{E_{co}}{P_{co}} \cdot \frac{C_{co}}{E} = P_{co} \cdot E_{P,co} \cdot C_{E,co} \tag{6-13}$$

即：建筑业碳排放量＝建筑业从业人口×建筑业人均能耗强度×建筑业综合碳排放系数。

式中　C_{co}——建筑业碳排放量，万 tCO_2；

P_{co}——建筑业从业人口，万人；

E_{co}——建筑业能耗，万 tce；

$E_{P,co}$——建筑业人均能耗强度，tce/人；

$C_{E,co}$——建筑业综合碳排放系数，tCO_2/tce。

6.2.3　减碳量评估模型

6.2.3.1　LMDI 方法介绍

LMDI（Logarithmic Mean Divisia Index）方法，即对数平均迪氏指数法，是指数分解法的一个分支，具有全分解、无残差、容易使用、结果唯一的特点[70]。

1. 计算方法

LMDI 方法包含两种不同的计算方法：LMDI-I 和 LMDI-II，其不同点在于所选的权重公式不同。应用时对两个模型没有特殊偏好。但在文献中，LMDI-I 比 LMDI-II 应用得更加广泛，部分原因是它的公式比较简单。LMDI-I 和 LMDI-II 之间也存在一些细微的差异，这决定了用户在某些特定应用程序中的选择。

2. 分解模型

LMDI 方法包含两种分解模型：加法模型和乘法模型。这两种模型在 LMDI-I 和 LM-DI-II 中都适用。加法模型适用于分解总指标（如总能耗），综合变化和分解结果以物理单位给出。乘法模型分解综合指标的比率变化，其结果用指数表示。两种模型的选择无优劣之分，但基准年在加法模型中应用更方便。

3. 可选指标

LMDI 方法的选取指标包括数量指标和强度指标。数量指标衡量能源消耗的总水平，而强度指标有能源效率的含义。前者定义了活动影响，而后者不包含这层含义。数量指标和强度指标的选择可独立于分解方法的选择。某些情况下，研究背景决定了选择哪种类型的指标。例如，研究国家二氧化碳的总排放问题，往往会选择数量指标；而如果研究能源生产效率，则会选择强度指标。数量指标更适合应用于加法模型，强度指标更适合应用于乘法模型。

基于陕西省建筑运行碳排放的计算方法，本书采用加法模型来定量分析陕西省公共建筑、城镇/农村居住建筑和建筑业碳排放影响因素。LMDI 方法基于按照单位面积能耗强度分解的 Kaya 恒等式进行定量分析。

Kaya 恒等式在前文已经论述，其主要将能源碳排放的影响因素分解为人口规模、城镇化率、人均建筑面积、单位面积能耗强度和综合碳排放系数五个变量，本书分别定量分析各因素对建筑领域碳排放的贡献程度。

6.2.3.2　单位面积能耗强度分解评估模型

1. 公共建筑

根据 LMDI 方法，分解时间段为 $[0, T]$，$C_{0,c}$ 为起始年的公共建筑碳排放量，$C_{T,c}$ 为 T 时期计算年的公共建筑碳排放量。

分解公式如下：

$$\Delta C_c = C_{T,c} - C_{0,c} = \Delta C_{P,c} + \Delta C_{AP,c} + \Delta C_{EA,c} + \Delta C_{CE,c} \tag{6-14}$$

式中，ΔC_c 为公共建筑碳排放量的变化值，等于各因素的碳排放量贡献之和；$\Delta C_{P,c}$、$\Delta C_{AP,c}$、$\Delta C_{EA,c}$、$\Delta C_{CE,c}$ 分别为人口规模、人均公共建筑面积、公共建筑单位面积能耗强度和公共建筑综合碳排放系数变化的碳排放量贡献。

$$\Delta C_{P,c} = \frac{C_{T,c} - C_{0,c}}{\ln C_{T,c} - \ln C_{0,c}} \times \ln\left(\frac{P_T}{P_0}\right) \tag{6-15}$$

$$\Delta C_{AP,c} = \frac{C_{T,c} - C_{0,c}}{\ln C_{T,c} - \ln C_{0,c}} \times \ln\left(\frac{A_{(P,c),T}}{A_{(P,c),0}}\right) \tag{6-16}$$

$$\Delta C_{EA,c} = \frac{C_{T,c} - C_{0,c}}{\ln C_{T,c} - \ln C_{0,c}} \times \ln\left(\frac{E_{(A,c),T}}{E_{(A,c),0}}\right) \tag{6-17}$$

$$\Delta C_{CE,c} = \frac{C_{T,c} - C_{0,c}}{\ln C_{T,c} - \ln C_{0,c}} \times \ln\left(\frac{C_{(E,c),T}}{C_{(E,c),0}}\right) \tag{6-18}$$

2. 城镇居住建筑

分解时间段为 $[0, T]$，$C_{0,u}$ 为起始年的城镇居住建筑碳排放量，$C_{T,u}$ 为 T 时期计算年的城镇居住建筑碳排放量。

分解公式如下：

$$\Delta C_u = C_{T,u} - C_{0,u} = \Delta C_{P,u} + \Delta C_{U,u} + \Delta C_{AP,u} + \Delta C_{EA,u} + \Delta C_{CE,u} \tag{6-19}$$

式中，ΔC_u 为城镇居住建筑碳排放量的变化值，等于各因素的碳排放量贡献之和；$\Delta C_{P,u}$、$\Delta C_{U,u}$、$\Delta C_{AP,u}$、$\Delta C_{EA,u}$、$\Delta C_{CE,u}$ 分别为人口规模、城镇化率、城镇人均居住面积、城镇居住建筑单位面积能耗强度、城镇居住建筑综合碳排放系数变化的碳排放量贡献。

$$\Delta C_{P,u} = \frac{C_{T,u} - C_{0,u}}{\ln C_{T,u} - \ln C_{0,u}} \times \ln\left(\frac{P_T}{P_0}\right) \tag{6-20}$$

$$\Delta C_{U,u} = \frac{C_{T,u} - C_{0,u}}{\ln C_{T,u} - \ln C_{0,u}} \times \ln\left(\frac{U_T}{U_0}\right) \tag{6-21}$$

$$\Delta C_{AP,u} = \frac{C_{T,u} - C_{0,u}}{\ln C_{T,u} - \ln C_{0,u}} \times \ln\left(\frac{A_{(P,u),T}}{A_{(P,u),0}}\right) \tag{6-22}$$

$$\Delta C_{EA,u} = \frac{C_{T,u} - C_{0,u}}{\ln C_{T,u} - \ln C_{0,u}} \times \ln\left(\frac{E_{(A,u),T}}{E_{(A,u),0}}\right) \tag{6-23}$$

$$\Delta C_{CE,u} = \frac{C_{T,u} - C_{0,u}}{\ln C_{T,u} - \ln C_{0,u}} \times \ln\left(\frac{C_{(E,u),T}}{C_{(E,u),0}}\right) \tag{6-24}$$

3. 农村居住建筑

分解时间段为 $[0, T]$，$C_{0,r}$ 为起始年的农村居住建筑碳排放量，$C_{T,r}$ 为 T 时期计算年的农村居住建筑碳排放量。

分解公式如下：

$$\Delta C_r = C_{T,r} - C_{0,r} = \Delta C_{P,r} + \Delta C_{1-U,r} + \Delta C_{AP,r} + \Delta C_{EA,r} + \Delta C_{CE,r} \tag{6-25}$$

式中，ΔC_r 为农村居住建筑碳排放量的变化值，等于各因素的碳排放量贡献之和；$\Delta C_{P,r}$、$\Delta C_{1-U,r}$、$\Delta C_{AP,r}$、$\Delta C_{EA,r}$、$\Delta C_{CE,r}$ 分别为人口规模、城镇化率、农村人均居住面积、农村居住建筑单位面积能耗强度、农村居住建筑综合碳排放系数变化的碳排放量贡献。

$$\Delta C_{P,r} = \frac{C_{T,r} - C_{0,r}}{\ln C_{T,r} - \ln C_{0,r}} \times \ln\left(\frac{P_T}{P_0}\right) \tag{6-26}$$

$$\Delta C_{1-U,r} = \frac{C_{T,r} - C_{0,r}}{\ln C_{T,r} - \ln C_{0,r}} \times \ln\left[\frac{(1-U)_T}{U_0}\right] \tag{6-27}$$

$$\Delta C_{AP,r} = \frac{C_{T,r} - C_{0,r}}{\ln C_{T,r} - \ln C_{0,r}} \times \ln\left(\frac{A_{(P,r),T}}{A_{(P,r),0}}\right) \tag{6-28}$$

$$\Delta C_{EA,r} = \frac{C_{T,r} - C_{0,r}}{\ln C_{T,r} - \ln C_{0,r}} \times \ln\left(\frac{E_{(A,r),T}}{E_{(A,r),0}}\right) \tag{6-29}$$

$$\Delta C_{CE,r} = \frac{C_{T,r} - C_{0,r}}{\ln C_{T,r} - \ln C_{0,r}} \times \ln\left(\frac{C_{(E,r),T}}{C_{(E,r),0}}\right) \tag{6-30}$$

4. 建筑业

分解时间段为 $[0, T]$，$C_{0,co}$ 为起始年份建筑业的碳排放量，$C_{T,co}$ 为 T 时期计算年份建筑业的碳排放量。

分解公式如下：

$$\Delta C_{co} = C_{T,co} - C_{0,co} = \Delta C_{P,co} + \Delta C_{AP,co} + \Delta C_{EA,co} + \Delta C_{CE,co} \tag{6-31}$$

式中，ΔC_{co} 为建筑业碳排放量的变化值，等于各因素的碳排放量贡献之和；$\Delta C_{P,co}$、$\Delta C_{AP,co}$、$\Delta C_{EA,co}$、$\Delta C_{CE,co}$ 分别为建筑业从业人口规模、人均施工面积、单位施工面积能耗强度、建筑业综合碳排放系数变化的碳排放量贡献。

$$\Delta C_{P,co} = \frac{C_{T,co} - C_{0,co}}{\ln C_{T,co} - \ln C_{0,co}} \times \ln\left(\frac{P_{T,co}}{P_{0,co}}\right) \tag{6-32}$$

$$\Delta C_{AP,co} = \frac{C_{T,co} - C_{0,co}}{\ln C_{T,co} - \ln C_{0,co}} \times \ln\left(\frac{A_{(P,co),T}}{A_{(P,co),0}}\right) \tag{6-33}$$

$$\Delta C_{EA,co} = \frac{C_{T,co} - C_{0,co}}{\ln C_{T,co} - \ln C_{0,co}} \times \ln\left(\frac{E_{(A,co),T}}{E_{(A,co),0}}\right) \tag{6-34}$$

$$\Delta C_{CE,co} = \frac{C_{T,co} - C_{0,co}}{\ln C_{T,co} - \ln C_{0,co}} \times \ln\left(\frac{C_{(E,co),T}}{C_{(E,co),0}}\right) \tag{6-35}$$

6.2.3.3 单位 GDP 能耗强度分解评估模型

1. 公共建筑

根据 LMDI 方法，分解时间段为 $[0, T]$，$C_{0,c}$ 为起始年的公共建筑碳排放量，$C_{T,c}$ 为 T 时期计算年的公共建筑碳排放量。

分解公式如下：

$$\Delta C_c = C_{T,c} - C_{0,c} = \Delta C_{P,c} + \Delta C_{GP,c} + \Delta C_{EG,c} + \Delta C_{CE,c} \tag{6-36}$$

式中，ΔC_c 为公共建筑碳排放量的变化值，等于各因素的碳排放量贡献之和；$\Delta C_{GP,c}$、$\Delta C_{EG,c}$ 分别为人均第三产业 GDP、公共建筑单位 GDP 能耗强度变化的碳排放量贡献。

$$\Delta C_{GP,c} = \frac{C_{T,c} - C_{0,c}}{\ln C_{T,c} - \ln C_{0,c}} \times \ln\left(\frac{GDP_{(P,3),T}}{GDP_{(P,3),0}}\right) \tag{6-37}$$

$$\Delta C_{EG,c} = \frac{C_{T,c} - C_{0,c}}{\ln C_{T,c} - \ln C_{0,c}} \times \ln\left(\frac{E_{(GDP,c),T}}{E_{(GDP,c),0}}\right) \tag{6-38}$$

2. 城镇居住建筑

分解时间段为 $[0, T]$，$C_{0,u}$ 为起始年的城镇居住建筑碳排放量，$C_{T,u}$ 为 T 时期计算年的城镇居住建筑碳排放量。

分解公式如下：

$$\Delta C_u = C_{T,u} - C_{0,u} = \Delta C_{P,u} + \Delta C_{U,u} + \Delta C_{GP,u} + \Delta C_{EG,u} + \Delta C_{CE,u} \tag{6-39}$$

式中，ΔC_u 为城镇居住建筑碳排放量的变化值，等于各因素的碳排放量贡献之和；$\Delta C_{GP,u}$、$\Delta C_{EG,u}$ 分别为人均第二产业 GDP、城镇居住建筑单位 GDP 能耗强度变化的碳排放量贡献。

$$\Delta C_{GP,u} = \frac{C_{T,u} - C_{0,u}}{\ln C_{T,u} - \ln C_{0,u}} \times \ln\left(\frac{GDP_{(P,2),T}}{GDP_{(P,2),0}}\right) \tag{6-40}$$

$$\Delta C_{EG,u} = \frac{C_{T,u} - C_{0,u}}{\ln C_{T,u} - \ln C_{0,u}} \times \ln\left(\frac{E_{(GDP,u),T}}{E_{(GDP,u),0}}\right) \tag{6-41}$$

3. 农村居住建筑

分解时间段为 $[0, T]$，$C_{0,r}$ 为起始年份农村居住建筑的碳排放量，$C_{T,r}$ 为 T 时期计算年份农村居住建筑的碳排放量。

分解公式如下：

$$\Delta C_r = C_{T,r} - C_{0,r} = \Delta C_{P,r} + \Delta C_{1-U,r} + \Delta C_{GP,r} + \Delta C_{EG,r} + \Delta C_{CE,r} \tag{6-42}$$

式中，ΔC_r 为农村居住建筑碳排放量的变化值，等于各因素的碳排放量贡献之和；$\Delta C_{GP,r}$、$\Delta C_{EG,r}$ 分别为人均第一产业 GDP、农村居住建筑单位 GDP 能耗强度变化的碳排放量贡献。

$$\Delta C_{GP,r} = \frac{C_{T,r} - C_{0,r}}{\ln C_{T,r} - \ln C_{0,r}} \times \ln\left(\frac{GDP_{(P,1),T}}{GDP_{(P,1),0}}\right) \tag{6-43}$$

$$\Delta C_{EG,r} = \frac{C_{T,r} - C_{0,r}}{\ln C_{T,r} - \ln C_{0,r}} \times \ln\left(\frac{E_{(GDP,r),T}}{E_{(GDP,r),0}}\right) \tag{6-44}$$

4. 建筑业

分解时间段为 $[0, T]$，$C_{0,co}$ 为起始年的建筑业碳排放量，$C_{T,co}$ 为 T 时期计算年的建筑业碳排放量。

分解公式如下：

$$\Delta C_{co} = C_{T,co} - C_{0,co} = \Delta C_{P,co} + \Delta C_{GP,co} + \Delta C_{EG,co} + \Delta C_{CE,co} \tag{6-45}$$

式中，ΔC_{co} 为建筑业碳排放量的变化值，等于各因素的碳排放量贡献之和；$\Delta C_{GP,co}$、$\Delta C_{EG,co}$ 分别为建筑业人均 GDP、建筑业单位 GDP 能耗强度变化的碳排放量贡献。

$$\Delta C_{GP,co} = \frac{C_{T,co} - C_{0,co}}{\ln C_{T,co} - \ln C_{0,co}} \times \ln\left(\frac{GDP_{(P,co),T}}{GDP_{(P,co),0}}\right) \tag{6-46}$$

$$\Delta C_{EG,co} = \frac{C_{T,co} - C_{0,co}}{\ln C_{T,co} - \ln C_{0,co}} \times \ln\left(\frac{E_{(GDP,co),T}}{E_{(GDP,co),0}}\right) \tag{6-47}$$

6.2.3.4 人均能耗强度分解评估模型

1. 公共建筑

根据 LMDI 方法，分解时间段为 $[0，T]$，$C_{0,c}$ 为起始年的公共建筑碳排放量，$C_{T,c}$ 为 T 时期计算年的公共建筑碳排放量。

分解公式如下：

$$\Delta C_c = C_{c,T} - C_{c,0} = \Delta C_{P,c} + \Delta C_{EP,c} + \Delta C_{CE,c} \tag{6-48}$$

式中，ΔC_c 为公共建筑碳排放量的变化值，等于各因素的碳排放量贡献之和；$\Delta C_{EP,c}$ 为公共建筑人均能耗强度变化的碳排放量贡献。

$$\Delta C_{EP,c} = \frac{C_{T,c} - C_{0,c}}{\ln C_{T,c} - \ln C_{0,c}} \times \ln\left(\frac{E_{(p,c),T}}{E_{(p,c),0}}\right) \tag{6-49}$$

2. 城镇居住建筑

分解时间段为 $[0，T]$，$C_{0,u}$ 为起始年的城镇居住建筑碳排放量，$C_{T,u}$ 为 T 时期计算年的城镇居住建筑碳排放量。

分解公式如下：

$$\Delta C_u = C_{T,u} - C_{0,u} = \Delta C_{P,u} + \Delta C_{U,u} + \Delta C_{EP,u} + \Delta C_{CE,u} \tag{6-50}$$

式中，ΔC_u 为城镇居住建筑碳排放量的变化值，等于各因素的碳排放量贡献之和；$\Delta C_{EP,u}$ 为城镇居住建筑人均能源消耗强度变化的碳排放量贡献。

$$\Delta C_{EP,u} = \frac{C_{T,u} - C_{0,u}}{\ln C_{T,u} - \ln C_{0,u}} \times \ln\left(\frac{E_{(p,u),T}}{E_{(p,u),0}}\right) \tag{6-51}$$

3. 农村居住建筑

分解时间段为 $[0，T]$，$C_{0,r}$ 为起始年的农村居住建筑碳排放量，$C_{T,r}$ 为 T 时期计算年的农村居住建筑碳排放量。

分解公式如下：

$$\Delta C_r = C_{T,r} - C_{0,r} = \Delta C_{P,r} + \Delta C_{1-U,r} + \Delta C_{EP,r} + \Delta C_{CE,r} \tag{6-52}$$

式中，ΔC_r 为农村居住建筑碳排放量的变化值，等于各因素的碳排放量贡献之和；$\Delta C_{EP,r}$ 为农村居住建筑人均能源消耗强度变化的碳排放量贡献。

$$\Delta C_{EP,r} = \frac{C_{T,r} - C_{0,r}}{\ln C_{T,r} - \ln C_{0,r}} \times \ln\left(\frac{E_{(P,r),T}}{E_{(P,r),0}}\right) \tag{6-53}$$

4. 建筑业

分解时间段为 $[0，T]$，$C_{0,co}$ 为起始年的建筑业碳排放量，$C_{T,co}$ 为 T 时期计算年的建筑业碳排放量。

分解公式如下：

$$\Delta C_{co} = C_{T,co} - C_{0,co} = \Delta C_{P,co} + \Delta C_{EP,co} + \Delta C_{CE,co} \tag{6-54}$$

式中，ΔC_{co} 为建筑业碳排放量的变化值，等于各因素的碳排放量贡献之和；$\Delta C_{EP,co}$ 为建筑业人均能耗强度。

$$\Delta C_{EP,co} = \frac{C_{T,co} - C_{0,co}}{\ln C_{T,co} - \ln C_{0,co}} \times \ln\left(\frac{E_{(P,co),T}}{E_{(P,co),0}}\right) \tag{6-55}$$

6.3 历史减排量评估分析

6.3.1 建筑运行阶段因素贡献分析

6.3.1.1 按单位面积能耗强度的因素分析

1. 公共建筑碳排放

根据前文的数据统计结果，已知 2000~2020 年陕西省人口规模、人均公共建筑面积、公共建筑单位面积能耗强度、公共建筑综合碳排放系数和碳排放量。基于上述数据，对陕西省公共建筑碳排放量各因素按单位面积能耗强度进行 LMDI 模型分解，计算时间区间分别为：2000~2005 年、2005~2010 年、2010~2015 年、2015~2020 年。在不同时间段内，公共建筑碳排放量不同因素的贡献量和贡献度分别如图 6-2 和图 6-3 所示。可知，人口规模、人均公共建筑面积和公共建筑综合碳排放系数的变化，对于公共建筑碳排放量呈正向的促进作用；而单位面积能耗强度的变化，对于公共建筑碳排放量呈反向的抑制作用。人口规模的影响最小，而人均公共建筑面积和公共建筑单位面积能耗强度的影响较大。

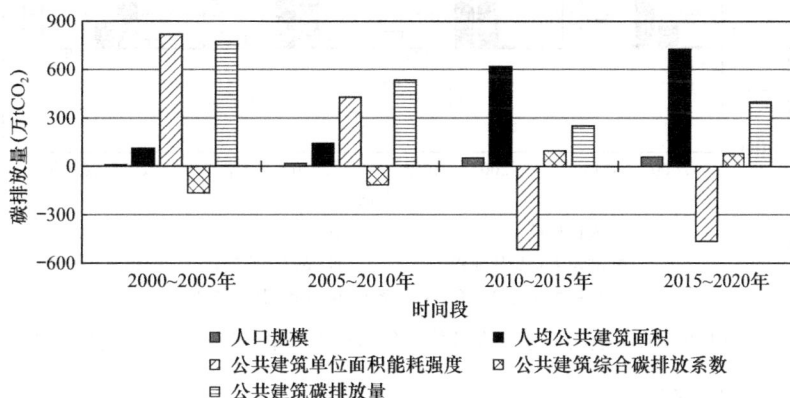

图 6-2 分时间段的公共建筑碳排放量各因素贡献量（按单位面积能耗强度分解）

2. 城镇居住建筑碳排放

同样，在已知 2000~2020 年陕西省人口规模、城镇化率、城镇人均居住面积、城镇居住建筑单位面积能耗强度、城镇居住建筑综合碳排放系数和碳排放量的条件下，对陕西省城镇居住建筑碳排放量各因素按城镇居住建筑单位面积能耗强度进行 LMDI 模型分解。在不同时间段内，城镇居住建筑碳排放量不同因素的贡献量和贡献度分别如图 6-4 和图 6-5 所示。可知，人口规模、城镇化率、城镇人均居住面积和城镇居住建筑综合碳排放系数的变化，对城镇居住建筑碳排放量具有正向的促进作用；而城镇居住建筑单位面积能耗强度

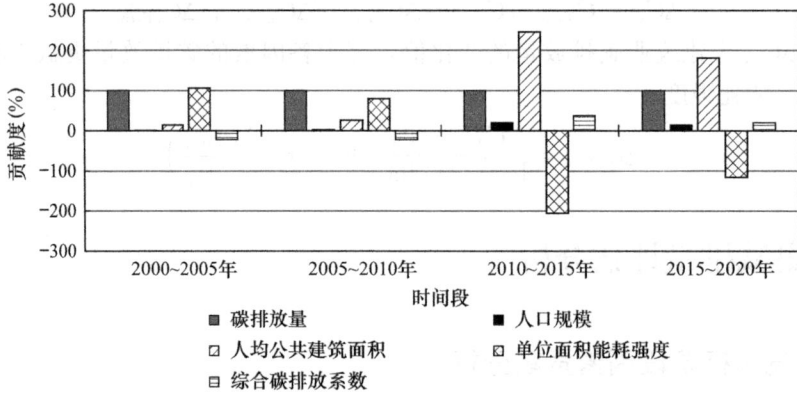

图 6-3　分时间段的公共建筑碳排放量各因素贡献度（按单位面积能耗强度分解）

的变化，对城镇居住建筑碳排放量的增加具有反向的抑制作用。在"十一五"和"十二五"期间，城镇居住建筑单位面积能耗强度抑制碳排放量的作用十分明显，这说明城镇居住建筑节能工作取得了明显效果；"十三五"以前的城镇化率和城镇人均居住面积对碳排放量的促进作用十分明显，伴随着城镇化进程，城镇居住建筑碳排放量也有了明显升高。人口规模的影响较小，城镇化率、城镇人均居住面积和城镇居住建筑单位面积能耗强度的影响较大。

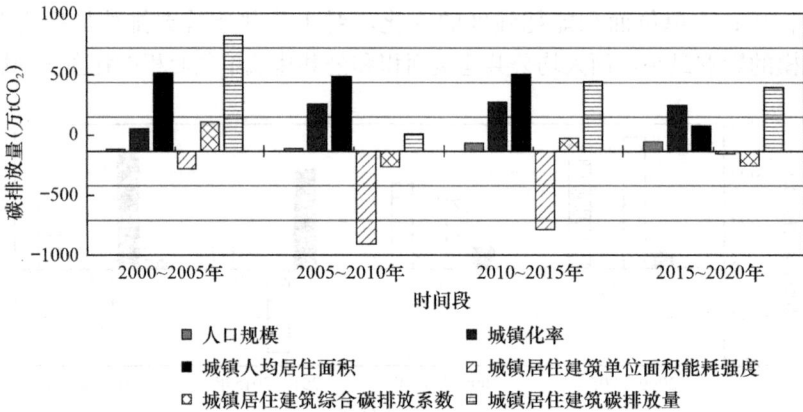

图 6-4　分时间段的城镇居住建筑碳排放量各因素贡献量（按单位面积能耗强度分解）

3. 农村居住建筑碳排放

在已知了 2000～2020 年陕西省人口规模、城镇化率、农村人均居住面积、农村居住建筑综合碳排放系数和碳排放量的条件下，对陕西省农村居住建筑碳排放量因素按农村居住建筑单位面积能耗强度进行 LMDI 模型分解。在不同时间段内，农村居住建筑碳排放量不同因素的贡献量和贡献度分别如图 6-6 和图 6-7 所示。可知，人口规模、农村人均居住面积和农村居住建筑单位面积能耗强度的变化，对农村居住建筑碳排放量呈正向的促进作用；城镇化率和农村居住建筑综合碳排放系数的变化，对于农村居住建筑碳排放量呈反向的抑制作用。人口规模和农村居住建筑综合碳排放系数的影响较小；而城镇化率、农村人均居住面积和农村居住建筑单位面积能耗强度的影响较大。城镇化率逐渐增长，农村常住人口逐年减少，导致城镇化率的增长对农村居住建筑碳排放量具有明显的抑制作用。

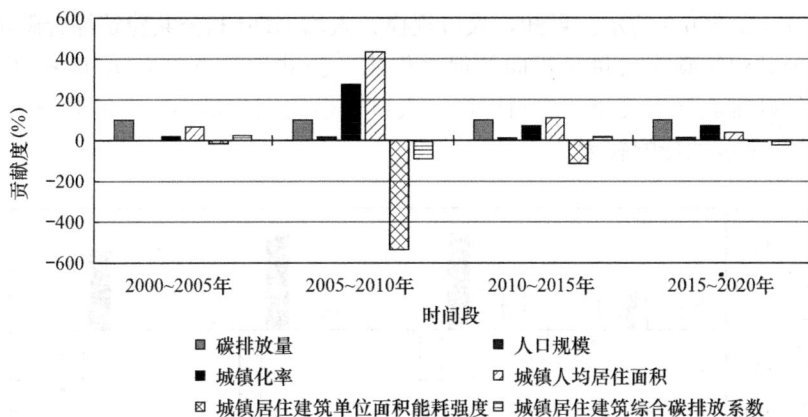

图 6-5　分时间段的城镇居住建筑碳排放量各因素贡献度（按单位面积能耗强度分解）

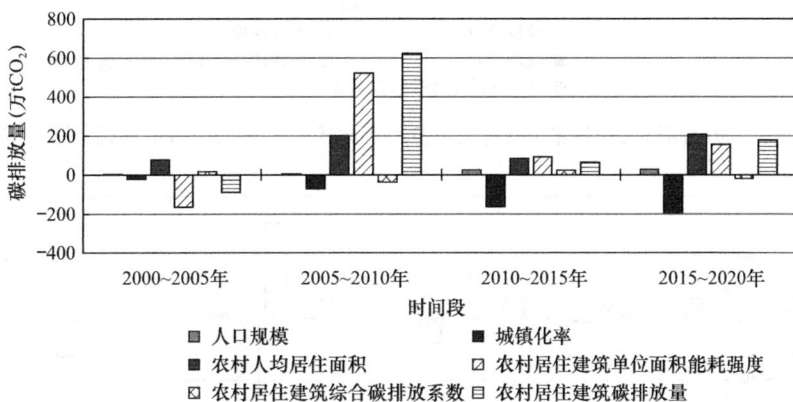

图 6-6　分时间段的农村居住建筑碳排放量各因素贡献量（按单位面积能耗强度分解）

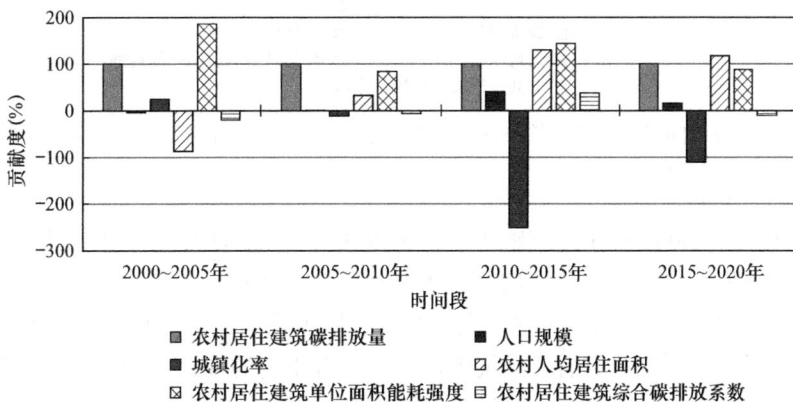

图 6-7　分时间段的农村居住建筑碳排放量各因素贡献度（按单位面积能耗强度分解）

6.3.1.2　按单位 GDP 能耗强度的因素分析

1. 公共建筑碳排放

与前文分析过程一致，对陕西省公共建筑碳排放量各因素按公共建筑单位 GDP 能耗强度进行 LMDI 模型分解。在不同时间段内，公共建筑碳排放量不同因素的贡献量和贡献度分布如图 6-8 和图 6-9 所示。可知，人口规模、人均 GDP 和公共建筑综合碳排放系数的变化，对于公共建筑碳排放量呈正向的促进作用；公共建筑单位 GDP 能耗强度的变化，对于公共建筑碳排放量呈反向的抑制作用。人口规模的影响最小，人均 GDP 和公共建筑单位 GDP 能耗强度的影响较大。

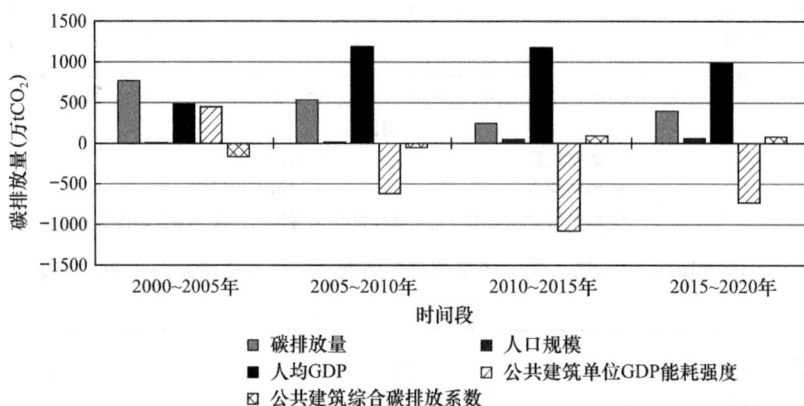

图 6-8　分时间段的公共建筑碳排放量各因素贡献量（按单位 GDP 能耗强度分解）

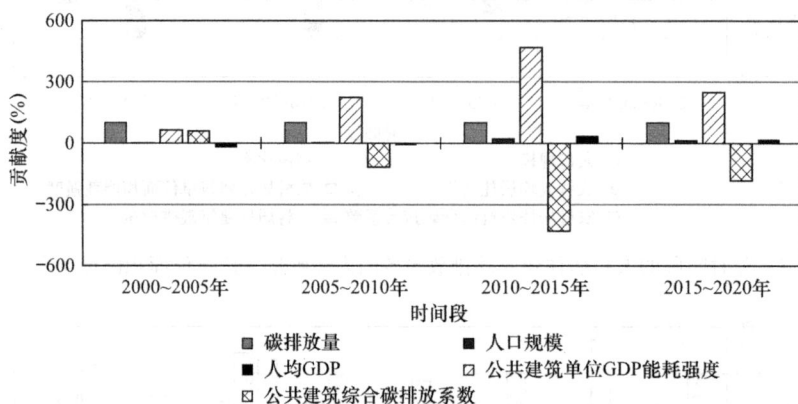

图 6-9　分时间段的公共建筑碳排放量各因素贡献度（按单位 GDP 能耗强度分解）

2. 城镇居住建筑碳排放

同样，对陕西省城镇居住建筑碳排放量各因素按城镇居住建筑单位 GDP 能耗强度进行 LMDI 模型分解。在不同时间段内，城镇居住建筑碳排放量不同因素的贡献量和贡献度分别如图 6-10 和图 6-11 所示。可知，人口规模、城镇化率、人均 GDP 和城镇居住建筑综合碳排放系数的变化，对城镇居住建筑碳排放量具有正向的促进作用；城镇居住建筑单位 GDP 能耗强度的变化，对城镇居住建筑碳排放量具有反向的抑制作用，但抑制作用正在减弱。人口规模、城镇居住建筑单位 GDP 能耗强度和城镇居住建筑综合碳排放系数的影响较小，城镇化率和人均 GDP 的影响较大。过去一段时间，陕西省城镇化率的发展十分迅速，与城镇化率增加对城镇居住建筑碳排放量的促进作用相一致。

3. 农村居住建筑碳排放

同样，对陕西省农村居住建筑碳排放量各因素按农村居住建筑单位 GDP 能耗强度进行 LMDI 模型分解，在不同时间段内，农村居住建筑碳排放量不同因素的贡献量和贡献度分别如图 6-12 和图 6-13 所示。可知，人口规模和人均 GDP 的变化，对农村居住建筑碳排放量呈正向的促进作用；城镇化率、农村居住建筑单位 GDP 能耗强度和农村居住建筑综合碳排放系数的变化，对于农村居住建筑碳排放量呈反向的抑制作用。人口规模和综合碳排放系数的影响较小，而人均 GDP、城镇化率和农村居住建筑单位 GDP 能耗强度的影响较大。

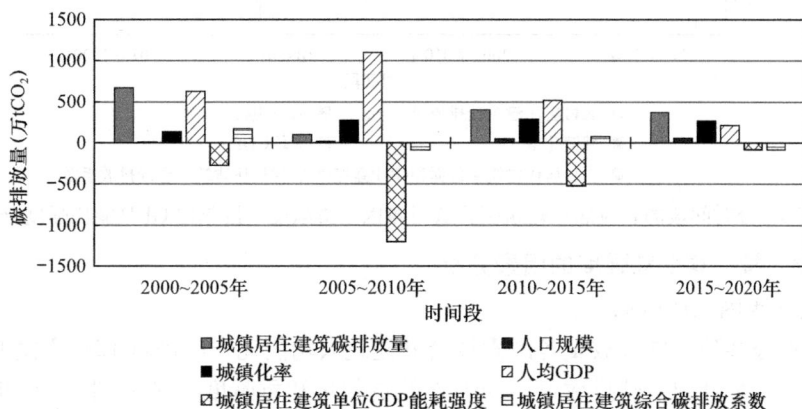

图 6-10　分时间段的城镇居住建筑碳排放量各因素贡献量（按单位 GDP 能耗强度分解）

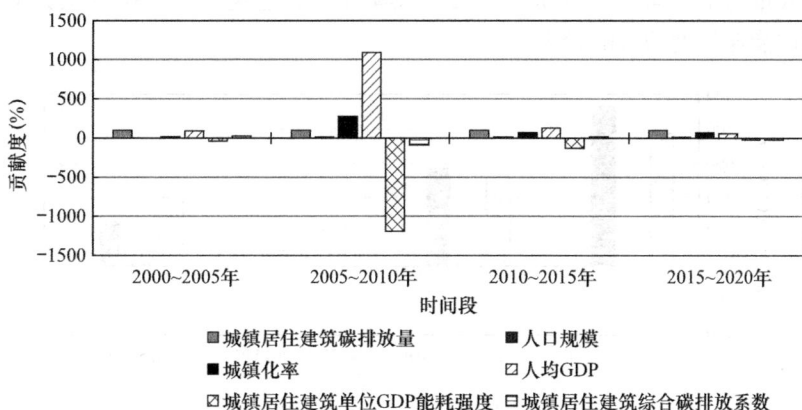

图 6-11　分时间段的城镇居住建筑碳排放量各因素贡献度（按单位 GDP 能耗强度分解）

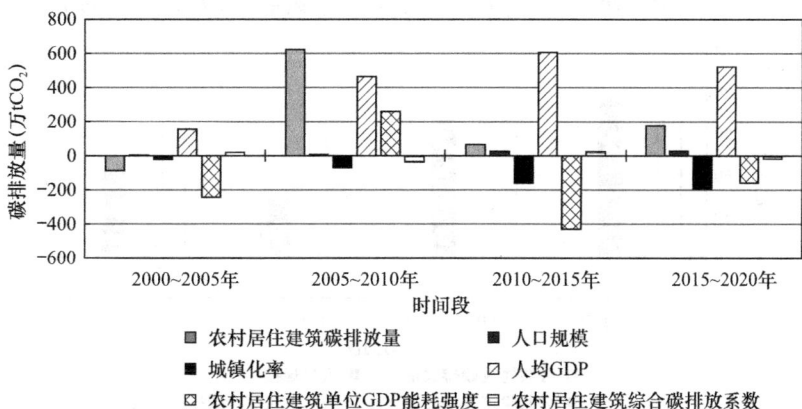

图 6-12　分时间段的农村居住建筑碳排放量各因素贡献量（按单位 GDP 能耗强度分解）

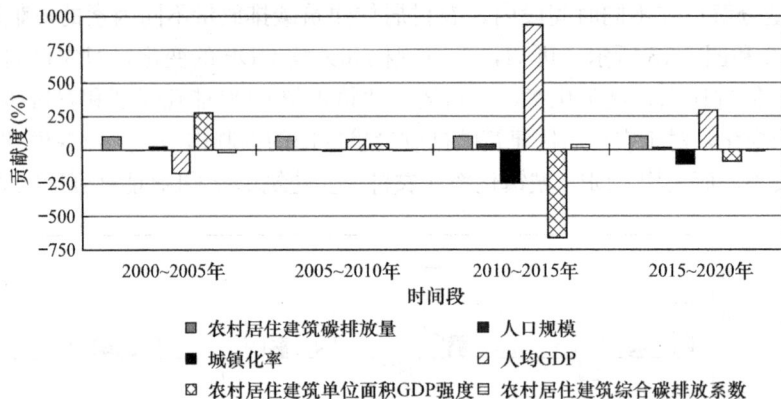

图 6-13 分时间段的农村居住建筑碳排放量各因素贡献度（按单位 GDP 能耗强度分解）

6.3.1.3 按人均能耗强度的因素分析

1. 公共建筑因素碳排放

对陕西省公共建筑碳排放量各因素按公共建筑人均能耗强度进行 LMDI 模型分解，在不同时间段内，公共建筑碳排放量不同因素的贡献量和贡献度分别如图 6-14 和图 6-15 所示。可知，人口规模、公共建筑人均能耗强度和公共建筑综合碳排放系数的变化，对于公共建筑碳排放量均呈正向的促进作用。人口规模和公共建筑综合碳排放系数的影响较小，公共建筑人均能耗强度的影响较大。

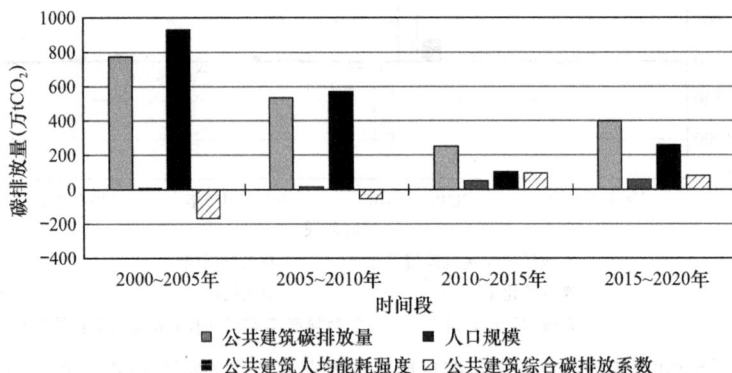

图 6-14 分时间段的公共建筑碳排放量各因素贡献量（按人均能耗强度分解）

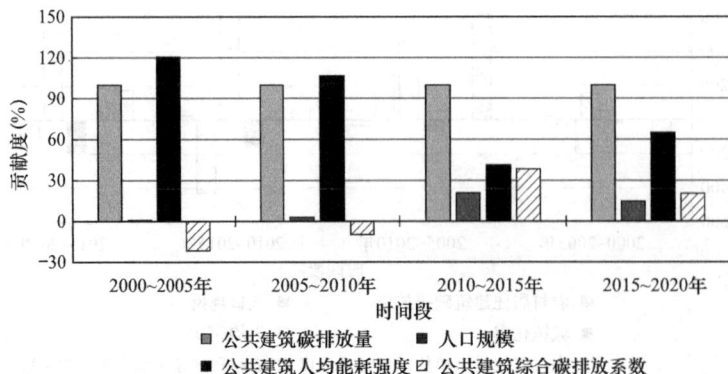

图 6-15 分时间段的公共建筑碳排放量各因素贡献度（按人均能耗强度分解）

2. 城镇居住建筑碳排放

同样，对陕西省城镇居住建筑碳排放量各因素按城镇居住建筑人均能源消耗强度进行 LMDI 模型分解，在不同时间段内，城镇居住建筑碳排放量不同因素的贡献量和贡献度分别如图 6-16 和图 6-17 所示。可知，人口规模、城镇化率、城镇居住建筑人均能耗强度的变化，对城镇居住建筑碳排放量具有正向的促进作用；而城镇居住建筑综合碳排放系数的变化，对城镇居住建筑碳排放量具有反向的抑制作用，但抑制作用较弱。人口规模和城镇居住建筑综合碳排放系数的影响较小；城镇化率和城镇居住建筑人均能耗强度的影响较大。

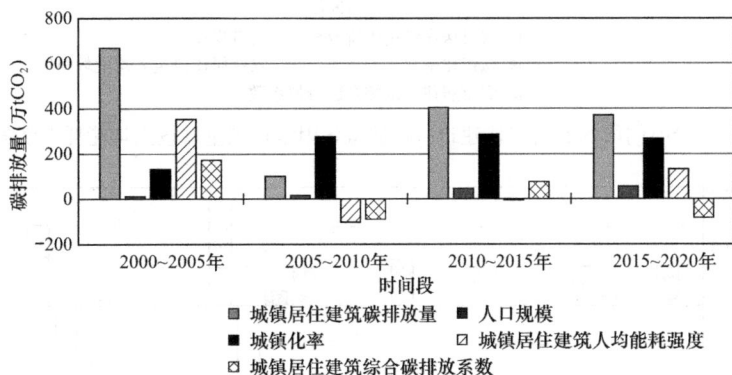

图 6-16　分时间段的城镇居住建筑碳排放量各因素贡献量（按人均能耗强度分解）

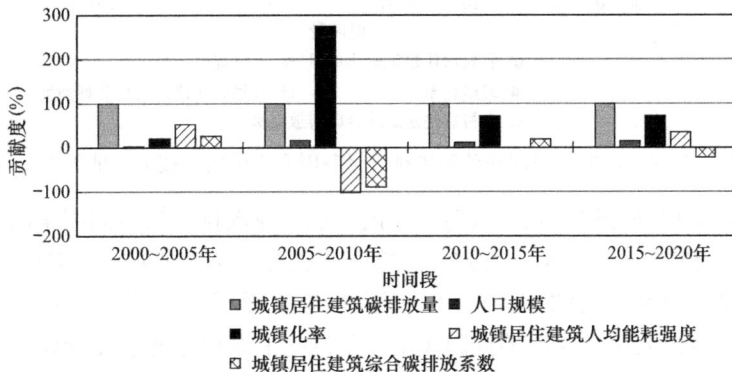

图 6-17　分时间段的城镇居住建筑碳排放量各因素贡献度（按人均能耗强度分解）

3. 农村居住建筑碳排放

对陕西省农村居住建筑碳排放量各因素按农村居住建筑人均能耗强度进行 LMDI 模型分解，在不同时间段内，农村居住建筑碳排放量不同因素的贡献量和贡献度分别如图 6-18 和图 6-19 所示。可知，人口规模和农村居住建筑人均能耗强度的变化，对农村居住建筑碳排放量呈正向的促进作用；城镇化率和农村居住建筑综合碳排放系数的变化，对于农村居住建筑碳排放量呈反向的抑制作用。人口规模和农村居住建筑综合碳排放系数的影响较小，而农村居住建筑人均能耗强度和城镇化率的影响较大。

6.3.2　建筑业因素贡献分析

6.3.2.1　按单位施工面积能耗强度的因素分析

与建筑运行碳排放分析过程一致，对陕西省建筑业碳排放量各因素按单位施工面积能

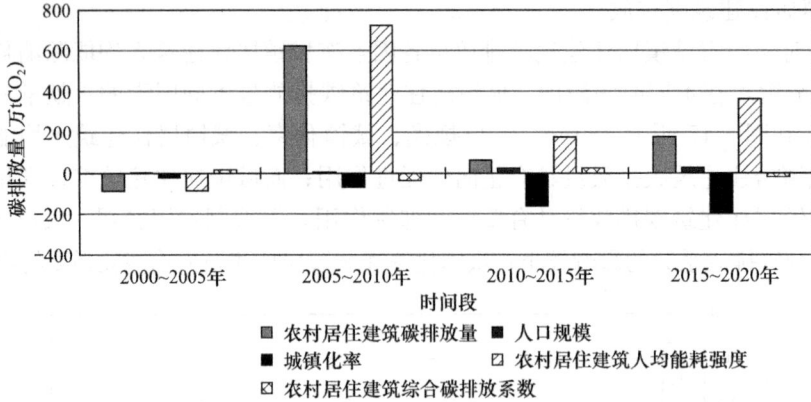

图 6-18　分时间段的农村居住建筑碳排放量各因素贡献量（按人均能耗强度分解）

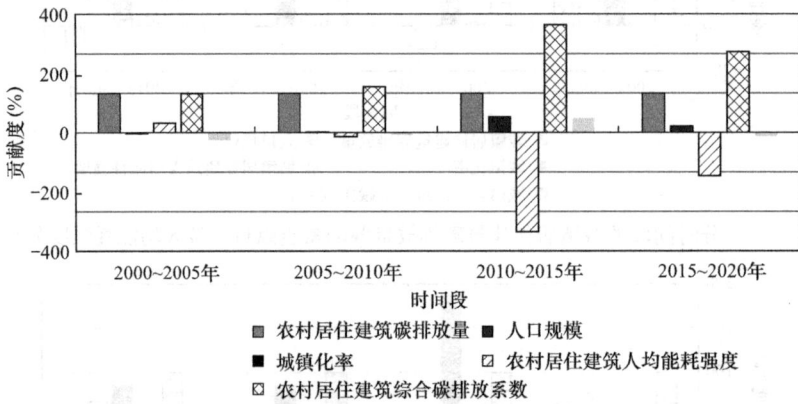

图 6-19　分时间段的农村居住建筑碳排放量各因素贡献度（按人均能耗强度分解）

耗强度进行 LMDI 模型分解，在不同时间段内，建筑业碳排放量不同因素的贡献量和贡献度分别如图 6-20 和图 6-21 所示。可知，建筑业从业人口和建筑业综合碳排放系数的变化，对于建筑业碳排放量呈正向的促进作用；而人均施工面积和单位施工面积能耗强度的变化，对于建筑业碳排放量呈反向的抑制作用。单位施工面积能耗强度和建筑业综合碳排放系数的影响较小，建筑业从业人口和人均施工面积的影响较大。

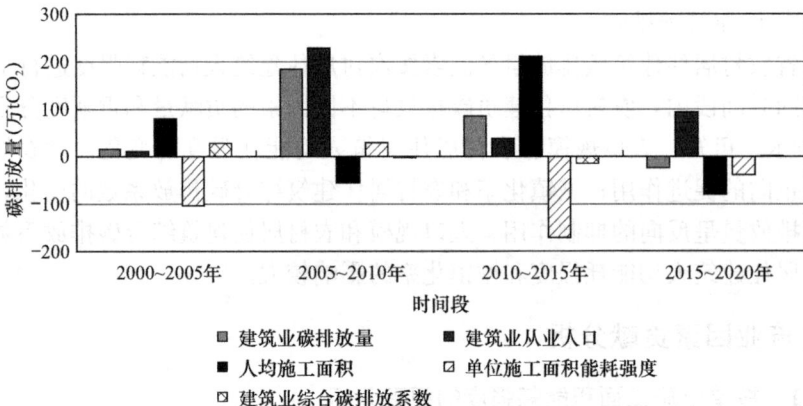

图 6-20　分时间段的建筑业碳排放量各因素贡献量（按单位施工面积能耗强度分解）

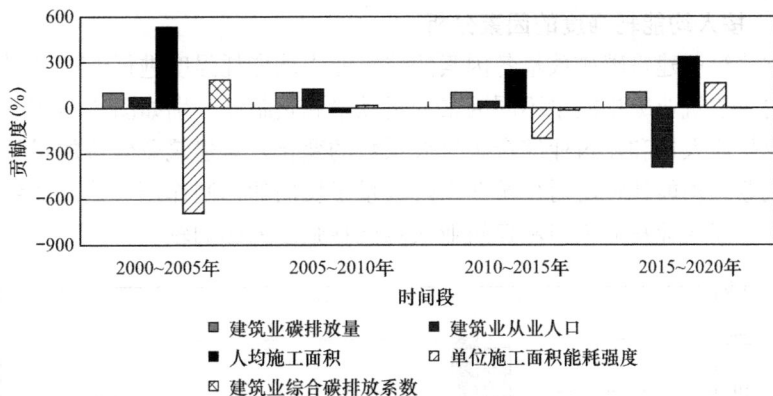

图 6-21　分时间段的建筑业碳排放量各因素贡献度（按单位施工面积能耗强度分解）

6.3.2.2　按单位 GDP 能耗强度的因素分析

对陕西省建筑业建筑碳排放量各因素按建筑业单位 GDP 能耗强度进行 LMDI 模型分解，在不同时间段内，建筑业碳排放量不同因素的贡献量和贡献度分别如图 6-22 和图 6-23 所示。可知，建筑业从业人口、建筑业人均 GDP 和建筑业综合碳排放系数的变化，对建筑业碳排放量具有正向的促进作用；而建筑业单位 GDP 能耗强度对于建筑业碳排放量呈反向的抑制作用。建筑业人均 GDP 和建筑业综合碳排放系数的影响较小，建筑业从业人口和建筑业单位 GDP 能耗强度的影响较大。

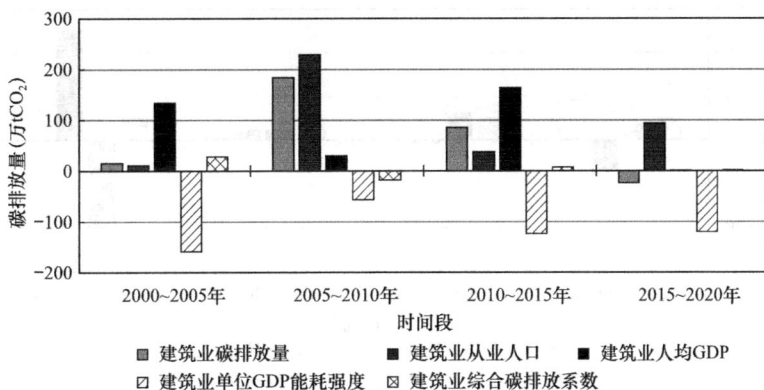

图 6-22　分时间段的建筑业碳排放量各因素贡献量（按单位 GDP 能耗强度分解）

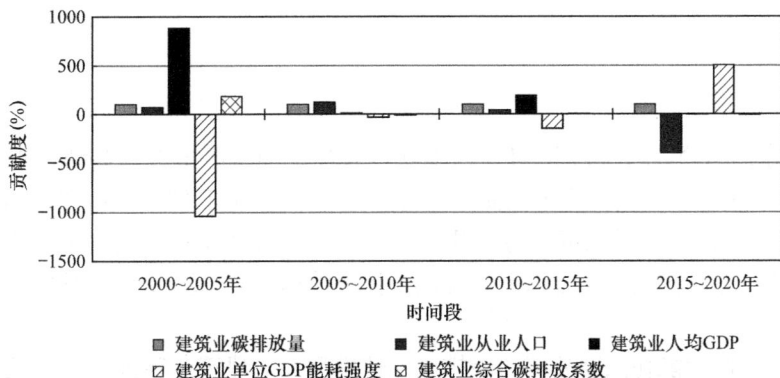

图 6-23　分时间段的建筑业碳排放量各因素贡献度（按单位 GDP 能耗强度分解）

6.3.2.3 按人均能耗强度的因素分析

对陕西省建筑业建筑碳排放量各因素按建筑业人均能耗强度进行 LMDI 模型分解，在不同时间段内，建筑业碳排放量不同因素的贡献量和贡献度分别如图 6-24 和图 6-25 所示。可知，建筑业从业人口和建筑业综合碳排放系数的变化，对建筑业碳排放量呈正向的促进作用；而建筑业人均能耗强度对建筑业碳排放量呈反向的抑制作用。建筑业综合碳排放系数的影响较小，建筑业从业人口和建筑业人均能耗强度的影响较大。

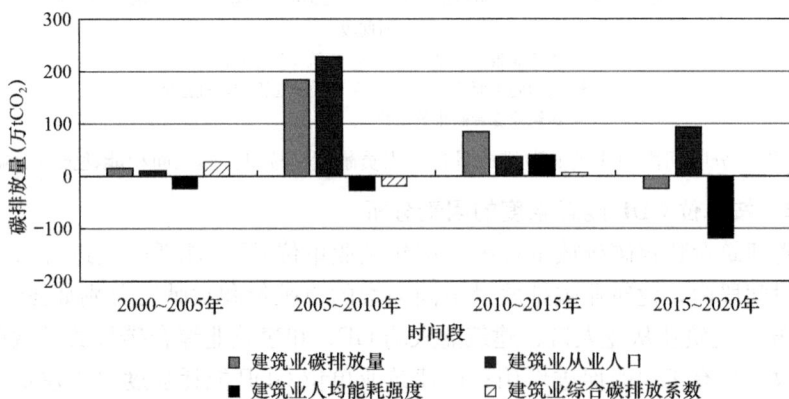

图 6-24　分时间段的建筑业碳排放量各因素贡献量（按人均能耗强度分解）

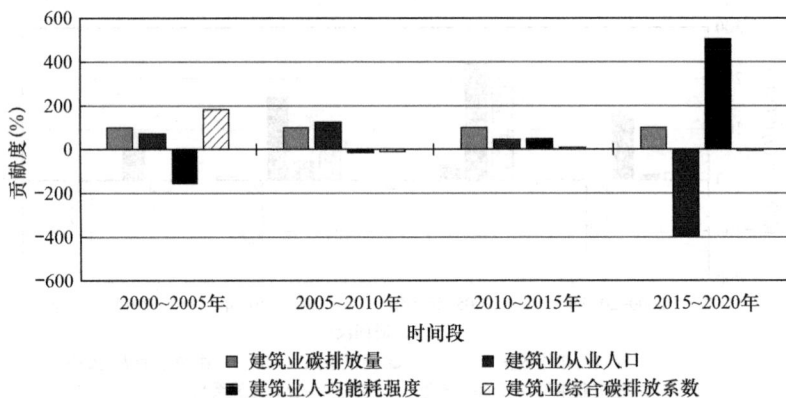

图 6-25　分时间段的建筑业碳排放量各因素贡献度（按人均能耗强度分解）

6.4　总结

本章采用 Kaya 恒等式和 LMDI 方法对陕西省建筑领域碳排放的驱动因素进行量化分析，其中 Kaya 恒等式分别按照单位面积能耗强度、单位 GDP 能耗强度和人均能耗强度三种分解方式进行构建，因素分析对象分别是建筑运行（公共建筑、城镇居住建筑、农村居住建筑）和建筑业碳排放。综合以上碳排放主体影响因素的 LMDI 模型量化评估结果，主要结论如下：

（1）按单位面积能耗强度分解的碳排放评估模型，对建筑业碳排放影响较大的因素有建筑业从业人口和人均施工面积。建筑运行碳排放方面，对公共建筑碳排放影响较大的因素为公共建筑单位面积能耗强度和人均公共建筑面积；对城镇居住建筑碳排放影响较大的因素为城镇化率、城镇人均居住面积和城镇居住建筑单位面积能耗强度；对农村居住建筑碳排放影响较大的因素为城镇化率、农村人均居住面积和农村居住建筑单位面积能耗强度。

（2）按单位 GDP 能耗强度分解的碳排放评估模型，对建筑业碳排放影响较大的因素为建筑业从业人口和建筑业单位 GDP 能耗强度。建筑运行碳排放方面，对公共建筑碳排放影响较大的因素为人均 GDP 和公共建筑单位 GDP 能耗强度；对城镇居住建筑和农村居住建筑碳排放影响较大的因素为城镇化率、人均 GDP 和单位 GDP 能耗强度。

（3）按人均能耗强度分解的碳排放评估模型，对建筑业碳排放影响较大的因素为建筑业从业人口和建筑业人均能耗强度。建筑运行碳排放方面，对公共建筑碳排放影响较大的因素为公共建筑人均能耗强度；对城镇居住建筑碳排放影响较大的因素为城镇化率和城镇居住建筑人均能耗强度；对农村居住建筑碳排放影响较大的因素为城镇化率和农村居住建筑人均能耗强度。

因此，在制定减排重点任务方向和减排目标时，应围绕上述影响较大的因素展开，重点控制人均建筑面积，并进一步降低单位面积能耗强度。在碳排放预测模拟时应重点把握上述因素的历史趋势和规律，细化相关参数，提高预测准确度。

本章参考文献

［1］KAVGIC M，MSVROGIANNI A，MUMOVIC D，et al. A review of bottom-up building stock models for energy consumption in the residential sector ［J］. Building and Environment，2010，45（7）：1683-1697.

［2］JOHNSTON D. A physically based energy and carbon dioxide emission model of the UK housing stock ［D］. Leeds：Leeds Metropolitan Univeristy，2003.

［3］潘毅群，郁丛，龙惟定，等 . 区域建筑负荷与能耗预测研究综述 ［J］. 暖通空调，2015，45（3）：33-40.

［4］RIVERSN，JACCARD M. Combining top-down and bottom-up approaches to energy-economy modeling using discrerte choice methods ［J］. The Energy Journal，2005，26（11）：83-106.

［5］MULLER A. Energy demand assessment for space conditioning and domestic hot water：a case study for the Austrian building stock ［D］. Vienna：Technische Universitat Wien，2015.

［6］KRANZL L，HUMMEL M，MULLER A，et al. Renewable heating：Perspectives and the impact of policy instruments ［J］. Energy Policy，2013，59（8）：44-58.

［7］ECONOMIDOU M，ZANGHERI P，MULLER A，et al. Financing the renovation of the cypriot building stock：an assessment of the energy saving potential of different policy scenarios based on the Invert/EE—Lab model ［J］. Energies，2018，11（11）：3071.

［8］KRANZL L，AICHINGER E，BUCHELE R，et al. Are scenarios of energy demand in the building stock in line with Paris targets ［J］. Energy Efficiency，2018，12（1）：225-243.

［9］JOHNSSON F，THOMAS U，AXELSSON E，et al. European energy pathways-towards a sustainable European electricity system ［M］. Goteborg Sweden：Chalmers University of Tchnology，2014.

［10］MATA E，KALAGASIDIS A S，JOHNSSON F. A modelling strategy for energy，carbon，and cost assessments of building stocks ［J］. Energy and Buildings，2013，56（1）：100-108.

［11］ARABABAD R. Energy use in the EU building stock-case study：UK ［D］. Linköping Sweden：

Linköping University，2012.

[12] ARABABADI R，NAGANATHAN H，PARRISH K，et al. Determining the feasibility of statistical techniques to identify the most important input parameters of building energy models [J]. Procedia Engineering，2015，118：1258-1265.

[13] SANDBERG N H，BRATTEBØ H. Analysis of energy and carbon flows in the future Norwegian dwelling stock [J]. Building Research and Information，2012，40（2）：123-139.

[14] SARTORI I，SANDBERG N H，BRATTEBØ H. Dynamic building stock modelling：general algorithm and exemplification for Norway [J]. Energy and Buildings，2016，132（11）：13-25.

[15] SANDBERG，HOLCK N，HEIDRICH，et al. Dynamic building stock modelling：application to 11 European countries to support the energy efficiency and retrofit ambitions of the EU [J]. Energy and Buildings，2016，132（11）：26-38.

[16] NHSA B，JSN A，HB A，et al. Large potentials for energy saving and green house gas emission reductions from large-scale deployment of zero emission building technologies in a national building stock [J]. Energy Policy，2021，152：112-114.

[17] SANDBERG N H，SARTORI I，VESTRUM M I，et al. Using a segmented dynamic dwelling stock model for scenario analysis of future energy demand：the dwelling stock of Norway 2016—2050 [J]. Energy and Buildings，2017，146（7）：220-232.

[18] FILIPPIDOU F，NAVARRO J，FILIPPIDOU F，et al. Achieving the cost-effective energy transformation of Europe's buildings [R]. Luxembourg：Publications Office of the European Union，2019.

[19] LANGEVIN J，HARRIS C B，REYNA J L. Assessing the potential to reduce U. S. building CO_2 emissions 80% by 2050 [J]. Joule，2019，10（3）：2403-2424.

[20] ROCHEDO P，SOARES-FILHO B，SCHAEFFER R，et al. The threat of political bargaining to climate mitigation in Brazil [J]. Nature Climate Change，2018，8（8）：695-698.

[21] VILLAMA R D，SORIA R，ROCHEDO P，et al. Long-term deep decarbonisation pathways for Ecuador：insights from an integrated assessment model [J]. Energy Strategy Reviews，2021，35：100637.

[22] ZHOU N，FRIDLEY D，KHANNA N Z，et al. China s energy and emissions outlook to 2050：perspectives from bottom—up energy end—use model [J]. Energy Policy，2013，53：51-62.

[23] ZHOU N，KHANNA N，FENG W，et al. Scenarios of energy efficiency and CO_2 emissions reduction potential in the buildings sector in China to year 2050 [J]. Nature Energy，2018，11（3）：978-984.

[24] EHRLICH P R，HOLDREN J P. Impact of population growth [J]. Science，1971，3977（171）：1212-1217.

[25] YORK R，ROSA E A，DIETZ T. STIRPAT，IPAT and Im PACT：Analytic tools for unpacking the driving forces of environmental impacts [J]. Ecological Economics，2003，46（3）：351-365.

[26] WAGGONER P E，AUSUBEL J H. A framework for sustainability science：a renovated IPAT identity [J]. Proceedings of the National Academy of Sciences of the United States of America，2002，99（12）：7860-7865.

[27] DIETZ T，ROSA E A. Rethinking the environmental impacts of population，affluence and technology [J]. Hu-man Ecology Review，1994，2（1）：277-300.

[28] KAYA Y. Impact of carbon dioxide emission control on GNP growth：interpretation of proposed scenarios [R]. Paris：Intergovernmental Panel on Climate Change/Re-sponse Strategies Working Group，1989.

[29] WANG C，WANG F，ZHANG X，et al. Examining the driving factors of energy related carbon emissions using the extended STIRPAT model based on IPAT identity in Xinjiang [J]. Renewable and Sustainable Energy Reviews，2017，67（1）：51-61.

[30] MA M，YAN R，DU Y，et al. A methodology to assess China's building energy savings at the national level：an IPAT-LMDI model approach [J]. Journal of Cleaner Production，2017，143（2）：784-793.

[31] LI H，MU H，ZHANG M，et al. Analysis on influence factors of China's CO_2 emissions based on path STIRPAT model [J]. Energy Policy，2011，39（11）：6906-6911.

[32] LIU D，XIAO B. Can China achieve its carbon emission peaking a scenario analysis based on STIRPAT and system dynamics model [J]. Ecological Indicators，2018，93（10）：647-657.

[33] YUE T，LONG R，CHEN H，et al. The optimal CO_2 emissions reduction path in Jiangsu province：an expanded IPAT approach [J]. Applied Energy，2013，112（4）：1510-1517.

[34] LI F，XU Z，MA H. Can China achieve its CO_2 emissions peak by 2030？ [J]. Ecological Indicators，2018，84：337-344.

[35] BRIZGA J，FENG K，HUBACEK K. Drivers of CO_2 emissions in the former Russian Federation：a country level IPAT analysis from 1990 to 2010 [J]. Energy，2013，59（1）：743-753.

[36] XIA C，LI Y，YE Y，et al. Decomposed driving factors of carbon emissions and scenario analyses of low-carbon transformation in 2020 and 2030 for Zhejiang Province [J]. Energies，2017，10（11）：1747.

[37] YUAN R，ZHAO T，XU X，et al. Regional characteristics of impact factors for energy-related CO_2 emissions in China，1997-2010：evidence from tests for threshold effects based on the STIRPAT model [J]. Environmental Modeling and Assessment，2015，20（2）：129-144.

[38] ZHOU Y，ZHAO L. Impact analysis of the implementation of cleaner production for achieving the low-carbon transition for SMEs in the Inner Mongolian coal industry [J]. Journal of Cleaner Production，2016，127（7）：418-424.

[39] CUI H，ZHAO T，SHI H. STIRPAT-based driving factor decomposition analysis of agricultural carbon emissions in Hebei，China [J]. Polish Journal of Environmental Studies，2018，27（4）：1449-1461.

[40] LIU Y，KUANG Y，HUANG N，et al. CO_2 emission from cement manufacturing and its driving forces in China [J]. International Journal of Environment and Pollution，2009，37（4）：369-382.

[41] MA M，CAI W. What drives the carbon mitigation in Chinese commercial building sector？ Evidence from decomposing an extended Kaya identity [J]. Science of The Total Environment，2018，634：884-899.

[42] HOEKSTRA R，VAN DEN BER GH J C J M. Comparing structural decomposition analysis and index [J]. Energy Economics，2003，25（1）：39-64.

[43] TORVANGER A. Manufacturing sector carbon dioxide emissions in nine OECD countries，1973-87：a divisia index decomposition to changes in fuel mix，emission coefficients，industry structure，energy intensities and international structure [J]. Energy Economics，1991，13（3）：168-186.

[44] BOYD G，MCDONALD J，ROSS M，et al. Separating the changing composition of U. S. manufacturing production from energy efficiency improvements：a divisia index approach [J]. The Energy Journal，1987，8（2）：77-96.

[45] ANG B W，CHOI K. Decomposition of aggregate energy and gas emission intensities for industry：a refined divisia index method [J]. The Energy Journal，1997，18（3）：59-73.

［46］DE-FREITAS L C，KANEKO S. Decomposing the decoupling of CO_2 emissions and economic growth in Brazil［J］. Ecological Economics，2011，70（8）：1459-1469.

［47］DONG K，JIANG H，SUN R，et al. Driving forces and mitigation potential of global CO_2 emissions from 1980 through 2030：evidence from countries with different income levels［J］. Science of The Total Environment，2019，649：335-343.

［48］WANG C，CHEN J，ZOU J. Decomposition of energy related CO_2 emission in China：1957-2000［J］. Energy，2005，30（1）：73-83.

［49］YE B，JIANG J，LI C，et al. Quantification and driving force analysis of provincial-level carbon emissions in China［J］. Applied Energy，2017，198（7）：223-238.

［50］LIAO C，WANG S，FANG J，et al. Driving forces of provincial-level CO_2 emissions in China's power sector based on LMDI method［J］. Energy Procedia，2019，158：3859-3864.

［51］LIN B，LONG H. Emissions reduction in China's chemical industry-based on LMDI［J］. Renewable and Sustainable Energy Reviews，2016，53：1348-1355.

［52］GUO M，MENG J. Exploring the driving factors of carbon dioxide emission from transport sector in Beijing-Tianjin-Hebei region［J］. Journal of Cleaner Production，2019，226（7）：692-705.

［53］LU Y，CUI P，LI D. Carbon emissions and policies in China's building and construction industry：evidence from 1994 to 2012［J］. Building and Environment，2016，95（1）：94-103.

［54］JIANG J，YE B，XIE D，et al. Provincial-level carbon emission drivers and emission reduction strategies in China：combining multi-layer LMDI decomposition with hierarchical clustering［J］. Journal of Cleaner Production，2017，169（12）：178-190.

［55］CANSINO J M，ROM N R，ORD EZ M. Main drivers of changes in CO_2 emissions in the Spanish economy：a structural decomposition analysis［J］. Energy Policy，2016，89：150-159.

［56］BAIOCCHI G，MINX J C. Understanding changes in the UK's CO_2 emissions：a global perspective［J］. Environmental Science & Technology，2010，44（4）：1177-1184.

［57］WOOD R. Structural decomposition analysis of Australia's greenhouse gas emissions［J］. Energy Policy，2009，37（11）：4943-4948.

［58］LIANG S，WANG H，QU S，et al. Socioeconomic drivers of greenhouse gas emissions in the United States［J］. Environmental Science and Technology，2016，50（14）：7535-7545.

［59］WEI J，HUANG K，YANG S，et al. Driving forces analysis of energy-related carbon dioxide（CO_2）emissions in Beijing：an input-output structural decomposetion analysis［J］. Journal of Cleaner Production，2017，163（10）：58-68.

［60］AKPAN U S. Effect of technology change on CO_2 emissions in Japan's industrial sectors in the period 1995-2005：an input-output structural decomposition analysis［J］. Environmental and Resource Economics，2015，61（2）：165-189.

［61］潘毅群，魏晋杰，汤朔宁，等.上海市建筑领域碳中和预测分析［J］.暖通空调，2022，52（8）：18-28.

［62］马敏达.中国建筑运行碳排放的影响因素与达峰模拟研究［D］.重庆：重庆大学，2020.

［63］蔡伟光.中国建筑能耗影响因素分析模型与实证研究［D］.重庆：重庆大学，2011.

［64］王震.陕西省民用建筑能源消耗影响因素与预测研究［D］.西安：西安建筑科技大学，2015.

［65］张时聪，王珂，杨芯岩，等.建筑部门碳达峰碳中和排放控制目标研究［J］.建筑科学，2021，37（8）：189-198.

［66］徐伟.建筑领域落实"双碳"目标技术路径比对研究［J］.建筑，2022（14）：57-58.

［67］谢娇艳.基于LEAP模型的重庆市公共建筑碳排放达峰及节能减排探讨［D］.重庆：重庆大

学，2019.

　　［68］陈定艺. 基于 STIRPAT 模型的福建省建筑领域碳排放影响因素研究［J］. 能源与环境，2022 (5)：55-57.

　　［69］应华权. 湖北省建筑碳排放情景预测与峰值调控研究［D］. 武汉：华中科技大学，2015.

　　［70］徐军委. 基于 LMDI 的我国二氧化碳排放影响因素研究［D］. 北京：中国矿业大学（北京），2013.

第7章 ▶▶

陕西省建筑领域碳排放预测

7.1 研究内容与技术路线

采用"自上而下"方法，构建以 Kaya 恒等式为核心方程的碳排放预测模型，基于碳排放历史数据，对不同拆分方式下的 Kaya 恒等式开展岭回归分析，通过考察不同拆分方程的碳排放历史数据关联度，选择最优结构形式的 Kaya 恒等式模型。采用情景分析法对陕西省建筑运行碳排放和建筑业碳排放分别构建多类型的情景模式，并进行中长期碳排放情景预测，以 2030 年前实现陕西省建筑领域碳达峰为底线，明确合理的碳达峰曲线、达峰时间、峰值和减排目标。本章技术路线如图 7-1 所示。

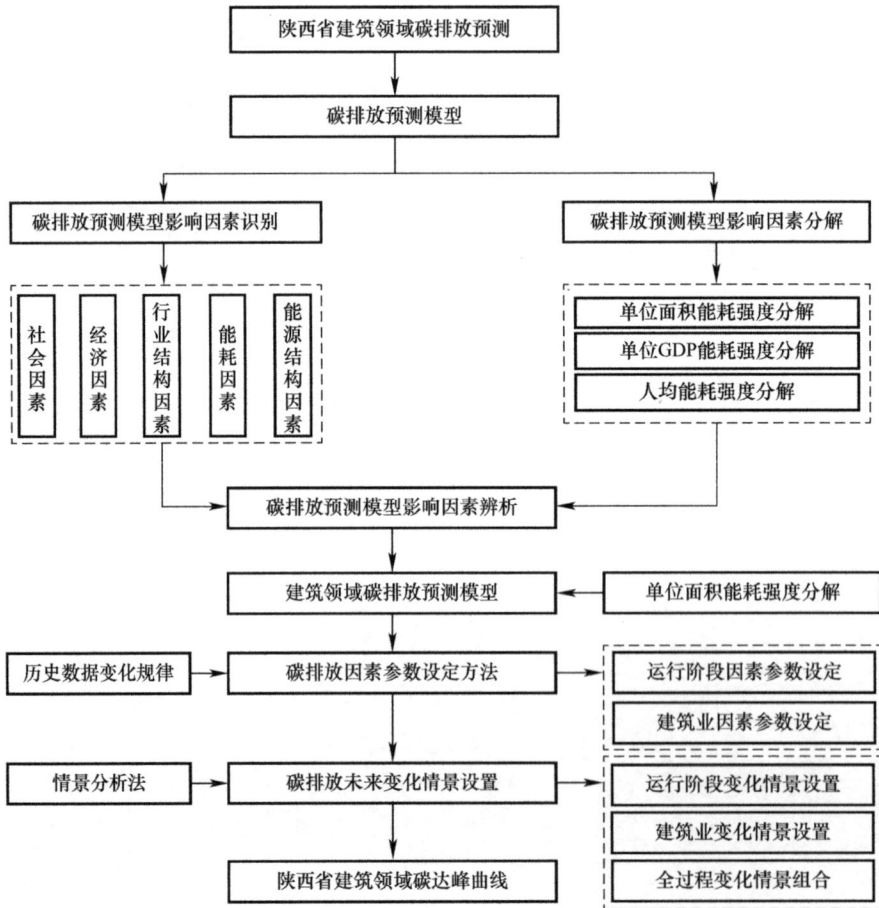

图 7-1 第 7 章技术路线

7.2　建筑领域碳排放预测现状

建筑领域的碳排放预测是制定现阶段建筑领域节能降碳政策、碳达峰碳中和实施路径、中长期减排政策的研究基础。本节先对建筑碳排放预测研究现状进行梳理分析，为陕西省建筑领域碳排放预测研究的开展提供研究思路和方法参考，并提供达峰时间和碳排放总量参照。最终通过对我国各地区建筑运行、建筑业两个阶段以及建筑领域的碳排放预测研究归纳总结，提炼出科学合理的预测模型方法。

7.2.1　建筑运行碳排放预测方法调研

建筑运行碳排放预测是建筑领域碳排放预测的主要组成部分，当前已有较多研究人员针对民用建筑运行阶段碳排放，如公共建筑、城镇居住建筑和农村居住建筑运行过程中产生的碳排放开展预测，并对其中涉及的预测方法、预测时间、碳排放总量和碳排放强度分别进行总结分析。现有研究中的典型预测方法及研究成果如表 7-1 所示。

建筑运行碳排放预测研究方法及研究成果　　　　　　表 7-1

文献编号	研究方法	研究成果
[1]	综合分析建筑运行过程中的直接和间接碳排放、建筑建造和维修导致的间接碳排放以及运行过程中的非二氧化碳温室气体排放，讨论其排放现状、减排路径和最终目标	减排措施：对直接碳排放，开展"气改电"；对间接碳排放，用电方面通过采取"光储直柔"、电力调峰等方式，供暖方面采取热网节能改造和节能运行、利用余热及跨季储热等方式进行减排；减少建材需求并研究低碳建材和建造方式；使用无氟工质
[2]	综合建筑运行阶段的发展水平、用能强度和能源结构等因素确定预测模型，并结合情景分析法设置发展情景，测算减排结果	预测结果：按照现有的建筑用能情况发展下去，我国建筑运行阶段碳排放将在 2040 年达到峰值；减排措施：提升节能标准；应用建筑屋顶光伏；发展用能电气化和清洁电网
[3]	构建基于 LEAP 模型的建筑运行碳排放长期预测模型，模型涉及人口与城镇化率、建筑面积、用能强度、用能结构，结合情景分析法确定了建筑运行的碳达峰时间	预测结果：三种建筑面积存量的基准情景下建筑运行总体碳排放均为 2040 年左右达峰；减排措施：新建建筑能效提升；既有建筑低碳改造；建筑终端用能电气化；农村可再生能源应用；北方地区清洁供暖
[4]	基于建筑运行碳排放总量排放模型——Kaya 恒等式，按照不同使用类型的建筑选取相应影响因素，结合情景分析法和蒙特卡洛随机模拟，进行静态和动态预测	预测结果：静态情景模拟结果表明，基准情景下我国建筑运行总体碳排放达峰时间为 2039 年；动态情景模拟结果表明，未来我国建筑运行综合碳排放达峰时间为 2040 年±3 年
[5]	基于 Kaya 恒等式选取人口规模、建筑面积、能耗强度和碳排放因子等因素，构建涵盖上海市建筑运行和建筑业的长期预测模型，并结合情景分析法，进行碳中和预测	预测结果：经核算，建筑领域（建筑运行和建筑业）总体已经于 2020 年前达峰，基准情景下依靠建筑领域自身的工作无法达到碳中和愿景，需要依托其他部门完成建筑部门的碳中和工作
[6]	基于 STIRPAT 模型的影响因素定量分析，确定预测模型中的关键因素，对北京市居住建筑碳排放进行静态情景分析和动态模拟	预测结果：静态情景分析和动态模拟结果表明，碳排放峰值在 2030 年之后，需要制定更有力度的减排政策

文献编号	研究方法	研究成果
[7]	基于 LEAP 模型和 LMDI 方法对安徽省建筑运行的人口规模、建筑面积、能耗强度和碳排放因子等趋势进行分析	预测结果：情景分析结果表明，基准情景下安徽省建筑运行碳排放到 2053 年达到峰值，不能达到"双碳"目标
[8]	采用情景分析方法，并在 LEAP-Liaobin 模型的社会经济模块和人口模块中引入 ARIMA (1，1，1) 模型和 Logistic 模型进行修正，在基准情景和区域能源规划情景下预测建筑碳排放	预测结果：相比于基准情景，区域能源规划情景下 2010~2030 年总能耗水平降低 79%，碳排放水平下降 45%
[9]	首先对我国公共建筑的面积能耗和碳排放进行拆解统计和测算，之后构建公共建筑的 LEAP 模型，确定关键影响因素，进行预测，确定减排路径	预测结果：我国公共建筑运行碳排放在基准情景下将于 2034 年碳达峰，在设置了调控和蓝图情景以后，可有效降低碳排放并按时达峰
[10]	基于湖北省建筑规模和能耗统计现状，采用 LMDI 方法确定关键因素，并使用 LEAP 模型对建筑运行碳排放开展预测	预测结果：预测了低、中、高三种约束情景下的建筑碳排放，结果显示三种情景均能在 2030 年前达到峰值
[11]	首先对安徽省建筑领域能耗和碳排放进行统计分析，其次进行行业碳排放驱动因素分析，构建 LEAP 模型，开展不同情景预测	预测结果：在基础情景下安徽省建筑运行碳排放将于 2053 年达峰，峰值超过 1 亿 tCO$_2$，在执行强有力的达峰情景和强化达峰情景下，将分别在 2030 年和 2028 年实现达峰
[12]	采用基于能源平衡表的拆分法获取能耗与碳排放现状数据，基于 STIRPAT 模型分析碳排放因素；结合情景分析法对建筑碳排放进行预测	预测结果：在基准情景下，建筑运行碳排放在 2040 年左右达峰；通过建筑领域自身节能减排，达峰难度较大，需要借助发展清洁电网才能实现山东省城乡建设领域按时达峰
[13]	基于碳排放系统动力学模型对山东省城镇民用建筑碳排放开展预测，并结合情景分析明确了减排的优化措施	预测结果：高减排情景下，山东省公共建筑碳排放在 2034 年左右能够实现碳达峰目标，而城镇居民建筑碳排放虽然在 2034 年有所下降，但是趋势不稳定，仍需加大第三产业、科研投入占比，保证如期实现碳达峰目标
[14]	基于 Kaya 恒等式，构建上海市民用建筑碳排放核算模型，梳理历史用能数据，并模拟典型用能建筑，模拟分析上海市碳中和变化情况	预测结果：在控制情景下，上海市建筑领域碳排放的达峰时间为 2027 年；碳中和路径的构建应当实行电力深度脱碳，完成公共建筑和居住建筑的节能改造
[15]	通过编制北京市建筑运行碳排放清单，利用 Kaya 恒等式和 LMDI 模型分析碳排放的贡献度，结合情景分析法，确定不同情景下的碳排放变化趋势	预测结果：北京市电力和热力排放因子逐渐降低，整体上建筑运行碳排放已经于 2012 年达到峰值，未来将从宏观政策调控、技术调整等方面加大碳中和力度
[16]	基于建筑运行过程中的直接和间接消费能源之和计算各类能源的碳排放，通过分析人口与城镇化率、建筑面积、建筑用能强度和结构，并结合情景分析法研究得到成都市建筑领域碳排放趋势	预测结果：在基准情景下，成都市建筑运行碳排放将在 2040 年达到峰值，此后进入平台区，之后缓慢下降；新建建筑节能增效、既有建筑低碳改造、光伏、建筑电气化等技术措施，将有助于成都市建筑运行阶段碳排放准时达峰
[17]	梳理了当前云南省建筑能耗与碳排放现状，并采用 LMDI 模型定量分析了各类因素碳排放影响；采用 LEAP 模型对云南省民用建筑进行碳排放预测	预测结果：基准情景下云南省民用建筑碳排放达峰时间为 2027~2030 年，两种节能政策情景均可实现按时达峰

文献编号	研究方法	研究成果
[18]	对河南省既有建筑进行基础建筑面积能耗等信息进行计算，并基于 STIRPAT 模型进行相应的碳排放因素分析，确定关键影响因素，进行"双碳"路径规划和情景分析	预测结果：在人口持续下降和不考虑集中供热碳排放影响下，通过光伏建筑规模化应用，既有居住建筑和既有公共建筑电力系统碳排放在 2021 年达峰，既有建筑可在 2060 年实现碳中和
[19]	基于 Kaya 恒等式展开因素分解和关键因素定量分析，并构建相应 LEAP 预测模型；并基于 Kaya 恒等式的静态预测模型和蒙特卡洛随机过程动态模拟，对夏热冬冷地区居住建筑进行碳达峰预测	预测结果：静态情景下，夏热冬冷地区居住建筑能耗将于 2047 年达峰，碳排放将于 2045 年达到峰值，两者达峰时间相近；基于动态情景模拟结果发现，基准情景下，建筑能耗平均达峰时间为 2045 年，碳排放平均达峰时间为 2040 年

综合以上对全国及不同地区建筑运行碳排放的预测方法和结果，主要采用的方法为"自上而下"的 IPAT 系列识别模型及其一系列衍生模型，如 Kaya 恒等式、STIRPAT 模型，同时基于 LMDI 方法进行定量分析，以探明因素影响顺序。此外，还有采用"自下而上"方法的 LEAP 模型，从建筑终端用能开展碳排放预测。两种思路均要结合情景分析法设置多种碳排放预测情景开展预测，并基于预测结果确定达峰情景路线。

7.2.2　建筑业碳排放预测方法调研

建筑业碳排放为建筑施工过程（建筑建造和拆除阶段）中消耗的各类能源而产生的碳排放，本书对国内建筑业及各地区建筑业的碳排放因素与碳排放预测研究进行梳理，对建筑业施工阶段中涉及的影响因素、预测方式、预测结果和减排措施进行了汇总，表 7-2 为建筑业碳排放预测研究方法与研究成果。

建筑业碳排放预测研究方法与研究成果　　　　　　　　　　　表 7-2

文献编号	研究方法	研究成果
[20]	运用 Kaya 恒等式从能源结构、能源强度、产业规模、经济产出等方面分解了建筑业直接和隐含碳排放，探讨了减排路径和对策	减排措施：建筑产业链的技术升级、推动能源生产和利用方式调整优化能源结构、建筑业自身的技术升级方面更新和改造既有建筑物
[21]	采用灰色 GM（1,1）预测模型，以福建省建筑业直接碳排放为样本，预测 2014～2020 年福建省建筑业的直接碳排放	预测结果：2016～2020 年福建省建筑业直接碳排放仍在逐渐增加，对能源的需求较大，是造成直接碳排放增加的主要原因之一
[22]	采用灰色关联度分析，对广东省建筑业能耗单因素分析，筛选 20 个影响因素指标，并采用 STIRPAT 模型和岭回归得到 5 个显著影响因素，结合情景分析法开展预测	预测结果：不考虑其他因素干扰的情景下，建筑业碳排放以线性逐步增加，无法实现 2030 年按时达峰；而设置了技术进步等条件的情景可以使广东省建筑业于 2030 年前达峰
[23]	采用投入产出分析法对海南省 1993～2012 年的建筑业碳排放进行分析，在此基础上采用时间序列进行平期移动，预测未来建筑业直接碳排放	预测结果：建筑业单位产值碳排放早期于 2002 年达峰，后续重新增长，在当前的技术经济情况下，2020 年海南省建筑业碳排放达不到当年的减排目标

续表

文献编号	研究方法	研究成果
[24]	基于考虑非期望产出的 SBM 模型与改进 BP 神经网络结合情景分析法，对 2000～2019 年河北省建筑业碳排放特征和达峰情景进行研究	预测结果：在不进行技术干预的基准情景下，河北省建筑业碳排放达峰时间晚于 2030 年；实在低碳情景和强化技术情景下，可提前至 2027 年达峰
[25]	基于系统动力学对中国建筑业碳排放进行总量控制和预测，综合分析经济、能源、人口、环境子系统等要素之间的影响关系	预测结果：基准情景下我国建筑业直接碳排放持续增长，建材生产碳排放是建筑业碳排放的主要来源，通过对经济增长模式、能源结构、产业结构、技术创新模式的调控，可有效降低建筑业的直接碳排放
[26]	基于建筑业碳排放核算模型，计算得到直接和间接两类碳排放数据，并基于 STIRPAT 模型和灰色预测模型对两类碳排放的发展趋势进行预测	预测结果：在现有技术情景下，各区域的排放量都呈现逐年增长的趋势；间接碳排放在 2020 年持续增长，所以我国建筑业达峰时间晚于 2020 年
[27]	选取主要指标构建 STIRPAT 预测模型，结合情景分析法对我国建筑业未来碳排放变化情况进行模拟，并在此基础上对我国建筑行业的减排潜力进行研究	预测结果：在基准情景下，我国建筑业将于 2030 年达峰排放峰值，此后将逐渐下降；低碳情景下，建筑业经济产量和水平将缓慢增长，2025 年即可达到峰值；而在经济高速增长的前提下，我国建筑业碳排放将于 2040 年达峰
[28]	筛选识别我国建筑业碳排放主要影响因素，并利用灰色关联度分析，提取 8 种关联度较高的因素，结合 BP 神经网络模型，构建我国建筑业碳排放预测模型，并基于此模型对 2017～2020 年的建筑业碳排放进行预测	预测结果：将历史数据作为样本输入预测模型，预测值对实际值的拟合性良好，短期内建筑业碳排放将持续增长，但其增长速率呈现下降趋势。可以提前实现 2020 年减排目标

基于以上对建筑业能耗与碳排放预测的研究，梳理各研究中使用的研究方法和研究成果发现，建筑业碳排放预测与建筑运行碳排放预测类似，现阶段主要采用 STIRPAT 模型和 Kaya 恒等式，识别其中的模型影响因素并进行关联度分析，再结合情景分析法开展碳排放预测。

7.2.3 建筑领域碳排放预测方法调研

根据本书对陕西省建筑领域碳排放边界的划定范围，认为建筑领域碳排放一般涵盖了建筑运行和建筑业两个方面，因此有必要对建筑领域开展碳排放预测现状梳理，考察其采用的计算和预测方法，便于本书后续确定相应研究方法。建筑领域碳排放因素分析及预测研究方法和研究成果如表 7-3 所示。

建筑领域碳排放因素分析及预测研究方法和研究成果 表 7-3

文献编号	研究方法	研究成果
[5]	采用 Kaya 恒等式，并结合情景分析法对上海市建筑领域进行了碳排放预测，并提出节能减排措施建议	预测结果：在保持现有政策的前提下，上海市建筑领域可以实现 2025 年的控制目标，但为了实现 2060 年的碳中和目标，需要强化现有的节能措施

文献编号	研究方法	研究成果
[29]	基于江苏省连续 15 年的建筑碳排放数据，采用 STIRPAT 模型对碳排放因素进行分析，并基于 GA-BP 神经网络对江苏省碳排放进行预测	预测结果：现状分析和预测结果表明，江苏省已经于 2012 年实现建筑领域碳达峰，此后又开始缓慢上升，预测 2020～2030 年碳排放呈逐年下降趋势
[12]	通过识别不同阶段建筑碳排放影响因素，基于 STIRPAT 模型，运用情景分析法对山东省建筑运行碳排放开展预测，提出碳达峰重点任务	预测结果：基准情景下，山东省城乡建设领域碳排放将于 2035 年达峰，需要引入系统机制，依托电力清洁化实现 2030 年建筑运行碳达峰目标
[30]	基于建筑面积和能效等级，自上而下建立建筑碳排放计算模型，结合情景分析法预测建筑行业未来 40 年的碳排放情况及减排潜力	预测结果：随着绿色建筑和超低、近零能耗建筑的发展，达峰年限将逐渐提前，峰值也将逐渐降低，中速情景下建筑行业碳排放将于 2030 年达到峰值
[31]	通过收集山东省建筑业能源数据，计算了建筑各阶段的碳排放，构建 STIRPAT 模型分析与建筑碳排放相关的因素，开展相关因素的情景预测分析	预测结果：山东省建筑领域碳排放呈现持续增长状态，涨幅较大，基准情景下建筑碳排放将逐年增加，在 2035 年仍然无法达峰，必须加强技术进步、规模控制等措施，遏制建筑碳排放的增长，进而按时达峰
[32]	基于碳排放因子法计算分析山西省建筑领域碳排放趋势，并基于 STIRPAT 模型和岭回归分析确定预测模型的关键因素，预测了 2020～2050 年山西省建筑领域碳排放趋势与达峰时间	预测结果：在无政策干预的关系发展情景下，预测时间区间内无法实现建筑领域碳排放达峰，需要采取节能手段和低碳技术措施，合理设置节能和低碳情景，可实现 2030 年准时达峰

通过梳理发现，建筑领域碳排放预测的流程一般为：首先，对建筑碳排放的范围进行界定，确定碳排放预测界限；其次，基于建筑碳排放的范围，开展能耗和碳排放以及建筑领域相关基础数据的整理、计算和分析工作；接着采用 IPAT 系列识别模型（如 STIR-PAT 模型、Kaya 恒等式）的碳排放计算模型，并结合 LMDI 方法对建筑碳排放中的重要影响因素进行定量分析，并开展模型相关性讨论，确定预测模型；基于上述预测模型，分析历史发展规律，并结合现有政策，模拟预测模型相关参数的变化趋势；结合情景分析法，对建筑碳排放展开不同情景预测，完成碳排放达峰以及中长期预测。因此，本书后续预测过程将按照以上研究路径逐步开展。

7.3　建筑领域碳排放预测模型

7.3.1　预测模型简述

基于本书 7.2 节对现有预测模型方法的梳理，发现适用于建筑领域碳排放预测的方法主要为以 IPAT 系列识别模型的衍生模型 Kaya 恒等式为主，Kaya 恒等式适用于多因素分析，可将碳排放预测分解为多个相关的因素参数，单独设定参数的变化，降低了直接整体预测的难度。

由前文可知，本书对以单位面积能耗强度、单位 GDP 能耗强度和人均能耗强度为基础的三种 Kaya 恒等式进行拆分，建立了三种建筑碳排放量与其影响因素之间的关系，模型方程见本书 6.2.2 节。同时，为了考察哪种分解方式更适合陕西省建筑领域碳排放的预测方式，需要采用回归分析的方式，以历史碳排放数据为基础，评估各因素与建筑领域碳排放总量之间的敏感性和关联度。

选取 2010～2020 年数据，对公共建筑单位面积能耗强度分解方式进行 SPSS 线性回归分析（模型方程见 6.2.2.1 节），公共建筑碳排放量作为被解释变量，人口、人均公共建筑面积、公共建筑单位面积能耗强度和公共建筑综合碳排放系数作为解释变量，统计回归系数，考察其估算值和 95% 置信区间，进行模型拟合和 R^2 变化量的吻合度检验，并对线性回归进行共线性诊断，残差选取德宾沃森检验[33]。选取 2010～2020 年的 10 个案例分析公共建筑碳排放量、人口、人均公共建筑面积、公共建筑单位面积能耗强度和公共建筑综合碳排放系数的平均值及标准偏差，根据上文中数据的整合，各项的平均值分别为 2035.86、3863.70、6.62、24.79 和 3.29（表 7-4）。

公共建筑单位面积能耗强度线性回归描述统计　　　　　　　　表 7-4

内容	平均值	标准偏差	数据量
公共建筑碳排放量	2035.86 万 tCO_2	189.43 万 tCO_2	10 个
人口	3863.70 万人	68.22 万人	10 个
人均公共建筑面积	6.62m^2	1.31m^2	10 个
公共建筑单位面积能耗	24.79tce/m^2	4.29tce/m^2	10 个
公共建筑综合碳排放系数	3.29tCO_2/tce	0.093tCO_2/tce	10 个

考察回归模型计算分析摘要，主要判断模型拟合结果与实际结果的吻合度是否良好。从表 7-5 中可以看出，对模型进行 R^2 和调整后的 R^2 检验，发现两数值分别为 0.983 和 0.970，R^2 检验结果越接近 1，则模型的拟合优度越好，从本算例的结果来看，人口、人均公共建筑面积、公共建筑单位面积能耗强度和公共建筑综合碳排放系数四个解释变量可以解释公共建筑碳排放 98.3% 的变化结果，回归分析结果较好；德宾-沃森残差主要判断各解释变量之间的独立性关系，检验值一般分布在 0～4 之间，越接近于 2，观测值相互独立的可能性越大，本算例的德宾-沃森检验值为 3.100，说明被解释变量残差独立性结果较差。

公共建筑单位面积能耗强度线性回归模型摘要　　　　　　　　表 7-5

模型摘要[①]									
模型	R	R^2	调整后的 R^2	标准估算的错误	更改统计				德宾-沃森检验值
					R^2 变化量	F 变化量	自由度 1	自由度 2	显著性 F 变化量	
1	0.992[②]	0.983	0.970	32.8326027	0.983	73.652	4	5	0.000	3.100

① 因变量：碳排放总量。
② 预测变量：（常量）、综合碳排放系数、人均公共建筑面积、单位面积能耗强度、人口规模。

表 7-6 中列出了线性回归分析后各变量的回归标准化系数、相关性结果和共线性统计，其中共线性即为多重共线性，是指线性回归模型的解释变量之间由于存在精确相关关系或高度相关关系而使模型估计失真或难以估计准确。判断多重共线性问题是否严重的指标为容差和方差膨胀因子 VIF（Variance Inflation Factor），二者互为倒数，一般而言容差小于 0.1 或者 VIF 大于 10，说明存在较为严重的共线性。

公共建筑单位面积能耗强度线性回归模型系数　　　表 7-6

	模型	常量	人口	人均公共建筑面积	公共建筑单位面积能耗强度	公共建筑综合碳排放系数	
系数	未标准化系数 _B_	-3020.97	0.82	172.45	25.36	33.48	因变量:公共建筑碳排放总量
	标准错误	2003.62	0.69	42.83	9.22	293.11	
	标准化系数 Beta	—	0.30	1.19	0.58	0.017	
	_t_	-1.508	1.19	4.03	2.75	0.11	
	显著性	0.192	0.29	0.01	0.04	0.91	
	_B_ 的 95.0% 置信区间 下限	-8171.45	-0.95	62.35	1.65	-720.00	
	上限	2129.51	2.60	282.55	49.07	786.95	
	相关性 零阶	—	0.95	0.96	-0.79	0.67	
	偏	—	0.47	0.87	0.78	0.05	
	部分	—	0.07	0.23	0.16	0.01	
	共线性统计 容差		0.05	0.04	0.08	0.16	
	VIF	—	18.51	26.27	13.13	6.29	

从表 7-6 中可以看出,人口、人均公共建筑面积、公共建筑单位面积能耗强度和公共建筑综合碳排放系数的 VIF 分别为 18.51、26.27、13.13 和 6.29,三个解释变量的 VIF 均大于 10,这说明线性回归变量之间的共线性问题比较严重。若采用线性回归最小二乘法解释各类型建筑碳排放量变化,结果较为牵强,需要考虑使用其他统计方法对碳排放量影响因素变化结果进行分析。

通过线性回归分析结果考察以上涉及的因素对碳排放的影响,发现线性回归分析 VIF>10,即变量之间的共线性较强,因此需要放弃线性回归方法对结果的变化影响[4]。一般而言,解决多重共线性问题一般有三种方法:

(1) 排除引起共线性问题的变量。找出引起多重共线性的解释变量,将其排除出去,因此逐步回归法得到广泛的应用。

(2) 差分法。时间系列数据、线性模型:将原模型变换为差分模型。

(3) 减小参数估计量的方差:岭回归(Ridge Regression)分析。

参考相关研究[34]对建筑运行碳排放影响因素解释变量的选取方法,使用岭回归分析可以有效解决回归过程中共线性的问题。岭回归分析为解决线性回归分析中自变量共线性的研究算法[35,36]。岭回归分析通过引入 _K_ 个单位阵,使得回归系数可估计。因此,本书对以上三类碳排放量分解方式,采用岭回归分析的方式进行分解,以考察各因素对建筑碳排放的影响和模型精准度,确定后续预测模型的 Kaya 恒等式结构。

7.3.2 预测模型分析与确定

7.3.2.1 单位面积能耗强度模型分析

各类型建筑及建筑业的单位面积能耗强度模型方程见本书 6.2.2 节。

1. 公共建筑

将人口、人均公共建筑面积、公共建筑单位面积能耗强度、公共建筑综合碳排放系数作为自变量,将公共建筑碳排放量作为因变量,进行岭回归分析后可得到相应的岭迹曲线,然后根据岭迹曲线来确定适当的 _K_ 值。当 _K_ 值为 0.07 时,自变量的标准化回归系数趋于稳定，因而设定最佳 K 值为 0.07。

对各项自变量和因变量进行岭回归分析，K 值取为 0.07 时，模型 R^2 为 0.985，意味着自变量可以解释因变量 98.5% 的变化原因。模型通过 F 检验（$F = 254.114$，$p = 0.000 < 0.050$），即说明上述各项自变量中至少一项会对公共建筑碳排放量产生明显影响，因变量与自变量的解释关系为：公共建筑碳排放量 $= -9325.037 + 2.520 \times$ 人口 $+ 167.168 \times$ 人均公共建筑面积 $+ 25.663 \times$ 公共建筑单位面积能耗强度 $- 36.412 \times$ 公共建筑综合碳排放系数。

2. 城镇居住建筑

将人口、城镇人均居住面积、城镇居住建筑单位面积能耗强度、城镇化率、城镇居住建筑综合碳排放系数作为自变量，将城镇居住建筑碳排放量作为因变量进行岭回归分析后得到相应的岭迹曲线，然后根据岭迹曲线来确定适当的 K 值。当 K 值为 0.01 时，自变量的标准化回归系数趋于稳定，因而建议设定最佳 K 值为 0.01。

将各项自变量和因变量进行岭回归分析，K 值取为 0.01 时，模型 R^2 为 0.986，意味着自变量可以解释因变量 98.6% 的变化原因。模型通过 F 检验（$F = 56.378$，$p = 0.001 < 0.050$），即说明上述各项自变量中至少一项会对城镇居住建筑碳排放量产生明显影响，因变量与自变量的解释关系为：城镇居住建筑碳排放量 $= -8466.585 + 1.233 \times$ 人口 $+ 28.353 \times$ 城镇人均居住面积 $+ 100.592 \times$ 城镇居住建筑单位面积能耗强度 $+ 3504.807 \times$ 城镇化率 $+ 642.169 \times$ 城镇居住建筑综合碳排放系数。

3. 农村居住建筑

将人口、农村人均居住面积、农村居住建筑单位面积能耗强度、城镇化率、农村居住建筑综合碳排放系数作为自变量，将农村居住建筑碳排放量作为因变量进行岭回归分析后得到相应的岭迹曲线，然后根据岭迹曲线来确定适当的 K 值。当 K 值为 0.01 时，自变量的标准化回归系数趋于稳定，因而设定最佳 K 值为 0.01。

将各项自变量和因变量进行岭回归分析，K 值取为 0.01 时，模型 R^2 为 0.990，意味着自变量可以解释因变量 99.0% 的变化原因。模型通过 F 检验（$F = 81.918$，$p = 0.000 < 0.050$），即说明上述各项自变量中至少一项会对农村居住建筑碳排放量产生明显影响，因变量与自变量的解释关系为：农村居住建筑碳排放量 $= -60.836 - 0.283 \times$ 人口 $+ 13.155 \times$ 农村人均居住面积 $+ 196.275 \times$ 农村居住建筑单位面积能耗强度 $- 464.190 \times$ 城镇化率 $+ 305.006 \times$ 农村居住建筑综合碳排放系数。

4. 建筑业

将建筑业从业人口、人均施工面积、单位施工面积能耗强度、建筑业综合碳排放系数作为自变量，将建筑业碳排放量作为因变量进行岭回归分析后得到相应的岭迹曲线，然后根据岭迹曲线来确定适当的 K 值。当 K 值为 0.01 时，自变量的标准化回归系数趋于稳定，因而设定最佳 K 值为 0.01。

对各项自变量和因变量进行岭回归分析，K 值取为 0.01 时，模型 R^2 为 0.792，意味着自变量可以解释因变量 79.2% 的变化原因。模型通过 F 检验（$F = 4.770$，$p = 0.059 > 0.050$），即说明上述各项自变量中至少一项会对建筑业碳排放量产生明显影响，因变量与自变量的解释关系为：建筑业碳排放量 $= -1334.413 + 1.940 \times$ 建筑业从业人口 $+ 3.473 \times$ 人均施工面积 $+ 13.692 \times$ 单位施工面积能耗强度 $+ 356.377 \times$ 建筑业综合碳排放系数。

7.3.2.2　单位 GDP 能耗强度模型分析

各类型建筑及建筑业的单位 GDP 能耗强度模型方程见本书 6.2.2.2 节。

1. 公共建筑

将人口、人均 GDP、公共建筑单位 GDP 能耗强度、公共建筑综合碳排放系数作为自变量，将公共建筑碳排放量作为因变量进行岭回归分析后得到相应的岭迹曲线，然后根据岭迹曲线来确定适当的 K 值。当 K 值为 0.99 时，自变量的标准化回归系数趋于稳定，因而设定最佳 K 值为 0.99。

对各项自变量和因变量进行岭回归分析，K 值取为 0.99 时，模型 R^2 为 0.802，意味着自变量可以解释因变量 80.2% 的变化原因。对模型进行 F 检验时，发现模型并没有通过 F 检验（$F=5.076$，$p=0.052>0.050$），即说明上述各项自变量并不会对公共建筑碳排放量产生明显影响，因而不能具体分析自变量对因变量的影响。

2. 城镇居住建筑

将人口、城镇化率、人均 GDP、城镇居住建筑单位 GDP 能耗强度、城镇居住建筑综合碳排放系数作为自变量，将城镇居住建筑碳排放量作为因变量进行岭回归分析后得到相应的岭迹曲线，然后根据岭迹曲线来确定适当的 K 值。当 K 值为 0.99 时，自变量的标准化回归系数趋于稳定，因而设定最佳 K 值为 0.99。

对各项自变量和因变量进行 Ridge 回归分析，K 值取为 0.99 时，模型 R^2 为 0.907，意味着自变量可以解释因变量 90.7% 的变化原因。模型通过 F 检验（$F=7.803$，$p=0.034<0.050$），即说明上述各项自变量至少一项会对城镇居住建筑碳排放量产生明显影响，因变量与自变量的解释关系为：城镇居住建筑碳排放量＝－31.268＋0.585×人口＋779.298×城镇化率＋0.004×人均 GDP－5.247×城镇居住建筑单位 GDP 能耗强度－220.427×城镇居住建筑综合碳排放系数。

3. 农村居住建筑

将人口、城镇化率、人均 GDP、农村居住建筑单位 GDP 能耗强度、农村居住建筑综合碳排放系数作为自变量，将农村居住建筑碳排放量作为因变量进行岭回归分析后得到相应的岭迹曲线，然后根据岭迹曲线来确定适当的 K 值。当 K 值为 0.20 时，自变量的标准化回归系数趋于稳定，因而设定最佳 K 值为 0.20。

对各项自变量和因变量进行岭回归分析，K 值取为 0.200 时，模型 R^2 为 0.782，意味着自变量可以解释因变量 78.2% 的变化原因。对模型进行 F 检验时，发现模型并没有通过 F 检验（$F=2.864$，$p=0.165>0.050$），即说明上述各项自变量并不会对农村居住建筑碳排放量产生明显影响，因而不能具体分析自变量对因变量的影响。

4. 建筑业

将建筑业从业人口、人均 GDP、建筑业单位 GDP 能耗强度、建筑业综合碳排放系数作为自变量，将建筑业碳排放量作为因变量进行岭回归分析后得到相应的岭迹曲线，然后根据岭迹曲线来确定适当的 K 值。当 K 值为 0.01 时，自变量的标准化回归系数趋于稳定，因而设定最佳 K 值为 0.01。

对各项自变量和因变量进行岭回归分析，K 值取为 0.01 时，模型 R^2 为 0.689，意味着自变量可以解释因变量 68.9% 的变化原因。对模型进行 F 检验时，发现模型并没有通过 F 检验（$F=2.775$，$p=0.146>0.050$），即说明上述各项自变量并不会对建筑业碳排放量产生明显影响，因而不能具体分析自变量对因变量的影响。

7.3.2.3 人均能耗强度模型分析

各类型建筑及建筑业的人均能耗强度模型方程见本书 6.2.2.3 节。

1. 公共建筑

将人口、公共建筑人均能耗强度、公共建筑综合碳排放系数作为自变量，将公共建筑碳排放量作为因变量进行岭回归分析后得到相应的岭迹曲线，然后根据岭迹曲线来确定适当的 K 值。当 K 值为 0.99 时，自变量的标准化回归系数趋于稳定，因而设定最佳 K 值为 0.99。

对各项自变量和因变量进行岭回归分析，K 值取为 0.99 时，模型 R^2 为 0.892，意味着自变量可以解释因变量 89.2% 的变化原因。模型通过 F 检验（$F=16.447$，$p=0.003<0.050$），即说明上述各项自变量中至少一项会对公共建筑碳排放量产生明显影响，因变量与自变量的解释关系为：公共建筑碳排放量 $=-3131.837+0.785\times$人口$+6.273\times$公共建筑人均能耗强度$+343.395\times$公共建筑综合碳排放系数。

2. 城镇居住建筑

将人口、城镇化率、城镇居住建筑人均能耗强度、城镇居住建筑综合碳排放系数作为自变量，将城镇居住建筑碳排放量作为因变量进行岭回归分析后得到相应的岭迹曲线，然后根据岭迹曲线来确定适当的 K 值。当 K 值为 0.99 时，自变量的标准化回归系数趋于稳定，因而设定最佳 K 值为 0.99。

对各项自变量和因变量进行岭回归分析，K 值取为 0.99 时，模型 R^2 为 0.861，意味着自变量可以解释因变量 86.1% 的变化原因。模型通过 F 检验（$F=7.753$，$p=0.023<0.050$），即说明上述各项自变量中至少一项会对城镇居住建筑碳排放量产生明显影响，因变量与自变量的解释关系为：城镇居住建筑碳排放量 $=-2327.313+0.939\times$人口$+1270.525\times$城镇化率$+2.077\times$城镇居住建筑人均能耗强度$-213.176\times$城镇居住建筑综合碳排放系数。

3. 农村居住建筑

将人口、城镇化率、农村居住建筑人均能耗强度、农村居住建筑综合碳排放系数作为自变量，将农村居住建筑碳排放量作为因变量进行岭回归分析后得到相应的岭迹曲线，然后根据岭迹曲线来确定适当的 K 值。当 K 值为 0.99 时，自变量的标准化回归系数趋于稳定，因而建议设定最佳 K 值为 0.99。

对各项自变量和因变量进行岭回归分析，K 值取为 0.99 时，模型 R^2 为 0.683，意味着自变量可以解释因变量 68.3% 的变化原因。对模型进行 F 检验时，发现模型并没有通过 F 检验（$F=1.722$，$p=0.309>0.050$），即说明上述各项自变量并不会对农村居住建筑碳排放量产生明显影响，因而不能具体分析自变量对因变量的影响。

4. 建筑业

将建筑业从业人口、建筑业人均能耗强度、建筑业综合碳排放系数作为自变量，将建筑业碳排放量作为因变量进行岭回归分析后得到相应的岭迹曲线，然后根据岭迹曲线来确定适当的 K 值。当 K 值为 0.01 时，自变量的标准化回归系数趋于稳定，因而设定最佳 K 值为 0.99。

对各项自变量和因变量进行岭回归分析，K 值取为 0.99 时，模型 R^2 为 0.415，意味着自变量可以解释因变量 41.5% 的变化原因。对模型进行 F 检验时，发现模型并没有通过 F 检验（$F=1.417$，$p=0.327>0.050$），即说明上述各项自变量并不会对建筑业碳排放量产生明显影响，因而不能具体分析自变量对因变量的影响。

7.3.2.4　预测模型的确定

综合对单位面积能耗强度、单位 GDP 能耗强度以及人均能耗强度的岭回归分析，对公共建筑、城镇居住建筑和农村居住建筑的回归模型进行 F 检验和 R^2 模型精度验证，发现使用单位面积能耗强度对碳排放量进行分解的方法相关性最好，模型精准度最高，分解变量可以更准确地解释不同类型建筑运行碳排放量的变化。建筑业碳排放量的三种分解方式均未能通过 F 检验，而按照单位施工面积能耗强度分解的施工碳排放的模型 R^2 值最高，准确性最好。

本书以人口、城镇化率、人均建筑面积、单位面积能耗强度、各类建筑综合碳排放系数（单位能耗碳排放量）为基础进行变量分解，预测未来建筑运行的碳排放量变化，并以建筑业从业人口、人均施工面积、单位施工面积建筑能耗强度和建筑业综合碳排放系数为基础进行变量分解，预测未来建筑业的碳排放量变化。公共建筑、城镇居住建筑和农村居住建筑运行碳排放量预测模型分别见式（6-2）～式（6-4），建筑业碳排放量预测模型见式（6-5）。

针对陕西省建筑领域碳排放量预测，按照建筑运行和建筑业两个方面分别进行，对于模型中的参数变量，逐个进行分析，并确定其未来变化数值与趋势，最终对建筑运行和建筑业两个方面的预测趋势进行合并，获得陕西省建筑领域碳排放发展趋势预测结果。

7.4　建筑领域碳排放预测

合理设定陕西省建筑领域碳排放预测模型中各类参数变化方案，对碳排放发展趋势进行预测，即采用"自上而下"方法确定基准情景下（延续现有政策的情景模式）的碳排放总量和碳达峰时间，同时通过调整各类影响因素的变化速率，形成多种情景模式，按照 2030 年前建筑领域碳达峰的目标要求，明确陕西省建筑领域适宜的达峰路线、达峰时间、碳排放峰值和减排目标。

7.4.1　情景分析法

7.4.1.1　情景分析法的定义

情景分析（Scenario Analysis）也称情境分析、前景描述，是近年来国际上比较流行的一种分析未来发展趋势的方法，国内外关于情景分析法的定义很多。综合来说，情景分析法主要是基于假设生成未来情景，通过预测、模拟，分析其对未来目标产生的影响[37]。其中模拟情景（Scenario）是通过对高驱动力和高不确定性因素的未来进行系统分析从而作出的可能描述。情景分析法能够对未来描述多种可能结果，其优势是：在缺乏数据和量化因素时，通过分析长期不确定性情形，能使管理者避免两个常见的决策错误：过高或过低估计未来变化趋势及影响。

7.4.1.2　情景分析法的特征

情景分析法需要与特定的评价方法结合使用；情景分析法是从熟知的当前转向未知的未来，主要分析关键不确定性因素的未来变化趋势，描绘未来可能的情景，反映不同规划情景下的影响结果及变化过程，便于比较和决策；情景分析过程以定量和定性分析相结合的方式进行，综合、全面、客观地从不同层面对研究的事物或事件进行描述分析，有利于系统分析复杂的战略问题。

7.4.1.3 情景分析法的过程

国际能源署的情景分析法首先是建立情景的类型及范围、辨别和选择利益相关者与参与者、主题、目标、指标和潜在的政策，以此来确定分析的结构和意图；之后进行情景的基础分析，包括分析驱动力、选择不确定性、构建情景框架；基于情景基础分析发展情景故事、进行定量分析和政策选择，对情景的发展和敏感性进行测试；最后基于以上情景分析过程对实际结果进行沟通和应用[37]。

对陕西省公共建筑、城镇居住建筑、农村居住建筑碳运行排放量和建筑业碳排放量按照 Kaya 恒等式构建预测模型。其中，建筑运行碳排放量分解为人口、城镇化率、人均建筑面积、单位面积能耗强度和综合碳排放系数五个参数，建筑业碳排放量分解为建筑业从业人口、人均施工面积、单位施工面积能耗强度和建筑业综合碳排放系数四个参数。对相关参数的未来变化率分别进行设定，模拟陕西省建筑运行碳排放量和建筑业碳排放量的变化趋势，确定未来碳达峰的时间区间，并以此为基础，设定建筑领域碳排放总量目标和年份，通过不同的重点减排任务组合，辨析各项重点任务的减碳效果，确保 2030 年实现陕西省建筑领域碳达峰目标。

基于陕西省建筑运行碳排放量和建筑业碳排放量的历史数据核算结果，以 2020 年作为预测的基准年，首先对 2020～2060 年基准情景（Business As Usual，BAU）Kaya 恒等式参数的变化进行设定，在不进行政策和技术措施过度干预的情况下，预测陕西省建筑领域碳达峰的时间和峰值，之后再设定低碳情景和高碳情景以及其他中间情景，分别确定不同情景下的达峰时间和峰值。

7.4.2 关键参数的确定

7.4.2.1 现有研究中参数设定方法

梳理现有研究中建筑碳排放预测模型各类型因素的设定方式和设定依据（表 7-7），主要基于本书中对 Kaya 恒等式分解的人口、城镇化率、人均建筑面积、单位面积能耗强度和综合碳排放系数五种相关因素进行划分，为本书设定这些因素参数变化率和关键年份预测值等提供参考。

现有研究中对未来建筑碳排放相关影响因素变化的设定　　　　表 7-7

参数	人口及城镇化率	人均建筑面积	单位面积能耗强度	综合碳排放系数
来源	文献［5］			
设定方式	人口按照年均变化延续政策	设置有调控和无调控两种模式，根据现有规划政策和社会规律拟合公式	认为未来不确定性程度高，设定了三种变化模式下的年均变化情况	能源综合碳排放系数未来不确定程度较高，设定三种变化模式下年均变化率
设定依据	《上海市城市总体规划（2017—2035 年）》	人均建筑面积根据相关研究报告设置	未写明依据	未写明依据
来源	文献［4］			

参数	人口及城镇化率	人均建筑面积	单位面积能耗强度	综合碳排放系数
设定方式	设定关键节点年份，其余中间年份采用多项式拟合	设定关键节点年份，其余中间年份采用多项式拟合	设定关键节点年份，其余中间年份采用多项式拟合	设定关键年份预测值，其余中间年份采用多项式拟合
设定依据	《世界人口展望》《中国统计年鉴》《中国碳排放：尽早达峰》	《中国建筑节能的技术路线图》	历史数据和《中国民用建筑能耗总量控制策略：民用建筑节能顶层设计》	《可再生能源发展"十三五"规划》
来源	文献［38］			
设定方式	与日本等国家城镇化发展进程相比较，同时依据《中国城市发展报告》和各省份的城镇化发展目标进行设定	根据相关研究，确定农村、城镇人均居住面积和人均公共建筑面积	根据历史规律对未来能耗增长进行预测	—
设定依据	《人口发展"十一五"和2020年规划》《生育行为与生育政策》《中国城市化发展报告》	"全面建设小康社会居住目标"以及相关研究设定	依据历史数据规律确定	—
来源	文献［3］			
设定方式	根据人口的预测结果，计算未来人口；城镇化率根据世界整体及各国家城镇化率的增长规律确定	根据各气候区年鉴给出的逐年竣工面积进行拟合，同时按照人均建筑面积线性增长趋势进行校核	城镇居住建筑和公共建筑单位面积能耗强度历史增长趋势，在2040年达峰；农村能耗	根据用能结构设定
设定依据	《中国统计年鉴》《国家人口发展规划（2016—2030年)》	《基于能耗总量控制的建筑节能设计标准研究技术报告》《重塑能源：中国——面向2050年能源消费和生产革命路线图研究》（建筑卷）《中国建筑节能路线图》	《中国建筑节能年度发展研究报告》《中国电力能源展望》	《建筑电气化及其驱动的城市能源转型路径》
来源	文献［2］			
设定方式	人口及分布预测	预测2060年城镇人均居住面积50m²；考虑到城镇化进程还在继续，假定农村人均居住面积不变	基于历史数据回归拟合曲线，设定2030年和2060年等关键年份的数值	—
设定依据	《第七次全国人口普查公报》《碳中和背景下我国建筑面积预测》	历史数据和《碳中和背景下我国建筑面积测预测》	历史数据、《中国建筑节能年度发展研究报告》	—
来源	文献［39］			
设定方式	人口按照预期规划目标发展，随情景深化，人口增长率放缓；未来重庆市城镇化率持续上升；经济发展带动产业结构优化	根据人均公共建筑面积和第三产业增加值之间的关系进行拟合，构建函数关系式，预测2016～2035年的人均公共建筑面积	根据能耗终端，如空调、照明和设备、动力、特殊区域能耗，设定单位面积能耗强度变化	—

参数	人口及城镇化率	人均建筑面积	单位面积能耗强度	综合碳排放系数
设定依据	《重庆市人口发展规划（2016—2030 年)》《重庆市涪陵区城乡总体规划（2015—2035 年)》	人均公共建筑面积和第三产业增加值之间的关系	分能耗终端设定能耗强度变化	—
来源	文献［40］			
设定方式	人口基于历史数据和相关文件的中远期规划确定	各类型人均建筑面积采用与收入之间的拟合关系式计算	依据建筑能源结构确定，按照 1995～2012 年的趋势进行推算	—
设定依据	《湖北省城镇化与城镇发展战略规划（2012—2030)》《湖北省人口老龄化现状、趋势与对策（2011—2050)》	《湖北统计年鉴》《湖北省城镇化与城镇发展规划（2012—2030)》《湖北省国民经济和社会发展第十二个五年规划纲要》《武汉市城市总体规划（2010—2020 年)》设定	历史数据和《中国建筑节能年度发展研究报告》	—
来源	文献［34］			
设定方式	人口依据历史趋势确定，关于城镇化率和人口的历史趋势，假设 2030 年人口达峰	基于历史趋势对未来作出假定	假定关键年份预测值，其余年份采用多项式拟合推算	根据 2016～2017 的年均变化率设定
设定依据	《世界人口展望》《中国低碳建筑情景和政策路线图研究》和《中国统计年鉴》	发达国家历史人均建筑面积	历史数据规律	历史数据规律
来源	文献［41］			
设定方式	根据综合权威机构的研究，选取人口达峰时间，并对城镇化率设定关键时间点	参考法国水平设定 2035 年城镇人均居住面积为 40m²；人均公共建筑面积参考德国水平，设定为 18m²；农村人均居住面积设定为 61m²	基于历史数据设定变化趋势	按照常规情景下的"十四五"至"十六五"期间光伏发电增量设定综合碳排放系数
设定依据	《世界人口展望》	我国人均建筑面积现状与发达国家同期发展的水平差距	《中国城乡建设统计年鉴》《中国建筑节能年度发展研究报告》	《中国城乡建设统计年鉴》《中国建筑节能年度发展研究报告》
来源	文献［42］			
设定方式	设定目标年份人口、城镇化率，中间年份保持年均变化率	—	2015～2030 年变化趋势按照 2005～2014 年变化趋势采用移动平均法设定参数	—
设定依据	《重庆市人口发展规划（2016—2030 年)》《中国城市化和经济增长》《重庆市国民经济和社会发展第十三个五年规划纲要》	—	历史数据规律	—

梳理建筑碳排放预测关键参数变化率设定的研究进展，总结有益经验，收集国内外权威机构预测数据，参照相关政策及文献研究成果，对 Kaya 恒等式碳排放预测模型的分解变量设定变化率或关键年份预测值。

不同的碳排放情景将遵循不同的社会经济路径与技术进步水平。以 2020 年作为预测的基准年，基于历史数据特征，构建 2020～2060 年的基准（延续）情景，基准情景是延续原有社会经济发展水平的方案，能耗与碳排放趋势、社会经济发展路径均参照现阶段发展水平与模式，所有参数赋值均保持在相应的基准水平。

在基准情景的基础上，构建高碳情景、低碳情景，分别作为未来建筑领域碳排放发展路径的上、下限。其中，高碳情景是一种消极减排方案，在此方案下，建筑领域减排目标均在最低的期望值，具有较低的减排力度，此情景下的建筑领域遵循发展水平低于基准水平的社会经济路径与技术进步水平，因此高碳情景将作为建筑碳运行排放的最高控制目标。而低碳情景是一种积极减排方案，此方案下建筑领域碳排放在更高减排目标和更有力的政策指导下，表现出更强劲的减排力度，此情景下的建筑运行碳排放会处于更加进步的社会发展水平和更加显著的技术进步水平，因此低碳情景将作为建筑领域运行碳排放的下限目标。

同时，在设置未来各参数变化率时，按照变化率的不同或者关键年份预测值的不同，即发展强度的不同，分别设定为均值方案、保守方案和积极方案，即各变量变化率赋值时，由高到低分别设定积极方案、均值方案、保守方案。

7.4.2.2　建筑运行阶段参数设定

1. 未来人口情景假设

对于陕西省未来人口假设可参考以下依据：

现有研究中参照联合国《世界人口展望：2012 年修订版》中对我国的人口预测，认为我国人口将在 2030 年达到峰值，约为 14.5 亿人，同时《陕西省人口发展规划（2016—2030 年）》预测陕西省人口变化情况与我国总人口变化趋势趋于一致，均在 2030 年达峰，峰值人口总数大约为 4000 万人。

联合国《世界人口展望 2022》最新人口预测显示，中等情景下，我国将在 2022 年达到人口峰值，而高等情景下，我国将在 2035 年达到人口峰值。同时，国家发展和改革委员会能源研究所《中国低碳建筑情景和政策路线图研究》对我国城镇化率的预测为：2030 年 70%、2050 年 80%，全国人口峰值在 2035 年前后达到 14.7 亿人。

基于以上人口发展趋势预测研究成果，设定人口均值方案。依据《世界人口展望 2022》中等和高等情景下对 2020～2060 年我国人口的预测变化率，计算获得 2020～2060 年陕西省人口变化数值。由于人口一般不受人为技术因素的干扰，因此仅设置一种均值方案作为基准情景下的人口变量参数依据。陕西省未来人口变化如表 7-8 所示。

不同情景下陕西省未来人口预测值及峰值、达峰时间　　表 7-8

年份	2020 年	2025 年	2030 年	2035 年	2050 年	2060 年	峰值	达峰时间
中等情景	3955.00 万人	3957.41 万人	3935.18 万人	3892.47 万人	3657.68 万人	3363.77 万人	3960.35 万人	2022 年
高等情景	3955.00 万人	3975.97 万人	3922.66 万人	3999.54 万人	3924.73 万人	3757.19 万人	3999.54 万人	2035 年

2. 未来城镇化率情景假设

依据 2000～2020 年陕西省和全国城镇化率的发展趋势，并结合陕西省《全省国民经济和社会发展第十四个五年规划和二〇三五年远景目标纲要》中对未来城镇化率的规划，认为陕西省 2025 年城镇化率将达到 65％，2030 年城镇化率将达到 70％；远期城镇化率则参考《中国碳排放：尽早达峰》的预测值，认为可达到 80％左右。国家发展和改革委员会能源研究所《中国低碳建筑情景和政策路线图研究》对城镇化率的假设为 2030 年达到 70％和 2050 年达到 80％。

基于以上预测，在均值方案的基础上，对陕西省未来城镇化率进行一定的浮动调整，设定变化速率更快的积极方案和更慢的保守方案，根据住房和城乡建设部科技与产业化发展促进中心的研究[43]，2015 年高收入国家的城镇化率已超过 80％，据此设定积极方案下，陕西省远期城镇化率可达到 85％。因此，基于历史数据和相关研究报告的预测成果，对陕西省未来城镇化率做出如下设定：

（1）城镇化发展的均值方案

为了构建不同的发展情景，同时考虑到一些发达国家（如德国、日本）的城市化进程，因此参照《中国碳排放：尽早达峰》中所采取的情景设置，假设未来可能的城镇化发展均值方案：2025 年、2030 年、2050 年（常住人口）城镇化率分别为 65％、70％、80％，设定 2050～2060 年城镇化率维持在 80％保持不变，中间其他年份按照多项式拟合保持城镇化率持续增长。以此作为基准情景下城镇化率的变量赋值依据。

（2）城镇化发展的保守方案

考虑陕西省当前的人口结构及近年来经济条件、人均收入等因素，人口自然增长率不断下降，因此该方案在均值方案的基础上进行下调，2025 年下调至 64％，2030 年下调至 67％，2050 年下调至 75％，低于当前发达国家 80％的城镇化率平均水平，其余年份依然按照多项式拟合的方式补充，并保持城镇化率的持续增长。以此作为低碳情景下城镇化率的变量赋值依据。

（3）城镇化发展的积极方案

与保守方案相反，该方案认为城镇化进程将加快，在均值方案的基础上进行上浮。2025 年上浮至 69％，2030 年将上浮至 75％，至 2050 年将达到 85％，超过当前发达国家 80％的城镇化率平均水平，此后将长期保持该城镇化率水平，2050 年前的其余年份依然按照多项式拟合的方式补充逐年增长的城镇化率。以此作为高碳情景下的城镇化率的变量赋值依据。

在设定了上述关键时间节点的人口和城镇化率，并将中间年份按照多项式拟合的方式进行拟合后，三种方案下 2020～2060 年陕西省人口规模及城镇化率变化趋势如图 7-2 所示。

3. 未来人均建筑面积情景假设

人均建筑面积是反映建筑面积存量的强度指标，也是影响建筑能耗与碳排放的关键因素。本书所涉及的人均建筑面积、建筑面积总量等指标均来自《中国统计年鉴》和《中国城乡建设统计年鉴》。根据前文中 2000～2020 年陕西省建筑面积统计结果可知，截至 2020 年末，陕西省实有公共建筑面积为 34223.85 万 m²，实有城镇居住建筑面积为 101146 万 m²，实有农村居住建筑面积为 67252.05 万 m²，人均公共建筑面积为 8.65m²，城镇人均居住面积为 40.81m²，农村人均居住面积为 45.53m²。

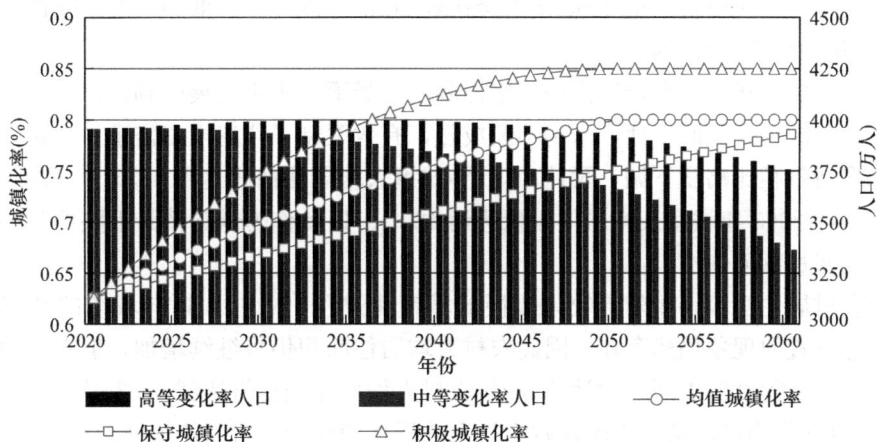

图 7-2　三种方案下 2020～2060 年陕西省人口规模及城镇化率变化趋势

根据《中国建筑节能年度发展研究报告 2018》及住房和城乡建设部科技与产业化发展促进中心的研究数据可知[43]，美国人均居住面积远远超过其他国家，法国、德国、英国和日本等经济强国人均居住面积为 40～50m²。公共建筑方面，美国人均公共建筑面积约为 25m²，德国、日本、法国、英国为 13～20m²，目前我国还不足 10m²，未来提升空间很大。农村居住建筑方面，2017 年我国农村人均居住面积达 44m²，但我国农村人均居住面积不均衡现象明显，江苏等经济发达地区农村人均居住面积已经达到了 60m²，而甘肃等地农村人均居住建筑面积仅为 32m²。

（1）未来人均建筑面积的均值方案

对于公共建筑，随着经济发展进入新常态，陕西省经济迈向高质量发展阶段，同时第三产业将继续在经济增长中占据更加重要的位置，公共服务能力也将逐渐提高，因此公共建筑规模还会持续增长。基准情景下，预计 2030 年人均公共建筑面积达到 13m²，2060 年达到 18m²。以此作为基准情景下陕西省人均公共建筑面积的变量赋值依据。

对于城镇居住建筑，基准情景下，随着陕西省经济发展和人们日益增长的生活水平需要，同时考虑城镇化已进入后期，新建建筑面积增长速度将逐渐下降。2030 年预计城镇人均居住面积增长至 42.5m²，2060 年增长至 45m²。以此作为基准情景下陕西省城镇人均居住面积的变量赋值依据。

对于农村居住建筑，随着城镇化进程的不断推进以及人口自然增长率的不断下滑，大量农村人口将继续向城镇转移。农村住宅被弃置，同时农村人口对居住水平要求也将进一步提高，因此农村人均居住面积将会持续增加。基准情景下，认为 2030 年农村人均居住面积达到 49m²，至 2060 年将会达到 53m²。以此作为基准情景下陕西省农村人均居住面积的变量赋值依据。

（2）未来人均建筑面积的保守方案

对于公共建筑，考虑土地资源的紧缺和环境承载力的限制，未来将会采取严格的建筑面积增长控制政策，使得办公、商业综合体和交通枢纽等公共建筑的发展得到限制，而学校、医院以及养老设施等公共建筑将会得到合理发展。因此，保守方案下人均公共建筑面积与均值方案相比有一定程度下调，预计 2030 年人均公共建筑面积将达到 11.5m²，此后将会持续保持中高速增长，至 2060 年将会达到 16m²。以此作为低碳情景下陕西省人均公共建筑面积的变量赋值依据。

对于城镇居住建筑，在建筑面积严格控制的情景下，未来发展受到经济、耕地、资源环境等方面的制约，同时房地产市场不断成熟，有效限制了住房投资需求。城镇人均居住面积与基准情景相比略微下调，预计 2030 年城镇人均居住面积达到 41.3m²，同时保持缓慢增长，预计 2060 年城镇人均居住面积达到 42m²。以此作为低碳情景下陕西省城镇人均居住面积的变量赋值依据。

对于农村居住建筑，伴随着较为缓慢的城镇化进程，农村人口向城镇的转移相对放缓，但住宅空置的现象仍然存在，因此农村人均居住面积仍将继续增加，但在均值方案的基础上会有一定程度的下调。预计 2030 年农村人均居住面积将达到 47.3m²，2060 年将达到 50m²。以此作为低碳情景下陕西省农村人均居住面积的变量赋值依据。

（3）未来人均建筑面积的积极方案

对于公共建筑，在经济高速增长的情况下，陕西省将继续加强建设各类公共建筑，以满足人民增长的公共服务需求。因此人均公共建筑面积将在均值方案的基础上有所提升，预计 2030 年人均公共建筑面积将提升至 13.7m²，之后继续保持高速增长，至 2060 年人均公共建筑面积达到 20m²。

对于城镇居住建筑，随着城镇化率的不断提升，陕西省住房市场的居住需求继续增长。城镇人均居住面积持续增长，预计 2030 年城镇人均居住面积达到 43.5m²，之后继续以较快速度增长，至 2060 年预计达到 47m²。以此作为高碳情景下陕西省城镇人均居住面积的变量赋值依据。

对于农村居住建筑，伴随着城镇化进程和经济增长，农村人口向城镇转移的规模扩大，农村人均居住面积在均值方案的基础上进一步得到提升。预计 2030 年农村人均居住面积达到 50m²，预计 2060 年将进一步增长到 55m²。以此作为高碳情景下陕西省农村人均居住面积的变量赋值依据。

关键时间节点的陕西省人均公共建筑面积、城镇人均居住面积和农村人均居住面积预测值如表 7-9 所示。陕西省三种类型民用建筑在不同方案下的未来人均面积预测如图 7-3 所示。

陕西省城镇化率及建筑运行人均建筑面积参数预测设定值　　　　表 7-9

参数		方案	时间节点			
			2020 年初始值	2030 年	2050 年	2060 年
城镇化率（%）		均值	62.60	70.00	80.00	80.00
		积极	62.60	75.00	85.00	85.00
		保守	62.60	67.00	75.00	78.00
人均建筑面积（m²）	公共建筑	均值	8.65	13.00	——	18.00
		积极	8.65	13.70	——	20.00
		保守	8.65	11.50	——	16.00
	城镇居住建筑	均值	40.81	42.50	——	45.00
		积极	40.81	43.50	——	47.00
		保守	40.81	41.30	——	42.00

续表

参数	方案		时间节点			
			2020 年初始值	2030 年	2050 年	2060 年
人均建筑面积（m²）	农村居住建筑	均值	45.53	49.00	—	53.00
		积极	45.53	50.00	—	55.00
		保守	45.53	47.30	—	50.00

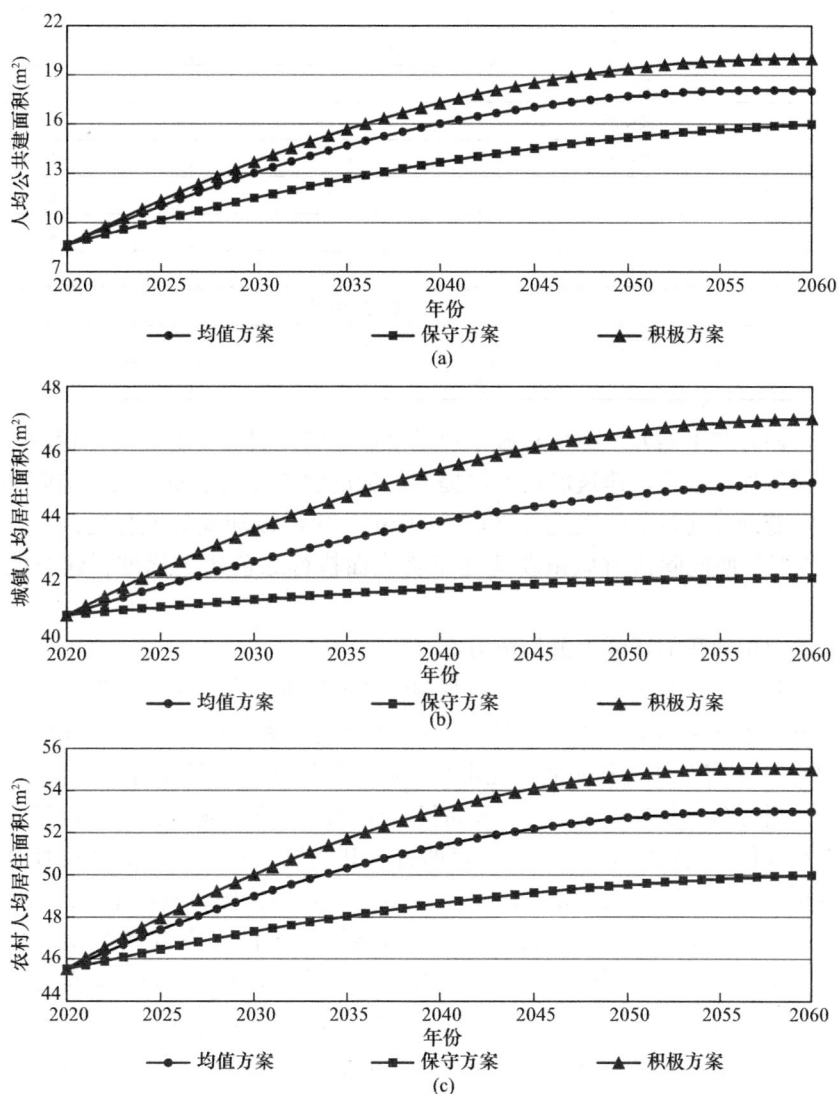

图 7-3　陕西省三种类型民用建筑在不同方案下的未来人均面积预测
（a）人均公共建筑面积；（b）城镇人均居住面积；（c）农村人均居住面积

4. 未来单位面积能耗强度情景假设

"十二五"和"十三五"期间的公共建筑、城镇居住建筑和农村居住建筑单位面积能耗强度如表 7-10 所示。预测 2020～2060 年陕西省不同类型建筑单位面积能耗强度趋势，先确定基准情景下不同类型建筑单位面积能耗强度的均值方案，之后根据均值方案对各时间段的单位面积能耗强度年均变化率进行调整，确定低碳和高碳情景下的变量赋值方案。

2011～2020 年陕西省建筑单位面积能耗强度

表 7-10

年份	公共建筑单位面积 能耗强度（kgce/m²）	城镇居住建筑单位 面积能耗强度（kgce/m²）	农村居住建筑单位 面积能耗强度（kgce/m²）
2011	35.12	9.10	4.60
2012	27.05	8.68	4.71
2013	25.32	8.28	4.22
2014	25.53	8.17	4.31
2015	24.99	7.47	4.21
2016	24.57	6.99	4.58
2017	23.09	7.11	4.37
2018	20.72	7.41	4.51
2019	21.42	7.30	4.81
2020	20.03	7.41	4.90
时间段	年均变化率（%）		
2011～2015	−2.57	−4.79	−2.09
2016～2020	−2.70	1.52	1.82

根据《陕西省"十四五"住房和城乡建设事业发展规划》，"十三五"期间陕西省建筑节能和绿色建筑加速推进，建筑能效大幅提升，绿色建筑规模不断扩大，监管体系与制度逐步健全。实施既有建筑节能改造 2035.46 万 m²，建设被动式低能耗建筑 55.69 万 m²。同时，"十四五"期间陕西省城镇新建建筑将全面执行绿色建筑标准、建筑能效将稳步提升。

（1）未来单位面积能耗强度的均值方案

公共建筑和城镇居住建筑均执行国家强制性节能标准，在"十四五"和"十五五"短期预测均值方案中延续历史变化率；关于 2060 年远期预测，徐伟等人[44]认为基准情景下 2040 年前新建建筑将全部达到超低能耗水平，同时我国建筑设计寿命一般为 50 年，大多数建筑实际使用寿命不超过 40 年[45]，远期我国现存的不节能或节能率低的建筑将被拆除或改造，因此预估在均值方案下 2060 年陕西省公共建筑供暖空调和照明能耗强度、城镇居住建筑供暖空调能耗强度均较现状降低 50%以上。根据住房和城乡建设部科技与产业化发展促进中心的测算，目前公共建筑近 80%的能耗源于供暖空调和照明，居住建筑近 60%的能耗源于供暖空调。同时，参考潘毅群等人[5]对未来民用建筑能耗强度的变化趋势预测，设定公共建筑和城镇居住建筑均值方案下的单位面积能耗强度，并在此基础上设定积极方案和保守方案，积极方案代表更早推广超低能耗和近零能耗建筑，保守方案则代表着推广速度更慢。

农村居住建筑尚未执行国家强制性节能标准，在"十四五"和"十五五"短期预测均值方案中延续历史变化率；关于 2060 年远期预测，根据徐伟等人[2]、张时聪等人[3]对我国农村居住建筑单位面积能耗强度变化规律的分析，认为随着农村居民生活水平改善和热舒适需求的提高，2060 年此数值在 2020 年的基础上增长 60%左右。本书采用此数据作为陕西省农村居住建筑单位面积能耗强度均值方案的目标值，在均值方案的基础上，对历年变化率进行调整，分别设定积极和保守两种方案[5]。

对于公共建筑，由表 7-10 可知，自 2011 年以来，单位面积能耗强度已经达峰并开始下降，且下降速率越来越慢，因此变化率也将降低。同时，"十三五"以来新建建筑执行节能标准的力度加大，未来政策效果对单位面积能耗强度降低的贡献将会更加显著。同时，考虑公共建筑单位面积能耗强度短期内变化特性，变量设置按照每隔五年评估一次，即按照 2021～2025 年、2026～2030 年、2031～2035 年、2036～2040 年、2041～2045 年、2046～2050 年、2051～2055 年、2056～2060 年 8 个时间段设置平均变化率分别为−1.5%、−1.5%、−1.5%、−1.5%、−1.5%、−1.5%、−1%、−1%。以此作为基准情景下陕西省公共建筑单位面积能耗强度的变量赋值依据。

对于城镇居住建筑，由表 7-10 可知，从 2000～2020 年较长时间跨度来看，陕西省城镇居住建筑单位面积能耗强度已经在 2006 年达到 18.78kgce/m² 的峰值，但从一个较短的时间范围内看，如"十三五"期间又呈现增长趋势。但随着超低能耗建筑、绿色建筑和既有建筑节能改造的推广实施，在设定未来变化率时，前期短时间内设定单位面积能耗强度增加，之后下降。因此在 8 个时间段内设定平均变化率分别为 1.5%、1.5%、1%、−1%、−2%、−2%、−3%、−3%。以此作为基准情景下陕西省城镇居住建筑单位面积能耗强度的变量赋值依据。

对于农村居住建筑，由表 7-10 可知，"十三五"以来陕西省农村居住建筑单位面积能耗强度持续增长。同时农村建筑节能标准强制执行力度不足，农村商品化用能也在逐渐增多，传统生物质能逐渐被取代，农村建筑电气化水平逐渐提升，农村居住建筑单位面积能耗强度仍将不断增长。基于现阶段农村居住建筑单位面积能耗强度趋势，在 2020 年后的 8 个时间段内设定平均变化率分别为 2%、2%、2%、1%、1%、0.5%、0.5%、0.5%。以此作为基准情景下陕西省农村居住建筑单位面积能耗强度的变量赋值依据。

（2）未来单位面积能耗强度的保守方案

作为保守方案，是在各类型建筑单位面积能耗强度均值方案的基础上以更高的能源消耗方式发展下去，因此有如下设定：

对于公共建筑，8 个时间段的单位面积能耗强度下降速率均有不同程度的降低，设定变化率分别为−1%、−1%、−1%、−1%、−1%、−0.5%、−0.5%、−0.5%。以此作为高碳情景下陕西省公共建筑单位面积能耗强度的变量赋值依据。

对于城镇居住建筑，与均值方案变化趋势相同，设定变化率分别为 2%、2%、1.5%、−0.5%、−1.5%、−1.5%、−2.5%、−2.5%。以此作为高碳情景下陕西省城镇居住建筑单位面积能耗强度的变量赋值依据。

对于农村居住建筑，考虑未来农村地区不断增强的用能需求，在均值方案的基础上对各时间段的单位面积能耗强度年均变化率作出不同程度的上调，设定变化率分别为 3%、3%、3%、2.5%、1.5%、1%、0.5%、−0.5%。以此作为高碳情景下陕西省农村居住建筑单位面积能耗强度的变量赋值依据。

（3）未来单位面积能耗强度的积极方案

作为积极方案，是在各类型建筑单位面积能耗强度的均值方案基础上，以节能加速的方式发展下去，因此有如下设定：

对于公共建筑，8 个时间段的单位面积能耗强度下降速率均有不同程度的升高，设定变化率分别为−2%、−2%、−2%、−2.5%、−2.5%、−2.5%、−1%、−1%。以此作为低碳情景下陕西省公共建筑单位面积能耗强度的变量赋值依据。

对于城镇居住建筑，与均值方案变化趋势相同，设定变化率分别为1％、1％、0.5％、−1.5％、−2.5％、−3％、−3％、−3％。以此作为低碳情景下陕西省城镇居住建筑单位面积能耗强度的变量赋值依据。

对于农村居住建筑，考虑未来农村地区居住建筑节能标准政策和相关技术与措施的深入推进与实施，假设8个时间段的年均增速在均值方案的基础上略微下调，分别为1.5％、1.5％、1.5％、0.5％、0.5％、−0.5％、−1％、−1％。以此作为低碳情景下陕西省农村居住建筑单位面积能耗强度的变量赋值依据。

根据以上设定，陕西省各类型建筑在三种方案下的单位面积能耗强度预测如图7-4所示。

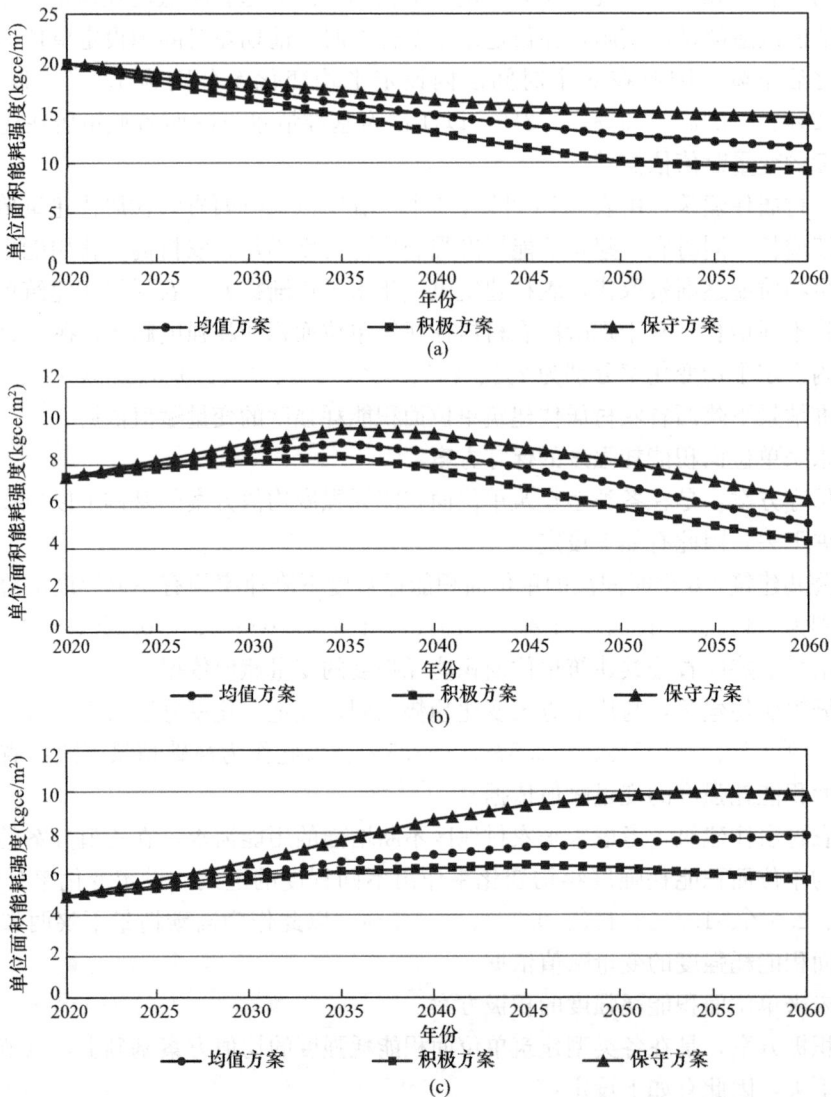

图7-4　陕西省各类型建筑在三种方案下的单位面积能耗强度预测
（a）公共建筑；（b）城镇居住建筑；（c）农村居住建筑

5. 未来建筑综合碳排放系数情景假设

基于本书对于 Kaya 恒等式的因素分解设定，建筑碳排放强度水平采用碳排放与能耗比值得到的综合碳排放系数这一参数表示。2011～2020 年公共建筑、城镇居住建筑和农村居住建筑综合碳排放系数的历史数据如图 7-5 所示。

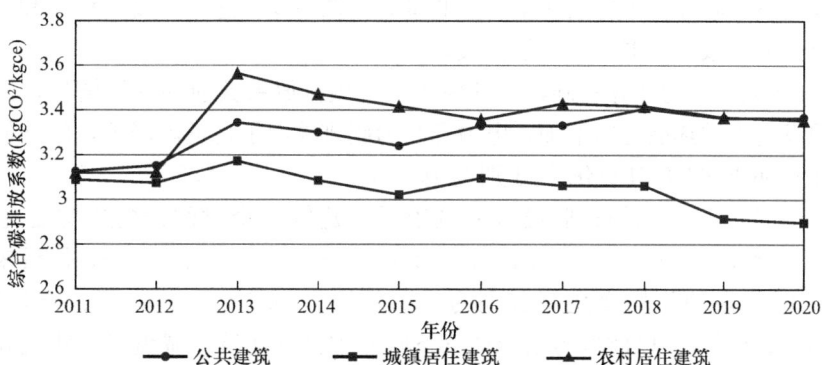

图 7-5 2011～2020 年三类建筑综合碳排放系数

由前文对建筑综合碳排放系数的分解过程可知，将能源使用类型分为化石能源、电力和热力，并分别计算各自的碳排放系数和消耗比例后，发现电力及热力碳排放系数长期高于各类型建筑的综合碳排放系数，同时电气化水平的不断升高，导致电力碳排放在总的建筑碳排放中占比逐渐提高，进而导致建筑综合碳排放系数升高。因此，未来需要加大低碳电力和热力供应，降低电力和热力碳排放因子。《"十四五"可再生能源发展规划》要求，2030 年非化石能源消费占比达到 25% 左右，风电、太阳能发电总装机容量达到 12 亿 kWh 以上，"十四五"期间，可再生能源在一次能源消费增量中占比超过 50%。

在建筑综合碳排放系数的设定中，采用与单位面积能耗强度相同的办法，首先按照表 7-11 所示的 2011～2020 年陕西省建筑综合碳排放系数年均变化率，推演未来不同时间段的基准情景下均值方案的年均变化率，即按照 2021～2025 年、2026～2030 年、2031～2035 年、2036～2040 年、2041～2045 年、2046～2050 年、2051～2055 年、2056～2060 年的 8 个时间段分别设置。

2011～2020 年陕西省建筑综合碳排放系数年均变化率 表 7-11

时间段	年均变化率		
	公共建筑	城镇居住建筑	农村居住建筑
2011～2015 年	0.95%	−0.05%	2.52%
2016～2020 年	0.29%	−1.62%	−0.21%

（1）未来建筑综合碳排放系数的均值方案

综合碳排放系数主要受电力、热力和化石能源组成的能源结构变化的影响。依据历史趋势确定各类建筑综合碳排放系数变化率，从历史数据及 Kaya 恒等式的分解过程来看，其在数值上较小，因此微小的变化对碳排放总量会产生较大影响，其总体变化较小。

综合碳排放系数包含了产生碳排放的各类能源碳排放因子，未来我国能源消费结构将持续优化，建筑电气化率不断提升，《2060 年世界和中国能源展望报告（2023）》和《中国碳中和综合报告2022：深度电气化助力碳中和》的预测结果表明，2060年我国可再生能源发电将达到83%以上，建筑电气化率将达到80%以上。采用以上数据作为综合碳排放系数积极方案下的预测目标，并结合陕西省建筑运行综合碳排放系数历史变化趋势，同样参考潘毅群等人对未来建筑综合碳排放系数的变化趋势设定[5]，在现有政策和能源结构的基础上设定各时间段的年均变化率，在此基础上调整变化速率，设定均值和保守两种方案的综合碳排放系数。本书作出如下假设。

以2020年数据作为计算基础，公共建筑综合碳排放系数前期继续增长，但随着未来可再生能源发电及供热能力的增加，电力和热力碳排放因子将逐渐降低，因此假设未来公共建筑8个时间段的年均变化率分别为0.4%、0.4%、-0.5%、-1.5%、-2.5%、-3.5%、-4.5%、-5.5%；假设未来城镇居住建筑8个时间段的年均变化率分别为-0.8%、-0.8%、-0.8%、-1.3%、-2%、-2%、-3%、-3%；假设未来农村居住建筑8个时间段的年均变化率分别为-0.2%、-0.2%、-0.2%、-1%、-2%、-3%、-4%、-5%。以此作为基准情景下陕西省公共建筑、城镇居住建筑和农村居住建筑综合碳排放系数的变量赋值依据。

（2）未来建筑综合碳排放系数的保守方案

相较于均值方案，保守方案探索的是一种更高排放情景下的综合碳排放系数变化结果，均是在均值方案的基础上降低综合碳排放系数。

对于公共建筑，保守方案在均值方案的基础上采用更高的变化率，使公共建筑综合碳排放系数前期较为快速地增长，中后期低速下降。未来8个时间段内的变化率分别为0.8%、0.8%、0.25%、-0.25%、-0.3%、-0.3%、-0.5%、-0.5%。以此作为高碳情景下陕西省公共建筑综合碳排放系数的变量赋值依据。

对于城镇居住建筑，保守方案同样在均值方案的基础上进行调整，未来8个时间段内的变化率分别为-0.3%、-0.3%、-0.3%、-0.8%、-1.5%、-1.5%、-2%、-2%。以此作为高碳情景下陕西省城镇居住建筑综合碳排放系数的变量赋值依据。

对于农村居住建筑，保守方案下的综合碳排放系数前期适当增加，后期不断降低，未来8个时间段内的变化率分别为0.3%、0.3%、0.3%、-0.5%、-1%、-2%、-3%、-4%。以此作为高碳情景下陕西省农村居住建筑综合碳排放系数的变量赋值依据。

（3）未来建筑综合碳排放系数的积极方案

与保守方案相反，积极方案旨在探索一种建筑节能减排的低碳情景下的变化结果，所有时间段的变化调整均是在均值方案的基础上对综合碳排放系数进行增速降低或降速提升的调整，确保未来能源结构的合理规划，在高能耗情景下有效降低建筑的碳排放总量。

为快速实现建筑低碳发展的愿景，公共建筑、城镇居住建筑和农村居住建筑的综合碳排放系数积极方案自基准年开始变化率便降低，未来8个时间段的年均变化率，公共建筑分别为-0.4%、-0.4%、-1.5%、-2%、-3%、-4%、-5%、-6%，城镇居住建筑分别为-1.3%、-1.3%、-1.3%、-2%、-3%、-3%、-5%、-5%。农村居住建筑分别为-0.7%、-0.7%、-0.7%、-2%、-3%、-4%、-5%、-6%。以此作为低碳情景下陕西省各类型建筑综合碳排放系数的变量赋值依据。

根据以上设定，陕西省各类型建筑在三种方案下的综合碳排放系数预测如图7-6所示。

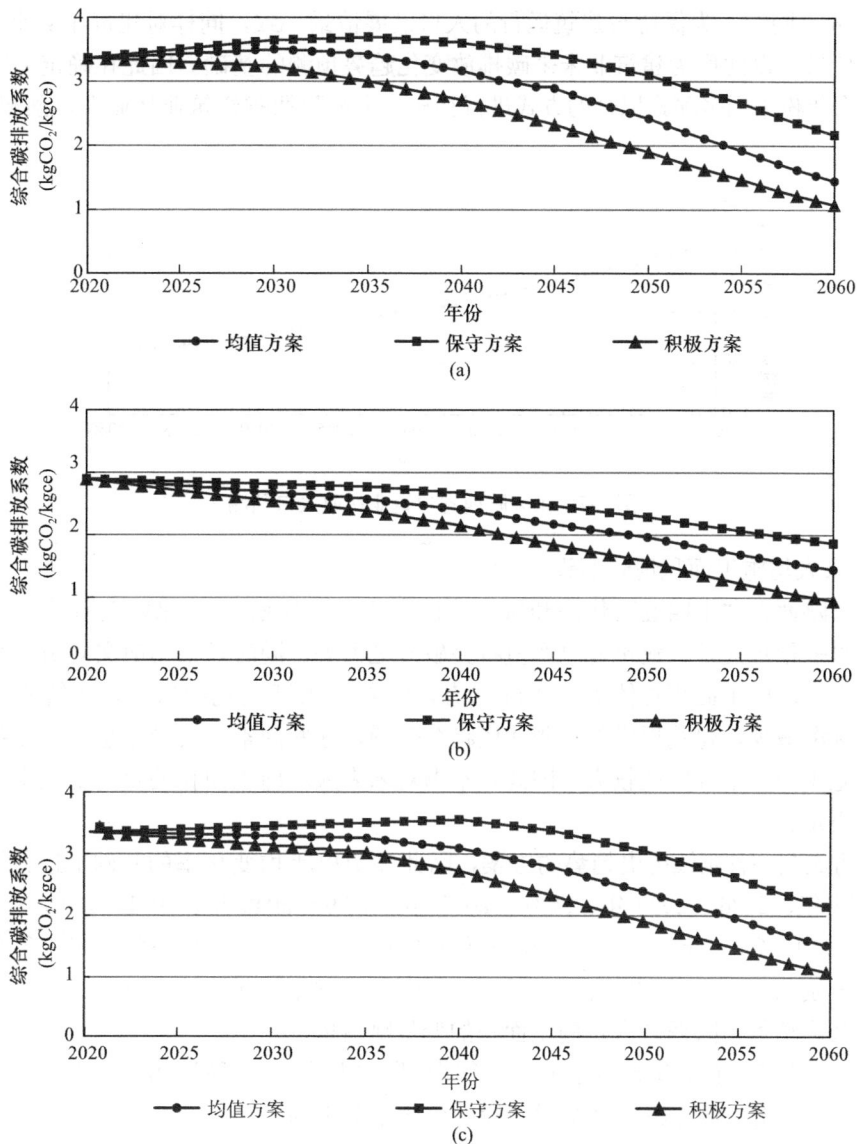

图 7-6　陕西省各类型建筑在三种方案下的综合碳排放系数预测

(a) 公共建筑；(b) 城镇居住建筑；(c) 农村居住建筑

7.4.2.3　建筑业模型参数设定

1. 未来建筑业从业人口情景假设

从前文对建筑业基本情况的统计结果可知，2010～2020 年陕西省建筑业从业人口波动较大，2018 年已经达到峰值（153.94 万人），后续持续降低，至 2020 年降低为143.16 万人。随着建筑规模发展得到控制，新建建筑增量将逐渐减少，且随着建筑施工技术的逐渐提高，对于相关从业人员需求数量也逐渐降低，而相应提高了从业人员的需求质量。同时，由于我国人口进入加速老龄化时期和负增长阶段，建筑业从业人口将进一步降低。

研究认为，建筑业从业人口将在 2020 年的基础上逐步减少，2030 年降低 5%，2060

年降低15%。同时，为保持与建筑运行的人口发展情景一致，同样对建筑业从业人口设置一种变化情景，以此作为建筑业未来碳排放变化趋势预测的基础。因此在确定关键时间节点后，其余年份采用多项式拟合的方式进行补充。未来陕西省建筑业从业人口预测如图7-7所示。

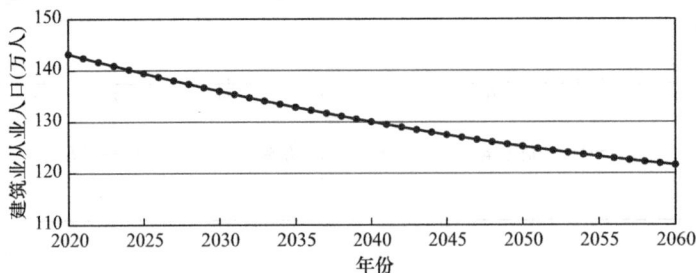

图 7-7 未来陕西省建筑业从业人口预测

2. 未来人均施工面积情景假设

根据《陕西省"十四五"住房和城乡建设事业发展规划》，未来陕西省建筑业绿色发展与创新水平稳步提升，建筑业总产值将突破万亿大关。同时，根据前文对历史数据的梳理，近年来人均施工面积总体处于下降状态，随着进入城镇化中后期，建筑的"大拆大建"现象逐渐减少，建筑规模的扩张速度将会变慢，这些因素将会导致总施工面积持续下降，人均施工面积不确定性较大。因此，本书对未来人均施工面积的年均变化率做出如下三种方案设定：

均值方案是一种延续历史趋势的方案，因此在历史年均变化率的基础上进行调整，对2021～2025年、2026～2030年、2031～2035年、2036～2040年、2041～2045年、2046～2050年、2051～2055年、2056～2060年8个时间段分别进行变化率的设定，各个时间段的变化率分别为−2%、−2%、−2%、−1%、−1%、−1%、−1%、−1%。以此作为基准情景下陕西省人均施工面积的变量赋值依据。

保守方案基于均值方案调低了未来8个时间段的人均施工面积变化率，是一种更加快速降低碳排放的方案。该方案下8个时间段的变化率分别为−1%、−1%、−1%、−0.5%、−0.5%、−0.5%、−0.5%、−0.5%。以此作为高碳情景下陕西省人均施工面积的变量赋值依据。

积极方案基于均值方案提高了未来8个时间段的人均施工面积变化率，是一种更加缓慢降低碳排放的情景方案。该方案下8个时间段的变化率分别为−3%、−3%、−3%、−2%、−2%、−2%、−2%、−2%。以此作为低碳情景下陕西省人均施工面积的变量赋值依据。

根据以上设定，三种方案下陕西省人均施工面积预测如图7-8所示。

3. 未来单位施工面积能耗强度情景假设

随着绿色低碳建造的不断推进，装配式建筑占比将逐渐增高，《城乡建设领域碳达峰实施方案》要求，到2030年施工现场建筑材料损耗率相比2020年下降20%，积极推广节能型施工设备，监控重点设备耗能，对多台同类设备实施群控管理，推进建筑垃圾集中处理、分级利用，到2030年建筑垃圾资源化利用率达到55%。

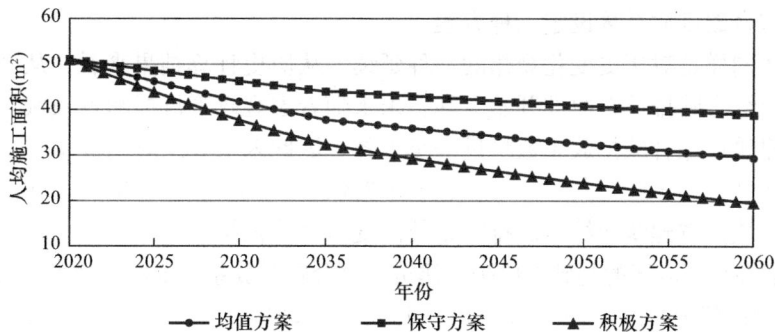

图 7-8　三种方案下陕西省人均施工面积预测

《陕西省"十四五"住房和城乡建设事业发展规划》也要求推进新型建筑工业化，积极推进装配式装修技术和产品，实现内装部品工业化集成建设，鼓励企业组织开展工厂化制造、装配式施工。大力推广适应新型建筑工业化生产的装配式混凝土、装配式钢结构建筑。因此，本书对单位施工面积能耗强度年均变化率进行如下设定（同样按照均值方案、积极方案、保守方案设定）：

均值方案下延续历史趋势，未来 8 个时间段的单位施工面积能耗强度年均变化率分别为 -2%、-2%、-2%、-2%、-1.5%、-1.5%、-1%、-1%。以此作为基准情景下陕西省单位施工面积能耗强度的变量赋值依据。

保守方案在均值方案的基础上缓慢降低，并且认为随着建筑工业化达到一定程度后，未来单位施工面积能耗强度的下降速率会逐渐变慢。因此，未来 8 个时间段的年均变化率分别为 -1%、-1%、-1%、-1%、-0.8%、-0.8%、-0.5%、-0.5%。以此作为高碳情景下陕西省单位施工面积能耗强度变量参数的赋值依据。

积极方案在均值方案的基础上加速降低单位施工面积能耗强度，因此未来 8 个时间段的年均变化分别为 -3%、-3%、-3%、-3%、-2%、-2%、-1.5%、-1.5%。以此作为低碳情景下陕西省单位施工面积能耗强度的变量赋值依据。

三种方案下陕西省单位施工面积能耗强度预测如图 7-9 所示。

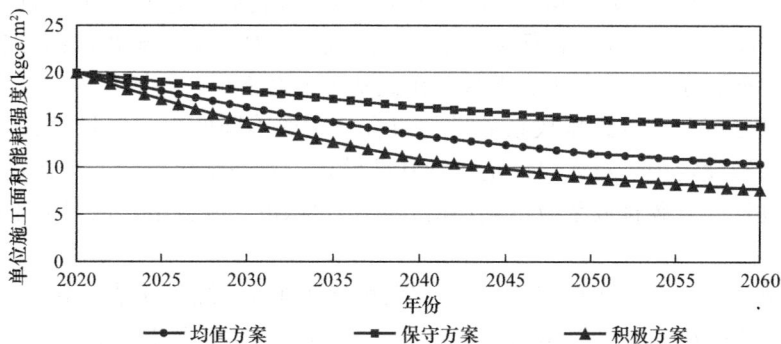

图 7-9　三种方案下陕西省单位施工面积能耗强度预测

4. 未来建筑业综合碳排放系数情景假设

与人均施工面积和单位施工面积能耗强度预测方式相同，同样依据历史变化规律对陕西省建筑业综合碳排放系数设定三种方案。

均值方案同样是对历史变化规律的一种延续,从历史计算结果来看,从 2020 年开始,陕西省建筑业综合碳排放系数即开始下降,未来随着宏观政策目标和各领域技术措施的实行,陕西省建筑业综合碳排放系数将进一步下降。因此未来 8 个时间段年均变化率分别为 -0.2%、-0.2%、-0.3%、-0.3%、-0.3%、-0.3%、-0.3%、-0.3%。以此作为基准情景下陕西省建筑业综合碳排放系数的变量赋值依据。

保守方案在均值方案的基础上放缓了建筑业综合碳排放系数的降低速率,未来 8 个时间段的年均变化率分别为 -0.1%、-0.1%、-0.2%、-0.2%、-0.2%、-0.2%、-0.2%、-0.2%。以此作为高碳情景下陕西省建筑业施工综合碳排放系数的变量赋值依据。

积极方案在均值方案的基础上加速了建筑业综合碳排放系数的降低速率,未来 8 个时间段的年均变化率分别为 -0.5%、-0.5%、-0.7%、-0.7%、-0.7%、-0.7%、-0.7%、-0.7%。以此作为低碳情景下陕西省建筑业施工综合碳排放系数的变量赋值依据。

三种方案下陕西省建筑业综合碳排放系数预测如图 7-10 所示。

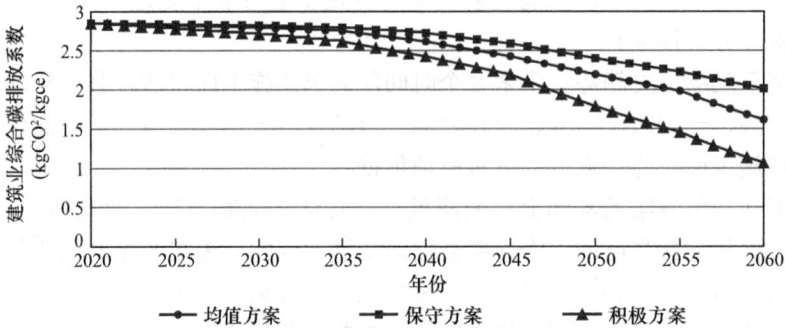

图 7-10　三种方案下陕西省建筑业综合碳排放系数预测

7.4.3　情景发展

7.4.3.1　建筑运行碳排放方案情景组合

基于前文对于陕西省公共建筑、城镇居住建筑和农村居住建筑各项指标的未来变量参数设定,首先确定各类型建筑在低碳、基准和高碳三种情景下的碳排放趋势和达峰时间,并将其作为建筑运行碳排放的上、下限。在此基础上对人口、城镇化率、人均建筑面积、单位面积能耗强度及综合碳排放系数进行组合,获取不同的中间情景模式。在 Kaya 恒等式的五个参数设定中,对人口设定一种基准模式,对城镇化率、人均建筑面积、单位面积能耗强度和综合碳排放系数设置均值、保守和积极三种方案,以对应不同情景变化模式。

通过对城镇化率、人均建筑面积、单位面积能耗强度、综合碳排放系数 4 种变量的不同方案组合,共得到 8 种情景模式,如表 7-12 所示。其中,基准情景:未来确定在不做任何政策和技术措施调整的情况下,按照未来经济路径发展下的碳排放变化模式;低碳情景:在经济已经转入中高速发展的情景下,采用较为有力度的技术措施进行调控的碳排放变化模式;高碳情景:经济在更为高速发展的情景下,对建筑领域采用更为宽松的发展政策及执行力度更低的技术措施下的碳排放变化模式。

建筑运行碳排放方案情景组合　　　　　表 7-12

情景类型	建筑类型	人口规模	城镇化率	人均建筑面积	单位面积能耗强度	综合碳排放系数
基准情景	公共建筑	均值方案	—	均值方案	均值方案	均值方案
	城镇居住建筑	均值方案	均值方案	均值方案	均值方案	均值方案
	农村居住建筑	均值方案	均值方案	均值方案	均值方案	均值方案
低碳情景	公共建筑	均值方案	—	保守方案	积极方案	积极方案
	城镇居住建筑	均值方案	保守方案	保守方案	积极方案	积极方案
	农村居住建筑	均值方案	保守方案	保守方案	积极方案	积极方案
高碳情景	公共建筑	均值方案	—	积极方案	保守方案	保守方案
	城镇居住建筑	均值方案	积极方案	积极方案	保守方案	保守方案
	农村居住建筑	均值方案	积极方案	积极方案	保守方案	保守方案
中间情景 A	公共建筑	均值方案	—	积极方案	均值方案	均值方案
	城镇居住建筑	均值方案	积极方案	积极方案	均值方案	均值方案
	农村居住建筑	均值方案	积极方案	积极方案	均值方案	均值方案
中间情景 B	公共建筑	均值方案	—	积极方案	积极方案	积极方案
	城镇居住建筑	均值方案	均值方案	积极方案	积极方案	积极方案
	农村居住建筑	均值方案	均值方案	积极方案	积极方案	积极方案
中间情景 C	公共建筑	均值方案	—	均值方案	积极方案	积极方案
	城镇居住建筑	均值方案	均值方案	均值方案	积极方案	积极方案
	农村居住建筑	均值方案	均值方案	均值方案	积极方案	积极方案
中间情景 D	公共建筑	均值方案	—	均值方案	积极方案	均值方案
	城镇居住建筑	均值方案	均值方案	均值方案	积极方案	均值方案
	农村居住建筑	均值方案	均值方案	均值方案	积极方案	均值方案
中间情景 E	公共建筑	均值方案	—	均值方案	均值方案	积极方案
	城镇居住建筑	均值方案	均值方案	均值方案	均值方案	积极方案
	农村居住建筑	均值方案	均值方案	均值方案	均值方案	积极方案

由以上情景确定建筑领域碳排放达峰区间和最快达峰路径，并在基准情景的基础上，对 Kaya 恒等式的 5 个参数进行调整组合，获得 A、B、C、D、E 五种中间情景模式。中间情景 A：加快调整城镇化率与人均建筑面积；中间情景 B：加快调整人均建筑面积、单位面积能耗强度和综合碳排放系数；中间情景 C：加快调整单位面积能耗强度和综合碳排放系数；中间情景 D：加快调整单位面积能耗强度；中间情景 E：加快调整综合碳排放系数。加快调整的参数执行积极方案，其余未调整的参数则执行均值方案。

7.4.3.2　建筑业碳排放方案情景组合

本书已经对《世界人口展望 2022》中两种人口情景下的建筑运行碳排放发展进行模拟预测，为保持后续建筑领域碳排放情景的一致性，本小节对建筑业碳排放方案的情景组合进行设置。

建筑业碳排放方案的情景组合与建筑运行阶段的情景组合相同，对建筑业碳排放预测过程中涉及的建筑业从业人口、人均施工面积、单位施工面积能耗强度和建筑业综合碳排放系数四个参数进行组合。为保证后续与建筑运行阶段的情景相一致，同样设置了 8 种情景，如表 7-13 所示。

建筑业碳排放方案情景组合   表 7-13

情景类型	建筑从业人口	人均施工面积	单位施工面积能耗强度	建筑业综合碳排放系数
基准情景	均值方案	均值方案	均值方案	均值方案
低碳情景	均值方案	积极方案	积极方案	积极方案
高碳情景	均值方案	保守方案	保守方案	保守方案
中间情景 A	均值方案	积极方案	均值方案	均值方案
中间情景 B	均值方案	积极方案	积极方案	积极方案
中间情景 C	均值方案	均值方案	积极方案	积极方案
中间情景 D	均值方案	均值方案	积极方案	均值方案
中间情景 E	均值方案	均值方案	均值方案	积极方案

7.4.4 情景预测结果

对各类情景进行模拟预测，最终经综合分析不同情景下建筑运行碳排放的达峰时间、峰值和与基准情景相比的减排目标，以 2030 年前建筑领域碳达峰为底线，选取适宜的情景作为碳达峰方案，该情景下的碳排放趋势即为碳达峰曲线，是制定碳达峰碳中和实施路径和重点任务的主要依据。

7.4.4.1 建筑运行碳排放预测

1. 高等情景人口规模下的建筑运行碳排放预测

采用表 7-12 中的情景组合，按照 Kaya 恒等式预测模型，预测陕西省公共建筑、城镇居住建筑和农村居住建筑碳排放量的未来趋势。高等情景人口规模下陕西省建筑运行碳排放量的未来发展趋势如图 7-11 所示。其中，高等情景人口规模预测源于《世界人口展望2022》，认为我国人口将在 2035 年达到峰值，经等变化率折算的陕西省人口峰值为3999.54 万人。

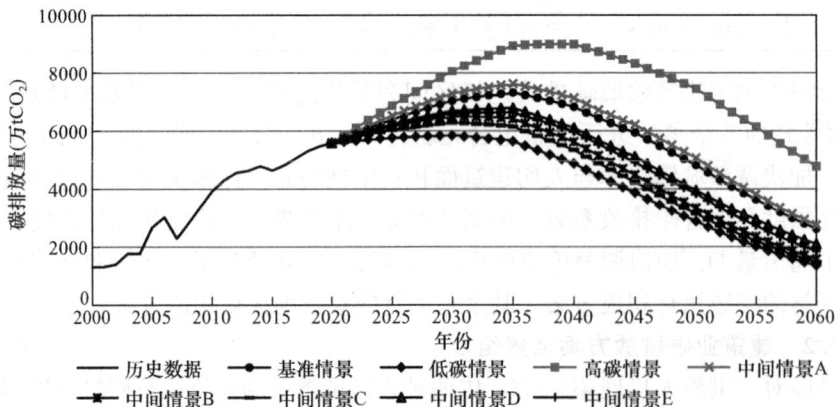

图 7-11 高等情景人口规模下陕西省建筑运行碳排放量的未来发展趋势

由图 7-11 可知，基准情景下，若不对人均建筑面积、单位面积能耗强度等进行任何干预，陕西省未来建筑运行碳排放量将在 2035 年达峰，碳排放量为 7320.32 万 tCO_2，达峰时间晚于国家 2030 年碳达峰的要求；高碳情景下，最晚于 2039 年达峰，达峰时间比基准情景晚 4 年，且届时建筑运行碳排放量将达到 9000.44 万 tCO_2，比基准情景高出

22.95%；低碳情景下，使用最缓慢的城镇化率和人均建筑面积增速、最迅速的单位面积能耗强度和综合碳排放系数降速，即在最严格的调控情景下，陕西省建筑运行碳排放量将在 2029 年达峰，碳达峰排放量为 5843.14 万 tCO_2，比基准情景低 20.18%，比高碳情景低 35.08%。

从中间情景的预测结果来看，单独对单位面积能耗强度和综合碳排放系数作出调整的中间情景 D 和 E 碳排放达峰时间分别为 2035 年和 2033 年，峰值分别下降至 6791.00 万 tCO_2 和 6636.11 万 tCO_2，比基准情景的峰值低了 7.23% 和 9.35%。城镇化率和人均建筑面积加速增长的中间情景 A，其碳排放量达峰时间为 2035 年，峰值为 7625.00 万 tCO_2，该情景下的达峰时间并未明显变化，且仅增加了 4.16% 的碳排放量，说明这两种因素对于建筑运行碳排放量趋势的影响并不明显。

对单位面积能耗强度和综合碳排放系数加速调整的中间情景 C，其碳排放量在目标年份即 2030 年达峰，峰值为 6282.04 万 tCO_2，比基准情景提前五年达峰，峰值降低 14.18%。中间情景 B 在中间情景 C 的基础上采用了人均建筑面积增长的积极方案，其碳排放量也可以在 2030 年达峰，峰值为 6495.68 万 tCO_2，比基准情景下降 11.27%。从中间情景的碳排放量预测结果来看，加快调节单位面积能耗强度和综合碳排放系数，对建筑运行碳排放量峰值和达峰时间具有重要影响。

2. 中等情景人口规模下的建筑运行碳排放预测

采用表 7-13 中的情景组合，按照 Kaya 恒等式预测模型，预测陕西省公共建筑、城镇居住建筑和农村居住建筑的碳排放量的未来趋势。中等情景人口规模下陕西省建筑运行碳排放量的未来发展趋势如图 7-12 所示。其中，中等情景人口规模预测源于《世界人口展望 2022》，认为我国人口将在 2022 年达到峰值，经等变化率折算的陕西省人口峰值为3960.35 万人。

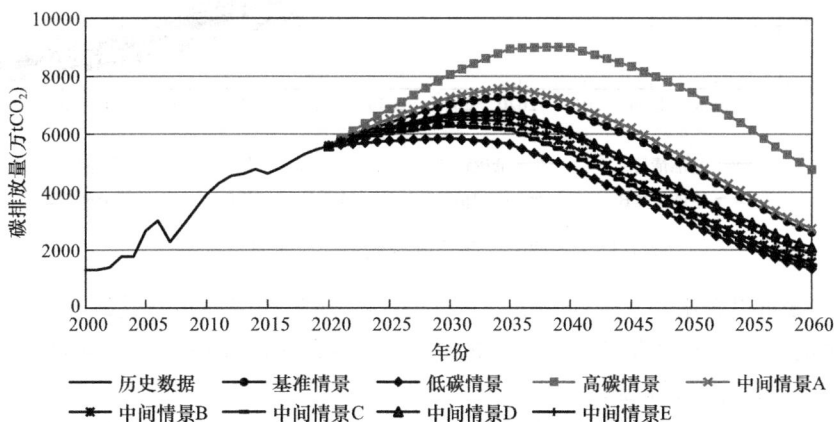

图 7-12　中等情景人口规模下陕西省建筑运行碳排放量的未来发展趋势

由图 7-12 可知，基准情景下，陕西省建筑运行碳排放达峰时间仍为 2035 年，但峰值有所降低，为 7124.36 万 tCO_2，2060 年仍然有 2344.31 万 tCO_2，最终的碳排放量偏高，通过碳汇、碳捕集的方式中和建筑运行阶段所有的二氧化碳仍然存在一定的难度，因此仍需要采取相关的低碳节能政策，确保在 2060 年碳中和时的建筑运行碳排放量处于低位。高碳情景下，陕西省建筑运行碳排放的达峰时间为 2036 年，峰值为 8710.46 万 tCO_2，

2060 年的碳排放量还有 4282.47 万 tCO₂。低碳情景下，达峰时间比高等情景人口规模提前 2 年，在 2027 年达峰，碳排放量的峰值为 5765.67 万 tCO₂，2060 年的碳排放量还有 1211.75 万 tCO₂。

从中间情景的预测结果来看，中间情景 A 的碳排放量达峰时间为 2035 年，与基准情景相同，峰值为 7421.22 万 tCO₂，相比基准情景增加了 296.86 万 tCO₂，2060 年的碳排放量还有 2462.12 万 tCO₂；中间情景 B 的碳排放量达峰时间为 2030 年，峰值为 6495.68 万 tCO₂；中间情景 C 的碳排放量达峰时间同样在 2030 年，峰值为 6282.04 万 tCO₂，相比于中间情景 B 有所降低；中间情景 D 的碳排放量达峰时间也为 2035 年，峰值为 6791.00 万 tCO₂，2060 年的碳排放量还有 2091.76 万 tCO₂；中间情景 E 的碳排放量达峰时间为 2033 年，峰值为 6636.11 万 tCO₂，2060 年的碳排放量还有 1845.43 万 tCO₂。与高等情景人口规模下的建筑运行碳排放相一致，加快调节单位面积能耗强度和综合碳排放系数，对降低碳排放峰值和提前实现碳达峰具有明显作用。

7.4.4.2 建筑业碳排放预测

基于对建筑业从业人口、人均施工面积、单位施工面积能耗强度、建筑业综合碳排放系数四个变量的赋值结果，并按照建筑业发展情景组合，模拟计算得到陕西省建筑业碳排放量的未来发展趋势，如图 7-13 所示。

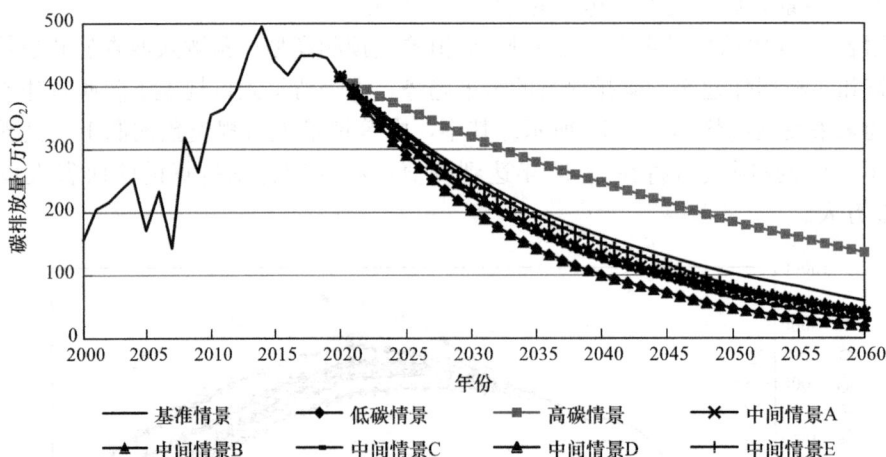

图 7-13　陕西省建筑业碳排放量的未来发展趋势

由图 7-13 可以看出，基准情景下，2020～2060 年陕西省建筑业的碳排放量处于达峰后逐年下降的趋势，因此未来需要考虑的是 2030 年后在低碳情景下快速降低碳排放量，进而实现建筑业碳中和的问题。

基准情景下，要求 4 种变量全部设置为均值方案，陕西省建筑业碳排放量由 2020 年的 415.83 万 tCO₂ 降低至 2060 年的 59.79 万 tCO₂；低碳情景下，要求 4 种变量全部设置为低碳情景方案，即建筑业从业人口选择均值方案、人均施工面积选择积极方案、单位施工面积能耗强度和建筑业综合碳排放系数选择积极方案，陕西省建筑业碳排放量由 2020 年的 415.83 万 tCO₂ 降低至 2060 年的 19.38 万 tCO₂；高碳情景下，建筑业从业人口选择均值方案，人均施工面积选择积极方案，单位施工面积能耗强度和建筑业综合碳排放系数均选择保守方案，陕西省建筑业碳排放量由 2020 年的 415.83 万 tCO₂ 降低至 2060 年的

136.01 万 tCO₂。

从中间情景的模拟结果来看，中间情景 A 考虑加速提高人均施工面积，陕西省碳排放量至 2060 年降低至 39.77 万 tCO₂；中间情景 B 加速降低人均施工面积、单位施工面积能耗强度和建筑业综合碳排放系数，这一方案与低碳情景重合，至 2060 年降低至 19.38 万 tCO₂；中间情景 C 同样强化单位施工面积能耗强度和建筑业综合碳排放系数的降低程度，至 2060 年碳排放量降低至 29.13 万 tCO₂；中间情景 D 和 E 分别加速降低单位施工面积能耗强度和建筑业综合碳排放系数，至 2060 年两种情景的碳排放量分别为 44.00 万 tCO₂ 和 39.58 万 tCO₂。可以看到，陕西省建筑业碳排放规模整体仍然较小，建筑领域节能降碳的主要抓手还是在于建筑运行阶段。

7.4.4.3　建筑领域碳达峰预测

1. 高等情景人口规模下建筑领域碳排放预测

建筑领域碳排放量由建筑运行碳排放量和建筑业碳排放量组成，其中，建筑运行碳排放量按照《世界人口展望 2022》的高等情景人口规模进行预测。同时按照所设定的 8 种情景分别开展计算和结果汇总，得到高等情景人口规模下陕西省建筑领域碳排放量的未来发展趋势，如图 7-14 所示。

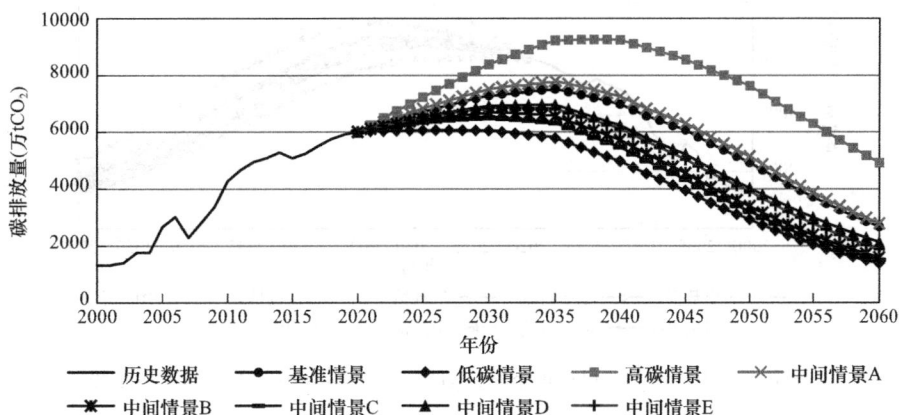

图 7-14　高等情景人口规模下陕西省建筑领域碳排放量的未来发展趋势

根据前文的研究成果，陕西省建筑领域碳排放量中建筑运行碳排放量占比超过了 90%，因此，由图 7-14 可以看出，建筑业碳排放量与建筑运行碳排放量合并以后的建筑领域碳排放量发展趋势，与建筑运行碳排放量趋势基本一致。基准情景下，陕西省建筑领域碳排放的达峰时间仍为 2035 年，峰值为 7523.60 万 tCO₂，2060 年的碳排放量还有 2678.28 万 tCO₂；低碳情景下，可在 2026 年实现碳达峰，峰值为 6061.01 万 tCO₂，2060 年的碳排放量还有 1372.85 万 tCO₂；高碳情景下，达峰时间为 2038 年，峰值为 9259.91 万 tCO₂，2060 年的碳排放量还有 4919.35 万 tCO₂。

从中间情景的模拟结果来看，中间情景 A 与基准情景的达峰时间一致，均为 2035 年，峰值为 7799.64 万 tCO₂，2060 年的碳排放量还有 2789.86 万 tCO₂；中间情景 B 在改变人均建筑面积、单位面积能耗强度和综合碳排放系数的情况下，碳排放量的达峰时间为 2030 年，峰值为 6700.00 万 tCO₂，2060 年的碳排放量还有 1599.31 万 tCO₂。

中间情景 C 为加速降低单位面积能耗强度和综合碳排放系数的方案，碳排放量的达峰时间为 2030 年，峰值为 6508.43 万 tCO_2，2060 年的碳排放量还有 1500.80 万 tCO_2，该方案下陕西省建筑领域碳排放量的达峰时间适宜且峰值较低，能够有效缓解 2060 年碳中和压力。中间情景 D 对应的是提升单位面积能耗强度降低速率，碳排放量的达峰时间提前至 2034 年，峰值为 6968.94 万 tCO_2，2060 年的碳排放量还有 2135.76 万 tCO_2；中间情景 E 对应的是加快综合碳排放系数的降低速率，碳排放量的达峰时间为 2030 年，峰值为 6854.99 万 tCO_2，2060 年的碳排放量还有 1885.01 万 tCO_2。

从以上预测结果来看，陕西省建筑领域碳达峰碳中和目标，主要通过降低单位面积碳排放强度和综合碳排放系数来实现，其余因素影响较小，即碳达峰实施路径需要重点围绕上述因素采取相关技术措施。

2. 中等情景人口规模下的建筑领域碳排放预测

按照《世界人口展望 2022》的中等情景人口规模进行预测。同时按照所设定的 8 种情景分别开展计算和结果汇总，得到中等情景人口规模下陕西省建筑领域碳排放量的未来发展趋势，如图 7-15 所示。

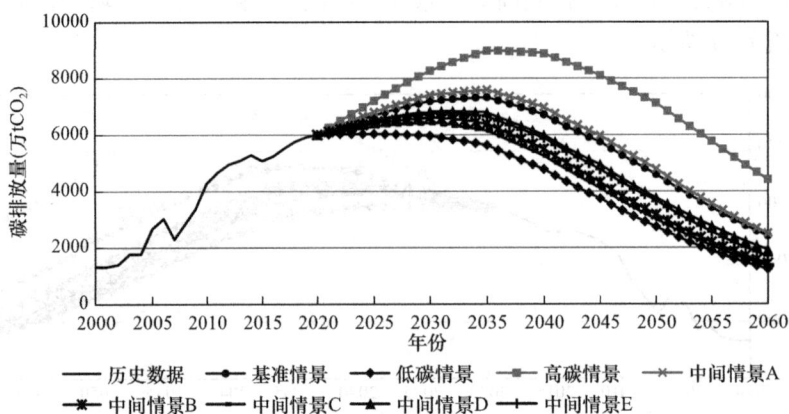

图 7-15　中等情景人口规模下陕西省建筑领域碳排放量的未来发展趋势

基准情景下，陕西省建筑领域碳排放量的达峰时间为 2035 年，峰值为 7327.63 万 tCO_2，到 2060 年的碳排放量还有 2404.89 万 tCO_2；高碳情景下，碳排放量的达峰时间为 2035 年，峰值为 8988.61 万 tCO_2，到 2060 年的碳排放量还有 4418.68 万 tCO_2；低碳情景下，碳排放量的达峰时间提前至 2024 年，峰值为 6035.11 万 tCO_2，到 2060 年的碳排放量还有 1231.12 万 tCO_2，达峰时间早且峰值低，但对建筑领域节能的实施力度要求过高。

从中间情景的模拟结果来看，中间情景 A 的达峰时间与基准情景仍然保持一致，为 2035 年，峰值为 7595.51 万 tCO_2，至 2060 年的碳排放量还有 2501.89 万 tCO_2；中间情景 B 的达峰时间为 2030 年，峰值为 6606.50 万 tCO_2，2060 年的碳排放量还有 1433.88 万 tCO_2；中间情景 C 的达峰时间为 2030 年，峰值为 6418.00 万 tCO_2，2060 年的碳排放量还有 1346.70 万 tCO_2；中间情景 D 的达峰时间为 2031 年，峰值为 6834.27 万 tCO_2，2060 年的碳排放量还有 1916.73 万 tCO_2；中间情景 E 的达峰时间仍为 2030 年，峰值为 6759.92 万 tCO_2，2060 年的碳排放量还有 1691.78 万 tCO_2。

7.4.5 减排路线与目标

本节在高等情景人口规模、中等情景人口规模下分别预测了陕西省建筑领域碳排放量未来发展趋势。以 2030 年前实现陕西省建筑领域碳达峰为目标，并考虑建筑领域实施路径的有序平稳，避免碳排放量达峰时间过早或峰值过低而造成较大的减排压力。

考虑城镇化率及人均建筑面积应贴合社会发展实际，未来建筑领域节能减排，应考虑排放峰值和技术实施的可行性，因此，在高等情景人口规模下，选取均值方案下的人口、城镇化率和人均建筑面积，以及积极方案下的单位面积能耗强度和综合碳排放系数组成的中间情景 C 作为陕西省建筑运行碳排放量的达峰情景，要求"十四五"和"十五五"期间，公共建筑单位面积能耗强度年均降低率达到 1.5% 以上，而城镇居住建筑和农村居住建筑仍处于追求更高居住舒适度的能耗增长期，其单位面积能耗强度年均增长率应尽力控制在 1.0% 和 1.5% 以内。陕西省建筑业碳排放量已经达峰，随着建筑工业化和智能化的发展，要求单位施工面积能耗强度年均降低率达到 2.0% 以上。

基准情景下（延续现有政策和路径），陕西省建筑领域将在 2035 年实现碳达峰，峰值为 7523.60 万 tCO_2。其中，建筑运行碳排放量将在 2035 年实现达峰，峰值为 7320.32 万 tCO_2；建筑业碳排放量在 2020 年前已经达峰，目前处于逐渐下降阶段，预测 2035 年碳排放量为 203.28 万 tCO_2。

中间情景 C，建筑运行和建筑业两个方面均采取了节能降碳措施。建筑运行碳排放量情景预测，在人口、城镇化率和人均建筑面积上均采取了与基准情景一致的均值方案，在单位面积能耗强度和综合碳排放系数上采取了积极方案。建筑业碳排放情景预测，在建筑业从业人口、人均施工面积上采取了与基准情景一致的均值方案，在单位施工面积能耗强度和综合碳排放系数上采取了积极方案。

达峰情景（即中间情景 C）下，陕西省建筑领域将在 2030 年实现碳达峰，峰值为 6508.43 万 tCO_2，2060 年的碳排放量还有 1500.80 万 tCO_2。其中，建筑运行碳排放量的峰值为 6282.04 万 tCO_2，达峰时间为 2030 年，2060 年的碳排放量还有 1471.67 万 tCO_2；建筑业在 2030 年的碳排放量预测值为 226.38 万 tCO_2，其在 2014 年就已经达峰，现阶段建筑业碳排放量已开始不断降低，2060 年的碳排放量为 29.13 万 tCO_2。

对于 2060 年建筑领域碳中和目标，应该是一种全社会总体碳中和，即建筑领域本身不需要完全实现零碳，而是依据远期国家整体所能承担的碳排放量制定减排策略，该部分碳排放量由国家的碳汇储备承担中和任务，但建筑领域应不断加强自身减排能力，除采取关键技术措施外，还应协同能源部门降低碳排放因子。

对陕西省建筑领域基准情景和达峰情景发展趋势的碳排放量差值计算，将得到陕西省建筑领域逐年的减排目标。选择"十四五"和"十五五"末期的 2025 年和 2030 年作为典型年，进行减碳目标计算和分析。计算结果显示，2025 年陕西省建筑领域需要实现的减碳目标是 372.90 万 tCO_2，2030 年需要实现的减碳目标是 787.31 万 tCO_2，方能完成 2030 年陕西省建筑领域碳达峰目标。

7.5 总结

采用 Kaya 恒等式作为陕西省建筑领域碳排放的预测模型，对不同分解方式下的 Kaya

恒等式开展岭回归多重共线性及拟合优度分析，确定以单位面积能耗强度为分解方式的 Kaya 恒等式为预测模型方法。对预测模型涉及的人口、城镇化率、人均建筑面积、单位面积能耗强度和综合碳排放系数等参数进行未来发展设定，结合情景分析法设定建筑运行和建筑业的基准情景、高碳情景、低碳情景以及中间情景，并进行中长期碳排放情景预测。主要结论有：

（1）高等情景人口规模的基准情景下，陕西省建筑领域将在 2035 年实现碳达峰，峰值为 7523.60 万 tCO_2，2060 年的碳排放量还有 2678.28 万 tCO_2，其中，建筑运行碳排放将在 2035 年实现碳达峰，峰值为 7320.32 万 tCO_2；建筑业碳排放已经于 2014 年达峰，峰值为 495.09 万 tCO_2，至 2020 年降低至 445.21 万 tCO_2，预测 2035 年建筑业碳排放量为 203.28 万 tCO_2。

（2）达峰情景下，陕西省建筑领域将在 2030 年实现碳达峰，峰值为 6508.43 万 tCO_2。达峰情景要求"十四五"和"十五五"期间，公共建筑单位面积能耗强度年均降低率达到 1.5％以上，城镇和农村居住建筑单位面积能耗强度年均增长率控制在 1.0％和 1.5％以内，单位施工面积能耗强度降低率达到 2.0％以上。

（3）相比于基准情景，在达峰情景下，2025 年陕西省建筑领域需要实现的减碳目标是 372.90 万 tCO_2，2030 年需要实现的减碳目标是 787.31 万 tCO_2。必须大力实施建筑运行和建筑业节能降碳行动，控制碳排放量和碳排放强度，方能实现 2030 年陕西省建筑领域碳达峰目标。

本章参考文献

[1] 江亿，胡姗. 中国建筑部门实现碳中和的路径 [J]. 暖通空调，2021，51 (5)：1-13.

[2] 徐伟，张时聪，王珂，等. 建筑部门"碳达峰""碳中和"实施路径比对研究 [J]. 江苏建筑，2022 (2)：1-6.

[3] 张时聪，王珂，杨芯岩，等. 建筑部门碳达峰碳中和排放控制目标研究 [J]. 建筑科学，2021，37 (8)：189-198.

[4] 马敏达. 中国建筑运行碳排放的影响因素与达峰模拟研究 [D]. 重庆：重庆大学，2020.

[5] 潘毅群，魏晋杰，汤朔宁，等. 上海市建筑领域碳中和预测分析 [J]. 暖通空调，2022，52 (8)：18-28.

[6] 牛一鸣. "双碳"背景下北京市居住建筑运行碳排放预测研究 [D]. 北京：北京建筑大学，2023.

[7] 胡浩威，王钦章，朱力，等. 基于 LEAP 模型和 LMDI 分解的建筑碳排放预测分析 [J]. 北京建筑大学学报，2023，39 (3)：80-87.

[8] 田川，冯国会，李帅，等. 基于情景分析法的辽东湾新区区域建筑节能减排潜力预测研究 [J]. 沈阳建筑大学学报（自然科学版），2021，37 (3)：542-548.

[9] 宋宝莲. "双碳"背景下我国公共建筑碳排放预测及减排路径研究 [D]. 重庆：重庆大学，2022.

[10] 张琦夫. 湖北省民用建筑能源需求及碳排放预测研究 [D]. 武汉：华中科技大学，2020.

[11] 王钦章. 基于 LEAP 模型的安徽省建筑领域碳排放预测及技术路径研究 [D]. 合肥：安徽建筑大学，2023.

[12] 朱航. 山东省城乡建设领域碳达峰路径研究 [D]. 济南：山东建筑大学，2023.

[13] 王胜楠. 山东省城镇民用建筑碳排放预测研究 [D]. 聊城：聊城大学，2023.

［14］沈立东，瞿燕，张小波，等．上海建筑领域碳中和实施路径研究［J］．上海建设科技，2022（6）：6-12.

［15］王京京，卫佳佳．时间序列下北京市建筑运行碳排放变化特征与情景模拟［J］．北京工业大学学报，2022，48（3）：220-229.

［16］王珂，杨芯岩，张时聪．双碳目标下成都市建筑减排路径研究［J］．四川建筑，2022，42（3）：12-15.

［17］张楚蓓．云南省民用建筑碳排放影响因素及达峰预测研究［D］．昆明：昆明理工大学，2023.

［18］吕明旭．双碳目标下河南既有建筑碳排放影响因素与路径研究［D］．郑州：中原工学院，2023.

［19］蔡彦鹏．夏热冬冷地区城镇居住建筑终端能耗和碳排放测算与达峰预测研究［D］．重庆：重庆大学，2021.

［20］祁神军，张云波．中国建筑业碳排放的影响因素分解及减排策略研究［J］．软科学，2013，27（6）：39-43.

［21］王易波，祁神军．福建省建筑业直接碳排放核算分析及预测研究［J］．价值工程，2017，36（19）：77-79.

［22］丘康尧，何寿奎．广东省建筑业碳排放影响因素与碳达峰路径：基于 STIRPAT 和岭回归［J］．河南科学，2024，42（3）：440-449.

［23］尚春静，蔡晋，刘艳荣，等．海南省建筑业碳排放核算分析及预测研究［J］．环境工程，2016，34（4）：161-165.

［24］牛建广，王斐然，辛伯雄，等．河北省建筑业碳排放效率时空演化及达峰路径分析［J］．河北地质大学学报，2024，47（1）：105-111.

［25］赵冬蕾，刘伊生．基于系统动力学的中国建筑业碳排放预测研究［J］．河南科学，2019，37（12）：2025-2033.

［26］陈雨欣，陈建国，王雪青，等．建筑业碳排放预测与减排策略研究［J］．建筑经济，2016，37（10）：14-18.

［27］朱微，程云鹤．中国建筑业碳排放影响因素及碳达峰碳中和预测分析［J］．河北环境工程学院学报，2024，34（1）：1-7.

［28］高思慧，刘伊生，李欣桐，等．中国建筑业碳排放影响因素与预测研究［J］．河南科学，2019，37（8）：1344-1350.

［29］赵红岩，霍正刚，查晓庭，等．建筑碳排放影响因素分析及情景预测［J］．扬州大学学报（自然科学版），2022，25（6）：65-70.

［30］常莎莎，冯国会，崔航，等．建筑行业碳排放特征及减排潜力预测分析［J］．沈阳建筑大学学报（自然科学版），2023，39（1）：139-146.

［31］尚青．山东省建筑业碳排放影响因素及达峰预测研究［D］．济南：山东建筑大学，2023.

［32］段萌．山西省建筑业碳排放影响因素及达峰预测分析研究［D］．太原：山西财经大学，2022.

［33］赵东波．线性回归模型中多重共线性问题的研究［D］．锦州：渤海大学，2017.

［34］施庆伟．中国建筑部门碳排放达峰模拟与减排责任分担研究［D］．重庆：重庆大学，2021.

［35］HOERL A，KENNARD R. Ridge Regression：Biased Estimation for No northogonal Problems［J］．Technometrics，2000，12（1）：13.

［36］MCDONALD G C. Ridge regression［J］．Wiley Interdisciplinary Reviews Computational Statistics，2010，1（1）：93-100.

［37］娄伟．情景分析法［M］．北京：社会科学文献出版社，2012.

［38］蔡伟光．中国建筑能耗影响因素分析模型与实证研究［D］．重庆：重庆大学，2011.

[39] 谢娇艳. 基于 LEAP 模型的重庆市公共建筑碳排放达峰及节能减排探讨 [D]. 重庆：重庆大学，2019.

[40] 应华权. 湖北省建筑碳排放情景预测与峰值调控研究 [D]. 武汉：华中科技大学，2015.

[41] 袁闪闪，陈潇君，杜艳春，等. 中国建筑领域 CO_2 排放达峰路径研究 [J]. 环境科学研究，2022，35（2）：394-404.

[42] 黄振华. 基于 STIRPAT 模型的重庆市建筑碳排放影响因素研究 [D]. 重庆：重庆大学，2018.

[43] 住房和城乡建设部科技与产业化发展促进中心. 建筑领域碳达峰碳中和实施路径研究 [M]. 北京：中国建筑工业出版社，2021.

[44] 徐伟，倪江波，孙德宇，等. 我国建筑碳达峰与碳中和目标分解与路径辨析 [J]. 建筑科学，2021，37（10）：1-8，23.

[45] 张守斌. 对影响我国建筑寿命因素的思考 [J]. 工程建设与设计，2016（3）：158-160.

第8章 ▶▶
陕西省建筑领域碳达峰碳中和实施路径

8.1 研究内容与技术路线

　　基于碳排放驱动因素分析结果及住房城乡建设部和各地区城乡建设领域碳达峰实施方案中的重点任务方向，探索形成由新建城镇建筑节能标准提升、既有城镇建筑改造、农村居住建筑能效提升、可再生能源利用等重点任务组成的陕西省建筑领域碳达峰碳中和实施路径。基于达峰情景和基准情景的碳排放数据分析，确定 2030 年前陕西省建筑领域碳达峰具体减排目标。测算各重点任务的减排量及实施路径的综合减排量，确保"自下而上"的预测减排量与"自上而下"的预测减排量基本统一，从而量化建筑领域碳达峰实施路径上各重点任务的实施深度，即明确陕西省建筑领域碳达峰工作目标及重点任务指标，提升实施路径的有效性和准确性。本章技术路线如图 8-1 所示。

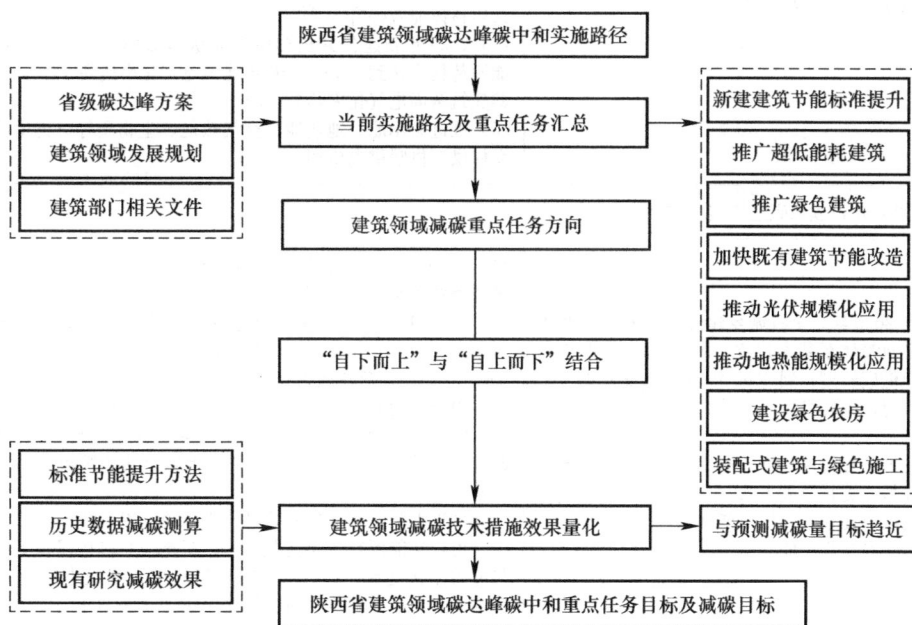

图 8-1　第 8 章技术路线

8.2 实施路径重点任务分析

8.2.1 重点任务梳理

　　当前，住房城乡建设部及多个地区印发了城乡建设领域碳达峰实施方案。2022 年 6

月，住房城乡建设部和国家发展改革委联合印发《城乡建设领域碳达峰实施方案》，明确提出 2030 年前城乡建设领域碳排放达到峰值，届时城乡建设低碳发展政策体系和体制机制基本建立；建筑节能、垃圾资源化利用等水平大幅提高，能源资源利用效率达到国际先进水平；用能结构的方式更加优化，可再生能源应用更加充分；城乡建设方式绿色低碳转型取得积极进展。国家及不同地区碳达峰实施方案、城乡建设领域碳达峰实施方案中，有关城乡建设方面的总体目标、重点任务和相关措施汇总如表 8-1 所示。

国家及不同地区城乡建设领域碳达峰实施方案汇总   表 8-1

总体目标与重点任务	主要技术措施
住房城乡建设部、国家发展改革委《城乡建设领域碳达峰实施方案》	
目标：2030 年前城乡建设领域碳排放达到峰值；力争到 2060 年前，城乡建设方式全面实现绿色低碳转型。 重点任务： (1) 建设绿色低碳城市。 (2) 打造绿色低碳县城和乡村	(1) 到 2025 年城镇新建建筑全面执行绿色建筑标准，星级建筑占比达到 30％以上；2030 年前寒冷地区新建居住建筑达到 83％节能要求；夏热冬冷地区新建居住建筑达到 75％节能要求，新建公共建筑达到 78％节能要求；2030 年地级以上重点城市全部完成节能改造，公共建筑机电系统总体能效提升 20％。 (2) 到 2030 年装配式建筑占城镇新建建筑 40％，星级绿色建筑全面推广绿色建材，施工现场材料损耗率比 2020 年下降 20％，建筑垃圾资源化利用率达到 55％。 (3) 引导新建农房执行节能标准，推进北方地区农村清洁取暖和可再生能源利用，实施节能改造，提高常住房间舒适性，改造后整体能效提升 30％。 (4) 2025 年新建公共机构屋顶光伏覆盖率达到 50％；可再生能源替代率达到 8％；2030 年建筑电气化率达到 65％，新建公共建筑全面电气化率达到 20％。 (5) 推进太阳能、地热能、空气热能、生物质等可再生能源在乡村供气供暖供电应用
《安徽省城乡建设领域碳达峰实施方案》	
目标：到 2030 年，全省城乡建设绿色低碳发展体制机制和政策体系基本建立，城乡建设方式基本实现绿色低碳转型；到 2060 年城乡建设方式，全面实现绿色低碳转型。 重点任务： (1) 优化城乡建设绿色低碳布局。 (2) 转变城乡建设发展方式。 (3) 推进既有建筑和设施节能降碳。 (4) 优化城乡建设用能结构	(1) 2030 年底装配式建筑占新建建筑比例达到 50％以上，建筑垃圾资源利用率达到 70％。 (2) 2030 年前新建居住建筑达到 75％节能要求；新建公共建筑达到 78％节能要求；2025 年底城镇绿色新建建筑达到 100％，星级绿色建筑占比达到 30％以上。 (3) 引导新建农房执行节能标准，推广高效设施。 (4) 2030 年底地级以上重点城市全部完成既有建筑改造任务，改造后能效提升 20％以上；2030 年底公共建筑机电系统能效提升 10％。 (5) 推进太阳能和地热能等可再生能源应用；2025 年底，城镇建筑可再生能源替代率达到 8％，新建公共机构屋顶太阳能光伏覆盖比例达到 50％；到 2030 年底城镇建筑电气化率达到 65％以上，公共建筑全面电气化率达到 20％以上
《江西省城乡建设领域碳达峰实施方案》	
目标：到 2030 年前全省城乡建设领域碳排放达到峰值；力争到 2060 年城乡建设方式全面实现绿色低碳化转型，系统性变革全面实现，美好人居环境全面建成，城乡碳排放治理体系现代化全面实现。 重点任务：	(1) 城市拆除建筑面积不应大于现有总面积的 20％；到 2030 年地级城市完整居住社区覆盖率达到 60％以上。 (2) 力争到 2025 年绿色建筑占比达到 30％；2030 年前新建居住建筑达到 75％节能要求，新建公共建筑达到 78％节能要求；2030 年实现建筑机电系统总体能效提升 10％；2030 年地级以上重点城市全部完成改造任务，改造后整体能效提升 20％以上

总体目标与重点任务	主要技术措施
(1) 建设绿色低碳城市。 (2) 提升县城绿色低碳水平。 (3) 打造绿色低碳美丽乡村	(3) 到 2030 年装配式建筑面积比例达到 40%；2030 年建筑垃圾资源利用率达到 55%；同时 2030 年星级绿色建筑要全面推广绿色建材。 (4) 鼓励既有建筑加装太阳能光伏系统，到 2025 年新建公共机构屋顶光伏覆盖率达到 50%；到 2025 年建筑电气化率超过 55%，推动新建公共建筑全面电气化。 (5) 推动热泵热水器等替代燃气产品，充分利用低谷电力；推广可再生能源利用；推广使用高能效照明灶具设施设备，鼓励炊事供暖照明热水的用能电气化
《天津市城乡建设领域碳达峰实施方案》	
目标：2030 年前天津市城乡建设领域碳排放达到峰值，力争率先达峰；"十四五"期间建筑节能低碳水平进一步提高，逐步推行新建居住建筑五步节能标准；既有建筑能耗限额数字化智能化管理水平提升，可再生能源替代率进一步提高。 重点任务： (1) 提高新建筑节能低碳水平。 (2) 持续推进既有建筑低碳改造。 (3) 大力推进集中供热低碳发展。 (4) 稳步推进农村住宅低碳发展。 (5) 提升建筑电气化水平。 (6) 推进绿色低碳建造。 (7) 加快可再生能源建筑应用。 (8) 提升智慧运行管理水平	(1) 超低能耗建筑面积不低于总面积的 10%；到 2030 年累计建设超低能耗建筑面积达到 300 万 m²；2025 年城镇新建建筑全部为绿色建筑，星级绿色建筑达到 30%；2030 年二星级以上绿色建筑达到 30%。 (2) 到 2030 年累计改造 300 万 m² 既有建筑；公共建筑重点改造 2005 年之前的项目；公共建筑能效提升 10%，到 2025 年推动实施公共建筑改造 150 万 m²，2030 年改造 600 万 m²。 (3) 2025 年改造老旧供热管网 300km 以上，2030 年管网供热损失比 2020 年下降 5%；2025 年单位建筑面积供暖能耗降至 10kgce/m²。 (4) 推动新建农村居住建筑执行节能标准；实施农房节能改造，到 2030 年改造全面执行修缮技术标准，完成改造 5000 户，改造后整体能效提升 30%。 (5) 2030 年施工现场建筑材料损耗率比 2020 年下降 20%；建筑垃圾材料替代使用率不低于 20%，2030 年建筑垃圾资源化利用率达到 55% 以上。 (6) 2030 年城镇基本淘汰不满足煤炭清洁高效利用的燃煤锅炉；2030 年可再生能源供热面积占 10% 以上。 (7) 到 2025 年城镇建筑可再生能源替代率达到 8%，新建公共机构屋顶光伏覆盖率达到 50%；2030 年建筑电气化达到 65%，新建公共建筑全面电气化率达到 20%
《山东省城乡建设领域碳达峰实施方案》	
目标：到 2025 年城乡建设绿色低碳发展法规政策和体制机制初步建立；2030 年前城乡建设领域碳排放达到峰值；2060 年前城乡建设方式全面实现绿色低碳转型，系统性变革全面实现。 重点任务： (1) 推动城乡建设，绿色低碳转型。 (2) 加快提升建筑能效水平。 (3) 大力优化建筑用能结构。 (4) 推进农村用能结构低碳转型	(1) 提高新建建筑节能标准，开展居住建筑和公共建筑节能改造，城镇新建建筑全面执行绿色建筑标准，加快推广供热计量收费和合同能源管理，推动老旧供热管网的市政基础设施进行节能改造，到 2025 年新增绿色建筑 5 亿 m²；推进绿色农房建设，推动农房执行节能标准，引导居民实施农房节能改造。 (2) 推广光伏发电与建筑一体化应用，因地制宜推进热泵、生物质能、地热能、太阳能等清洁低碳供暖；提高建筑终端电气化水平，建设"光储直柔"建筑，2025 年城镇新建建筑可再生能源提高率达到 8%，新建公共机构屋顶光伏覆盖率达到 50%。 (3) 加快生物质能、太阳能等可再生能源在农村生活和农村居住建筑中的使用；推进农村清洁取暖
《黑龙江省城乡建设领域碳达峰实施方案》	
目标：2025 年底建筑能耗和碳排放增长趋势得到有效控制，基本形成绿色低碳循环的建设发展方式，为城乡建设领域 2030 年前碳达峰奠定坚实基础；2030 年前全省城乡建设领域碳排放达到峰值。	(1) 2025 年底城镇新建建筑全面执行绿色建筑标准，实现星级绿色建筑占比达到 30%；2025 年底新建改建超低能耗建筑 1000 万 m²，2030 年前新建居住建筑和公共建筑分别达到 83% 和 78% 节能要求。

总体目标与重点任务	主要技术措施
重点任务： (1) 优化城市结构布局。 (2) 打造绿色低碳社区。 (3) 提升建筑节能水平。 (4) 建设绿色低碳住宅。 (5) 提高基础设施效率。 (6) 优化建筑用能结构。 (7) 推进绿色低碳建造。 (8) 打造绿色低碳县城和乡村	(2) 到 2025 年完成既有建筑节能改造 2500 万 m^2；到 2030 年实现公共建筑机电系统总体能效提升 10%；到 2025 年底全省城镇智慧供热一级网使用面积达到 3 亿 m^2，累计完成老旧管网改造 4000km 以上。 (3) 推进农房绿色低碳化设计建造，完成危房改造。 (4) 2025 年底新建公共机构屋顶光伏覆盖率达到 50%；推进地热能、生物质能应用，推广各类电动热泵技术，到 2025 年底城镇建筑可再生能源替代率达到 8%。 (5) 到 2030 年建筑电气化率达到 65%，新建公共建筑全面电气化，2030 年全面电气化率达到 20%
《贵州省城乡建设领域碳达峰实施方案》	
目标：力争 2030 年前，贵州省城乡建设领域碳排放达到峰值；力争到 2060 年前贵州省城乡建设方式和全国同步达到绿色低碳转型系统性变革，碳排放治理现代化实现人民生活更加幸福。 重点任务： (1) 建设绿色低碳城市。 (2) 打造绿色低碳县城和乡村	(1) 到 2025 年城镇新建建筑全面执行绿色建筑标准；2030 年前新建居住建筑达到 75% 节能要求，新建公共建筑达到 78% 节能要求；地级以上重点城市全部完成改造任务，改造后能效实现 20% 以上的水平提升；公共建筑机电水平总体能效提升 10%。 (2) 到 2030 年城市生活垃圾资源化利用率达 70%，高效节能灯具使用占比超过 80%。 (3) 到 2030 年装配式建筑比例达到 40%；施工现场材料损耗率比 2020 年下降 20%。 (4) 加强农村建筑节能材料应用，到 2030 年建成一批绿色农房，引导新建农房执行节能标准。 (5) 到 2025 年新建公共机构屋顶光伏覆盖率达到 50%；城镇建筑可再生能源替代率达到 8%；到 2030 年建筑电气化率达到 65%。 (6) 推进太阳能、地热，空气能、生物质等可再生能源在城乡建设领域的应用，新建建筑加装太阳能系统
《上海市城乡建设领域碳达峰实施方案》	
目标：到 2025 年城乡建设领域碳排放控制在合理区间；到 2030 年城乡建设领域碳排放达到峰值。 重点任务： (1) 推进城乡建设绿色低碳转型。 (2) 发展低碳节能建筑。 (3) 加快提升建筑运行能效水平。 (4) 着力优化建筑用能结构。 (5) 积极打造绿色低碳乡村	(1) 将绿色低碳设计理念全面贯彻到规划建设全过程，到 2030 年新建民用建筑全面推广绿色建材。 (2) 严格执行建筑碳排放计算的能效测评，按照绿色建筑二星级以上标准建设，到 2025 年新建建筑能效在现行节能标准基础上提升 30%；超低能耗建筑示范项目不少于 800 万 m^2，新建居住建筑 50% 执行超低能耗建筑标准；到 2030 年全面执行超低能耗建筑标准。 (3) 重点区域开展超低能耗建筑和可再生能源应用示范区建设，建筑能效在现行节能标准上提升 50%。 (4) 升级建设本市建筑碳排放智慧监管平台，到 2030 年对 1.50 亿 m^2 公共建筑的碳排放实时监测分析。 (5) 加快旧农房节能改造，推进可再生能源应用。 (6) 新建建筑至少使用一种可再生能源，城镇新建建筑可再生能源替代率 2025 年达到 10%，2030 年达到 15%。2022 年起新建公共机构屋顶安装光伏覆盖率不低于 50%，其他类型公共建筑不低于 30%
《河南省碳达峰实施方案》	
目标："十四五"期间全省能源结构优化调整取得明显进展；"十五五"期间产业结构取得重大进展，清洁低碳安全高效能源体系初步建立。	(1) 2025 年，全省新开工装配式建筑面积占新建建筑面积比例力争达到 40%。促进绿色建材应用，不断提高绿色建材应用比例。到 2025 年城镇新建建筑 100% 执行绿色建筑标准。

总体目标与重点任务	主要技术措施
重点任务： (1) 推动城乡建设低碳转型。 (2) 发展节能低碳建筑。 (3) 加快优化建筑用能结构。 (4) 推进农村建设和用能低碳转型	(2) 提高建筑终端电气化水平，建设集光伏发电、储能、直流配电、柔性用电于一体的"光储直柔"建筑，2025年城镇建筑可再生能源替代率8%，新建公共建筑、新建厂房屋顶光伏覆盖率力争达到50%
《广东省碳达峰实施方案》	
目标："十四五"期间，绿色低碳循环发展的经济体系基本形成，产业结构、能源结构和交通运输结构调整取得明显进展。"十五五"期间，经济社会发展绿色转型取得显著成效，清洁低碳安全高效的能源体系初步建立。 重点任务： (1) 推动城乡建设绿色转型。 (2) 推广绿色建筑设计。 (3) 全面推行绿色施工。 (4) 加强绿色运行管理。 (5) 优化建筑用能结构	(1) 2025年城镇新建建筑全面执行绿色建筑标准，星级绿色建筑占比达到30%，新建政府投资公益性建筑和大型公共建筑全部达到星级以上；提高资源利用水平，降低建筑材料消耗，到2030年装配式建筑比例达到40%，施工现场建筑材料损耗率比2020年降低20%以上，建筑废弃物资源化利用率达到55%。 (2) 2030年大型公共建筑制冷能效比2020年提升20%，公共机构单位建筑面积能耗和人均综合能耗分别比2020年降低7%和8%。到2025年，城镇建筑可再生能源替代率达到8%，新建公共建筑、厂房屋顶光伏覆盖率力争达到50%
《陕西省碳达峰实施方案》	
目标："十四五"期间，全省产业结构和能源结构调整优化取得明显进展。到2025年全省非化石能源消费占比达到16%左右。到2030年非化石能源消费占比达到20%左右，顺利实现2030年碳达峰目标。 重点任务： (1) 加快推进城乡建设绿色低碳发展。 (2) 开展城镇绿色低碳更新。 (3) 推广绿色建造方式。 (4) 加强县域绿色低碳建设。 (5) 全面推进城镇建设绿色化发展。 (6) 加快建设低碳宜居村镇。 (7) 推进低碳型、宜居型示范农房建设	(1) 全面推广绿色建筑技术，提升城镇新建建筑能效，推动超低能耗建筑规模化发展；加快优化建筑用能结构，提高建筑终端电气化水平，推动集光伏发电、储能、直流配电、柔性用电一体的"光储直柔"建筑试点。 (2) 大力推进关中地区中深层地热能、浅层地热能供热制冷；推进工业余热供暖，加快推进既有居住建筑和公共建筑节能改造，持续推进老旧供热管网等市政基础设施节能改造；完善建筑能源消费计量、统计和监测制度，逐步开展建筑能耗限额管理；推行建筑能效测评标识，开展建筑领域低碳发展绩效评估；到2025年，全省城镇新建建筑全面执行绿色建筑标准
《河北省城乡建设领域碳达峰实施方案》	
目标：2030年前城乡建设绿色低碳发展政策体系和体制机制基本建立，能源资源利用效率达到国际先进水平，可再生能源应用更加充分，绿色低碳运行基本实现，城乡建设领域碳排放达到峰值。 重点任务： (1) 建设绿色低碳城市。 (2) 打造绿色低碳县城和乡村	(1) 2025年底全省城镇竣工绿色建筑占比100%，星级绿色建筑占比达到50%。2030年前新建居住建筑和公共建筑分别达到83%和78%节能要求，到2025年累计建设超低能耗建筑1350万 m² 以上。 (2) 2030年列入国家名单的重点城市全部完成改造任务并提升整体能效20%以上，2030年公共建筑机电系统的总体能效比现有水平提升10%。 (3) 到2025年新建公共机构屋顶光伏覆盖率力争达到50%，城镇建筑可再生能源替代率达到8%；2030年建筑电气化率达到45%以上，新建公共建筑全面电气化率20%以上。 (4) 2030年装配式建筑面积比例达到40%；到2030年施工现场建筑材料损耗率比2020年下降20%；到2030年建筑垃圾资源化利用率达到55%以上。 (5) 完善农房建设标准导则，推广农村节能标准，提高农房能效水平，到2030年建成一批宜居型示范农房

续表

总体目标与重点任务	主要技术措施
《山西省碳达峰实施方案》	
目标：到2030年非化石能源消费占比提高到18%，新能源和清洁能源装机占比达到60%以上，在保障国家能源安全的前提下力争碳达峰。 重点任务： (1) 推动城乡建设绿色低碳转型。 (2) 加快提升建筑能效水平。 (3) 加快优化建筑用能结构。 (4) 推进农村建设和用能低碳转型	(1) 城镇新建建筑严格执行节能标准和绿色建筑标准，大力发展装配式建筑，加快推广超低能耗建筑。统筹推进城镇既有居住建筑节能改造和老旧小区改造，鼓励运用市场化模式实施公共建筑绿色化改造。 (2) 到2025年城镇建筑可再生能源替代率达到8%，新建公共机构建筑屋顶光伏覆盖率力争达到50%。 (3) 推进绿色农房建设，提升农房设计和建筑水平，新建农房执行节能标准，引导农房节能改造，积极推广应用节能洁具，推广钢结构装配式住宅
《吉林省城乡建设领域碳达峰工作方案》	
目标：到2025年城镇新建民用建筑全面建成绿色建筑，城镇新建建筑能效水平显著提升，可再生能源建筑应用技术应用更广泛，为实现城乡建设领域碳达峰碳中和奠定基础。到2030年城乡建设领域直接碳排放达到峰值；间接碳排放控制成效显著。 重点任务： (1) 建设绿色低碳城市。 (2) 建设绿色低碳县城和乡村	(1) 到2025年城镇新建建筑全面执行绿色建筑标准；2025年前新建公共建筑达到72%节能要求；2030年前新建居住建筑和公共建筑分别达到83%和78%节能要求。 (2) 推进供热场站、管网智能化改造，"十四五"期间计划每年改造供热管网1000km，到2025年末完成供热管网改造5000km。 (3) 鼓励在新建公共机构建筑屋顶建设分布式光伏项目，到2025年城镇建筑可再生能源替代率达到8%，到2030年建筑电气化率超过65%。 (4) 到2025年装配式建筑面积比例达到30%以上，到2030年达到40%。 (5) 结合北方地区冬季清洁取暖项目，指导试点城市积极推进农房节能改造，提高常住房间舒适性，改造后实现整体能效提升30%以上
《辽宁省城乡建设碳达峰实施方案》	
目标：2030年前，全省城乡建设领域碳排放达到峰值。城乡建设绿色低碳发展体制机制和政策体系基本建立。力争到2060年前，全面实现城乡建设方式绿色低碳转型和城乡建设领域碳排放治理现代化。 重点任务： (1) 提高城乡规划建设治理水平。 (2) 全面推广绿色低碳建筑。 (3) 建设绿色低碳基础设施。 (4) 加快优化建筑用能结构。 (5) 大力推进绿色低碳建造。 (6) 推进绿色低碳乡村建设	(1) 到2025年城镇新建建筑全面执行绿色建筑标准，星级绿色建筑占比达到30%以上；2030年前新建居住建筑和公共建筑分别达到83%和78%节能要求。 (2) 到2030年地级以上重点城市全部完成既有公共建筑节能改造，改造后实现整体能效提升20%以上；到2030年实现公共建筑机电系统能效提升10%。 (3) 到2025年城镇建筑可再生能源替代率达到8%，新建公共机构屋顶光伏覆盖率达到50%；到2030年建筑电气化率超过65%，公共建筑全面电气化率达到20%。 (4) 到2030年装配式建筑比例达到40%。 (5) 推进绿色低碳农房建设。引导新建农房执行节能标准，加快农房节能改造，提高常住房间舒适性，改造后实现整体能效提升30%以上
《江苏省城乡建设领域碳达峰实施方案》	
目标：到2025年城镇新建建筑按照超低能耗建筑标准建造。到2030年全面建立绿色城乡建设发展政策体系。2030年前城乡建设领域碳排放达到峰值。 重点任务： (1) 推动绿色低碳城市建设。 (2) 打造绿色低碳社区。 (3) 推广绿色低碳建筑。 (4) 建设绿色低碳县城和乡村	(1) 到2025年政府投资的大型公共建筑全面按照二星级以上绿色建筑标准设计建造；新增既有建筑节能改造面积超过3000万m²，力争2030年底前完成城市非节能公共建筑绿色化改造。 (2) 到2025年新建公共机构建筑屋顶光伏覆盖率达到50%；到2030年新建公共建筑全面电气化率达到20%；城镇建筑可再生能源替代率超过8%。 (3) 到2025年装配式建筑占同期新开工建筑面积比达50%，装配式装修建筑比例达到30%。 (4) 建设绿色低碳县城，推进绿色农房建设。提升农房设计水平和建造质量，持续改善农村住房条件。 (5) 提高农村生活用能电气化水平，推进太阳能、地热能、空气热能、生物质能等可再生能源应用，引导农村减少煤炭等传统能源使用

总体目标与重点任务	主要技术措施
《湖北省城乡建设领域碳达峰实施方案》	
目标：2030 年前，全省城乡建设领域碳排放达到峰值；城乡建设绿色发展体制机制和政策体系基本建立；城镇新建民用建筑全部建成绿色建筑。 重点任务： (1) 推动城市建设绿色低碳发展。 (2) 提升建筑能效水平。 (3) 加快绿色建筑规模化发展。 (4) 加强可再生能源应用。 (5) 强化建筑节能运行管理。 (6) 优化建筑用能结构。 (7) 推进绿色低碳建造方式	(1) 到 2025 年新建建筑能效水平提升 15%；到 2030 年新建居住建筑本体达到 75% 节能要求，新建公共建筑本体达到 78% 节能要求；完成超低能耗建筑面积 120 万 m^2，到 2030 年完成 300 万 m^2。 (2) 到 2025 年城镇新建民用建筑中绿色建筑占比达到 100%，星级绿色建筑占比达到 20%。 (3) 推进新建建筑太阳能光伏一体化建设，到 2025 年，城镇建筑可再生能源替代率达到 8%。 (4) 开展既有居住建筑节能改造，引导居民选用高能效部品及设备；到 2030 年实现公共建筑机电系统能效提升 10%；全省城镇建筑电气化率超过 65%。 (5) 到 2025 年全省新建装配式建筑占新建建筑面积达到 30% 以上，其中武汉市达到 50% 以上，襄阳市、宜昌市及其他被认定的国家范例城市达到 40% 以上

8.2.2　重点任务方向

梳理多方面研究成果，用于确定陕西省建筑领域碳达峰碳中和实施路径的重点任务方向。一是，对陕西省建筑领域碳排放现状和历史变化规律进行分析总结；二是，对陕西省建筑领域碳排放影响因素分析及历史减碳量评估；三是，对国家及地方政策中有关城乡建设重要内容的梳理汇总。

重点任务方向总体以降低建筑运行和建筑业碳排放为目标，主要概括为绿色低碳城市和绿色低碳农村两个方面，具体的重点任务方向有：

(1) 控制建筑面积合理增长。优化城市结构和布局，合理规划城市人口、用地规模及开发建设密度和强度，严格控制新增建设用地规模，严格控制新建超高层建筑、高能耗公共建筑建设；大力实施城镇老旧小区和棚户区改造，严格既有建筑拆除管理，坚持从"拆改留"到"留改拆增"，推动城市更新。

(2) 提高城镇建筑运行低碳性能。在 2030 年前，推动城镇新建建筑执行更高要求的建筑节能设计标准，提升建筑节能水平；推动超低能耗建筑规模化建设，鼓励建设超低能耗建筑、近零能耗建筑和零能耗建筑，开展试点示范项目；新建建筑全面执行绿色建筑标准，提高星级绿色建筑比例；加快既有建筑节能改造，全面实施城镇老旧小区节能改造，提升既有公共建筑机电系统能效。

(3) 提高农村建筑运行低碳性能。合理布局乡村建设，保护乡村生态环境；制定完善低能耗农房技术标准和指南，引导农房实施国家《农村居住建筑节能设计标准》和陕西省《农村居住建筑设计技术标准》；规模化建设美丽宜居型示范农房；持续推进农村清洁取暖，同步加强既有农房节能改造，提高常住房间舒适性。

(4) 推动建筑能源系统电气化。在加大低碳电力供给和扩大太阳能光伏建筑应用规模的基础上，引导建筑供暖、制冷、热水、炊事等向电气化方向发展，全面提高建筑电气化水平，鼓励新建公共建筑全面电气化；推广热泵热水器、高效电炉灶等替代燃气产品；探索建筑用电设备智能群控技术，合理调配建筑用电负荷。

（5）推动建筑能源系统低碳化。推进可再生能源建筑应用，新建城镇建筑全面安装太阳能系统，推动公共机构屋顶加装太阳能光伏系统；推进浅层及中深层地热能、生物质能应用，推动地源热泵等各类电动热泵技术；加快建筑热源端低碳化，加快集中供热绿色低碳转型；配合其他行业努力降低电力和热力碳排放因子。

（6）推进绿色低碳建造。提高装配式建筑比例，推广钢结构建筑，推广智慧工地建设，开展工程项目数字化建造试点，降低建筑施工现场能耗；加大绿色建材应用，完善绿色施工评价体系和检查力度，推广智能建造和节能型施工设备，加强施工现场建筑垃圾排放管控和资源回收利用，实现低碳建造。

8.2.3 碳达峰碳中和重点任务

前文已通过"自上而下"的情景预测研究，确定了"十四五"和"十五五"期末陕西省建筑领域的减碳目标，即基准情景下碳排放预测值与达峰情景下碳排放预测值的差值，确定了陕西省建筑领域碳达峰的重点任务工作目标的具体思路。

基于建筑领域碳达峰的重点任务方向筛选重点任务，设定重点任务量指标，采用"自下而上"方法，测算陕西省城乡建设领域各项重点任务所实现的减碳量，当"自下而上"的测算减碳量大于或等于"自上而下"的预测减碳量时，即实现"十四五"和"十五五"两个五年规划末期的减碳目标，则完成各项重点任务，可确保陕西省建筑领域在2030年前实现碳达峰，从而量化碳达峰碳中和实施路径上各项重点任务量指标，提升碳达峰碳中和实施路径的有效性和准确性。

陕西省建筑领域碳达峰碳中和工作的重点任务，即重点减碳量测算对象有：提升城镇新建建筑节能标准、建设超低能耗建筑、提高星级绿色建筑比例、加强既有建筑节能改造、推进建筑光伏应用、推广地热能建筑供能、既有农房节能改造和建设宜居型示范农房、推进绿色低碳建造（图8-2）。

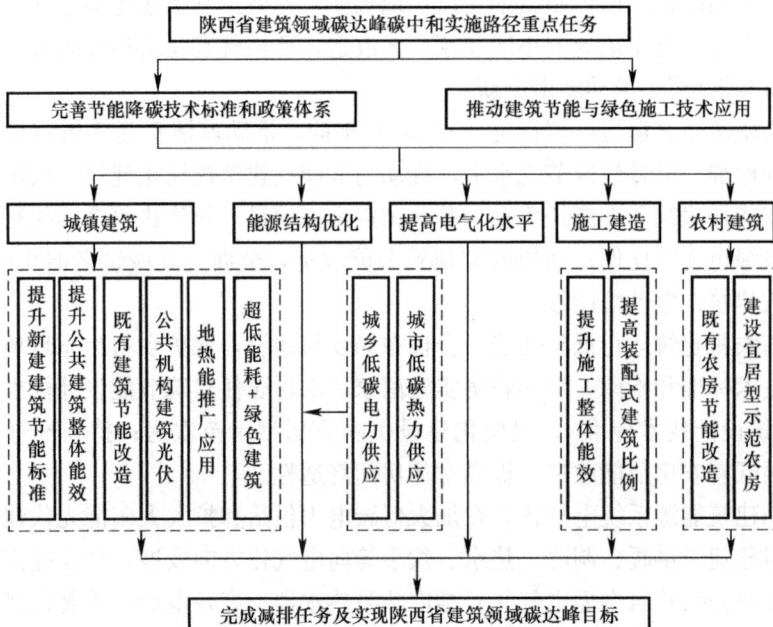

图8-2 陕西省建筑领域碳达峰碳中和重点任务

8.3　重点任务减碳量计算方法

8.3.1　提升新建建筑节能标准

1. 建筑面积变化情况

根据前文对年末实有公共建筑、城镇居住建筑和农村居住建筑面积的统计，获得"十三五"期间陕西省新增建筑面积，如图 8-3 所示。根据前文对未来建筑面积的预测，可以得到陕西省不同类型建筑面积的变化情况，如表 8-2 和图 8-4 所示。陕西省民用建筑规模呈现前期增长后期降低的趋势，2035 年陕西省建筑面积将达到 22.99 亿 m²，2050 年达到峰值（23.26 亿 m²），2060 年则下降至 21.19 亿 m²。

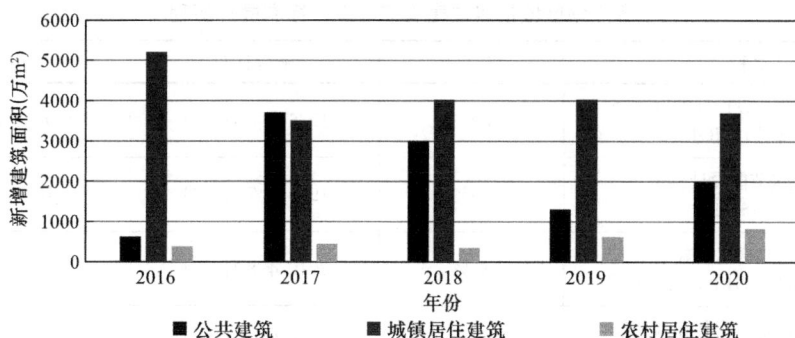

图 8-3　2016～2020 年陕西省新增建筑面积

不同情景下陕西省建筑面积预测结果（亿 m²）　　　　表 8-2

情景	2020 年	2035 年	2050 年	2060 年
低碳情景		21.87	21.98	20.09
基准情景	20.26	22.99	23.26	21.19
高碳情景		23.60	24.02	22.37

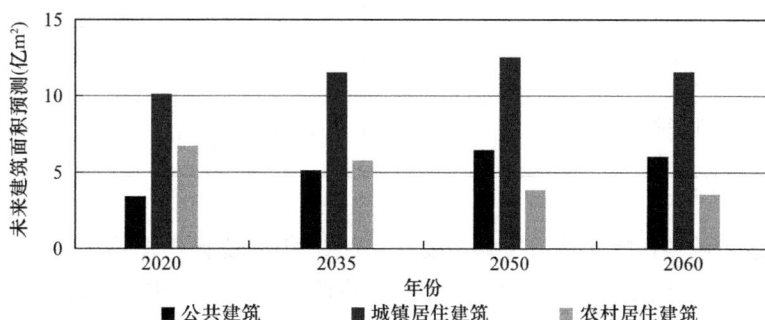

图 8-4　基准情景下陕西省不同类型建筑面积预测

2. 现有标准发展历程

公共建筑节能设计标准提升历程如表 8-3 所示，新建建筑强制执行建筑节能设计标准，通过不断提升建筑节能设计标准对节能水平的要求，实现建筑能效提升。

公共建筑节能设计标准提升历程 表 8-3

名称	节能率	施行日期	废止日期
《公共建筑节能设计标准》GB 50189—2005	50%	2005 年 7 月 1 日	2015 年 10 月 1 日
《公共建筑节能设计标准》GB 50189—2015	65%	2015 年 10 月 1 日	2022 年 4 月 1 日[①]
《建筑节能与可再生能源利用通用规范》GB 55015—2021	72%	2022 年 4 月 1 日	—

① 相关强制性条文废止日期。

陕西省呈东西窄、南北狭长的特点，从北至南跨越寒冷和夏热冬冷两个建筑气候区，两个气候区城镇居住建筑节能设计标准提升历程如表 8-4 和表 8-5 所示。

寒冷地区城镇居住建筑节能设计标准提升历程 表 8-4

名称	节能率	施行日期	废止日期
《民用建筑节能设计标准（采暖居住建筑部分）》JGJ 26—86	30%	1986 年 8 月 1 日	1996 年 7 月 1 日
《民用建筑节能设计标准》JGJ 26—95	50%	1996 年 7 月 1 日	2010 年 8 月 1 日
《严寒和寒冷地区居住建筑节能设计标准》JGJ 26—2010	65%	2010 年 8 月 1 日	2019 年 8 月 1 日
《严寒和寒冷地区居住建筑节能设计标准》JGJ 26—2018	75%	2019 年 8 月 1 日	2022 年 4 月 1 日[①]
《建筑节能与可再生能源利用通用规范》GB 55015—2021	75%	2022 年 4 月 1 日	—

① 相关强制性条文废止日期。

夏热冬冷地区城镇居住建筑节能设计标准提升历程 表 8-5

名称	节能率	施行日期	废止日期
《夏热冬冷地区居住建筑节能设计标准》JGJ 134—2001	30%	2001 年 10 月 1 日	2010 年 8 月 1 日
《夏热冬冷地区居住建筑节能设计标准》JGJ 134—2010	50%	2010 年 8 月 1 日	2022 年 4 月 1 日[①]
《建筑节能与可再生能源利用通用规范》GB 55015—2021	65%	2022 年 4 月 1 日	—

① 相关强制性条文废止日期。

《城乡建设领域碳达峰实施方案》中要求，2025 年城镇新建建筑全面执行绿色建筑标准，星级建筑占比达到 30% 以上；2030 年前寒冷地区新建居住建筑达到 83% 的节能要求；夏热冬冷新建居住建筑达到 75% 的节能要求，新建公共建筑达到 78% 的节能要求；2030 年地级以上重点城市全部完成既有建筑节能改造，公共建筑机电系统总体能效提升 20%。陕西省工程建设标准《居住建筑节能设计标准》DB61/T 5033—2022 规定，新建居住建筑碳排放强度在 2016 年节能设计标准的基础上降低 40%，建筑碳排放强度平均降低 $6.80 kgCO_2/(m^2 \cdot a)$。

　　3. 标准节能量解读

　　居住建筑节能标准主要降低围护结构所形成的供暖空调能耗，公共建筑节能标准主要降低围护结构所形成的供暖空调能耗、照明能耗。根据前文所述，公共建筑近 80％的能耗源于供暖空调和照明，居住建筑近 60％的能耗源于供暖空调[3]。

　　4. 节能标准提升形成的减碳量

　　陕西省关中、陕北和陕南商洛地区全部属于寒冷地区，因而总体以寒冷地区为主，汉中和安康部分地区为夏热冬冷地区。但寒冷地区和夏热冬冷地区节能设计标准的节能率并不同步，且陕西省寒冷地区、夏热冬冷地区建筑能耗难以拆分，因此在节能标准提升形成的减碳量测算时，以寒冷地区居住建筑节能设计标准提升形成的减碳量测算为主，再折算到全省的城镇居住建筑上。而公共建筑节能设计标准的节能率是统一的，可全省统一进行数据处理。

　　基于 2020 年的公共建筑和城镇居住建筑能耗强度的计算结果，对公共建筑和城镇居住建筑分别进行节能设计标准提升，综合能耗强度应采用不同节能标准下的能耗强度指标与其建筑存量的比例加权平均计算结果。

　　综上所述，节能设计标准提升的减碳量，按照下式计算：

$$\Delta C_{标准提升} = \sum_k (e_{提升前,k} - e_{提升后,k}) A_{新建建筑,k} C_{BAU,k} \tag{8-1}$$

式中　$\Delta C_{标准提升}$——新建建筑节能设计标准提升的减碳量，万 tCO_2；

　　　　$e_{提升前,k}$——节能标准提升前的单位面积能耗强度，tce/m^2；

　　　　k——节能标准提升后进行减碳计算的具体年份；

　　　　$e_{提升后,k}$——节能标准提升后的单位面积能耗强度，tce/m^2；

　　　　$A_{新建建筑,k}$——新建城镇建筑面积，万 m^2；

　　　　$C_{BAU,k}$——基准情景下建筑综合碳排放系数，tCO_2/tce。

　　新建建筑节能标准提升的减碳量与新建建筑的面积相关性较大，本书按照人均建筑面积目标预测计算未来建筑规模，2021～2030 年陕西省新建建筑面积如表 8-6 所示。

2021～2030 年陕西省新建建筑面积　　　　　　　　　　表 8-6

年份	2021	2022	2023	2024	2025	2026	2027	2028	2029	2030
公共建筑（万 m^2）	2079.44	1908.88	1916.01	1858.81	1800.49	1738.99	1676.50	1655.26	1592.50	1529.56
城镇居住建筑（万 m^2）	1769.06	1571.20	1703.31	1655.91	1607.73	1553.53	1498.83	1541.93	1485.72	1430.59

　　在未来的建筑节能标准提升中，假定节能设计标准发布三年以后，执行该标准的节能建筑开始发挥节能作用，并开始计算其逐年的单位面积减碳量，再结合新增建筑面积，最终得到历年的城镇建筑节能标准提升形成的减碳量。

8.3.2　建设超低能耗建筑

　　超低能耗建筑被各地区列为城乡建设领域实现碳达峰的重要任务之一。根据《"十四五"建筑节能与绿色建筑发展规划》，"十四五"期末将建成 5000 万 m^2 超低或近零能耗建筑。依据《陕西省"十四五"住房和城乡建设事业发展规划》，到 2025 年城镇新建建筑全面执行绿色建筑标准，建筑能效稳步提升，发展超低能耗建筑 100 万 m²，建筑能耗和碳排放增长趋势得到有效控制。

由于超低能耗建筑新增面积是在当前节能标准的基础上进行的节能再提升，因此在计算节能减碳量时应对此前计算过的节能标准提升形成的节能量进行扣除，仅计算在新执行节能标准的基础上再节能的部分。其节能减碳量计算公式为：

$$\Delta C_{超低能耗} = \sum_k (e_{基准,k} - e_{超低能耗,k}) A_{超低能耗,k} C_{BAU,k} \tag{8-2}$$

式中　$\Delta C_{超低能耗}$——超低能耗建筑的减碳量，万 tCO_2；

$e_{超低能耗,k}$——超低能耗建筑的单位面积能耗强度，tce/m^2；

k——执行超低能耗标准后进行减碳计算的具体年份；

$e_{基准,k}$——执行常规建筑节能标准的单位面积能耗强度，tce/m^2；

$A_{超低能耗,k}$——超低能耗建筑面积，万 m^2；

$C_{BAU,k}$——基准情景下建筑综合碳排放系数，tCO_2/tce。

8.3.3　提高星级绿色建筑比例

绿色建筑基本级必须满足建筑节能标准要求，一星级、二星级、三星级绿色建筑要求围护结构热工性能分别提高 5%、10% 和 20%，或者供暖空调能耗分别降低 5%、10% 和 15%。同时，星级绿色建筑还针对天然采光、自然通风、室内照明功率密度、灯具能效、冷热源设备能效和输配系统能效等提出更高要求。综合判断，一星级绿色建筑在当年节能标准的基础上可降低供暖空调及照明能耗 10%，二星级绿色建筑可降低 15%，而三星级绿色建筑实施难度大、项目数量很少，不作考虑。

《城乡建设领域碳达峰实施方案》要求，2025 年城镇新建建筑全部执行绿色建筑标准，其中星级绿色建筑占比 30% 以上。本书按照当前星级绿色建筑的发展规模，综合判断新建一星级绿色建筑在星级绿色建筑中占比 2/3，新建二星级绿色建筑在星级绿色建筑中占比 1/3，此后每年按照此比例进行逐年的面积叠加，并在现行节能技术标准的基础上对建筑节能提升形成的减碳量进行计算，计算方式与超低能耗建筑类似，其节能减碳量计算公式为：

$$\Delta C_{绿建} = \sum_k (e_{基准,k} - e_{绿建,k}) A_{绿建,k} C_{BAU,k} \tag{8-3}$$

式中　$\Delta C_{绿建}$——星级绿色建筑的减碳量，万 tCO_2；

$e_{绿建,k}$——星级绿色建筑的单位面积能耗强度，tce/m^2；

k——执行星级绿色建筑标准后进行减碳计算的具体年份；

$e_{基准,k}$——执行常规建筑节能标准的单位面积能耗强度，tce/m^2；

$A_{绿建,k}$——星级绿色建筑面积，万 m^2；

$C_{BAU,k}$——基准情景下建筑综合碳排放系数，tCO_2/tce。

8.3.4　加强既有建筑节能改造

基于各节能标准执行阶段和建筑面积发展情况，按照各节能设计标准发布和施行时间对陕西省历年建筑面积进行划分，得到各节能标准下建筑面积，最终测算获得 2020 年末陕西省节能建筑占比为 61.24%，测算结果与《"十四五"建筑节能与绿色建筑发展规划》

中的全国节能建筑比例（63%）相近。

截至 2020 年，陕西省不节能公共建筑仍然有 16528.95 万 m² 存量，不节能城镇居住建筑仍然有 35938.31 万 m² 存量，如表 8-7 所示，按照住房城乡建设部的要求，持续推进既有建筑节能改造，2030 年前完成地级以上重点城市的公共建筑节能改造任务，改造后整体能效要提升 20%。

陕西省不同标准节能建筑比例　　　　表 8-7

公共建筑	不节能建筑	50%节能建筑	65%节能建筑
面积存量（万 m²）	16528.95	14392.20	3302.70
占比	48.3%	42.0%	9.7%
城镇居住建筑	不节能建筑	50%节能建筑	65%节能建筑
面积存量（万 m²）	35938.31	32320.98	32886.69
占比	35.5%	32.0%	32.5%

本书按照陕西省重点城市公共建筑相关节能设计标准施行前的人口比例来估计本省重点城市的公共建筑不节能面积，基于《陕西统计年鉴》对陕西省常住人口的统计结果，可以认为需要改造的公共建筑和城镇居住建筑面积为陕西省城镇不节能建筑面积的 30%。节能改造后可直接降低建筑能耗，减碳量的测算方法同提升新建建筑节能标准，考虑改造时间一般较短，当年即可发挥节能作用。

最终要在 2030 年前每年改造 500 万 m² 的不节能公共建筑，改造后整体能效要提升 20%。城镇居住建筑未给出节能改造的目标，本书中保持与公共建筑改造相同的目标，对城镇居住建筑按照 2030 年前改造 30% 不节能建筑的目标，每年改造约 1000 万 m²，改造标准提升按照当前执行的节能设计标准进行。陕西省既有建筑节能改造目标如表 8-8 所示。

陕西省既有建筑节能改造目标　　　　表 8-8

建筑类型	不节能建筑面积（万 m²）	平均每年改造任务（万 m²）
公共建筑	16528.95	500
城镇居住建筑	35938.31	1000

综上所述，对既有建筑节能改造形成的减碳量，按照下式计算：

$$\Delta C_{既改} = \sum_k (e_{不节能,k} - e_{既改,k}) A_{j,k} C_{BAU,k} \tag{8-4}$$

式中　$\Delta C_{既改}$——既有建筑节能改造形成的减碳量，万 tCO_2；

$e_{既改,k}$——改造后的节能建筑单位面积能耗强度，tce/m^2；

$e_{不节能,k}$——改造前的不节能建筑单位面积能耗强度，tce/m^2；

A——节能改造的既有建筑面积，万 m^2；

k——节能改造完成后进行减碳计算的具体年份；

$C_{BAU,k}$——基准情景下建筑综合碳排放系数，tCO_2/tce。

8.3.5　推进建筑光伏应用

太阳能光伏发电可直接替代常规能源，减少建筑电力消耗，而建筑屋面普遍具备良好的太阳能光伏安装条件，特别是公共机构建筑应优先实现太阳能光伏的规模化应用，《"十四五"建筑节能与绿色建筑发展规划》要求,到 2025 年全国新增建筑太阳能光伏的装机容量 5000 万 kW 以上。根据陕西省太阳能资源的分布和太阳能光伏发电效率的调研,测算得到单位面积太阳能光伏组件的年发电量约为 150kWh。《城乡建设领域碳达峰实施方案》要求,到 2025 年新建公共机构建筑屋顶光伏覆盖率力争达到 50%。

按照《"十四五"陕西省公共机构节约能源资源工作规划》中对公共机构能源消费总量和人口统计情况,估算新建公共机构建筑面积约占全省新建公共建筑面积的 30%。而建筑屋顶太阳能光伏覆盖面积的增加,实质上是通过提高建筑电气化水平、降低电力碳排放因子和替代传统能源来降低建筑碳排放量。但在测算其减碳量时,仅考虑其替代传统能源的减排作用。

光伏建筑的减碳量计算公式为:

$$\Delta C_{光伏} = \sum_k e_c A_{光伏,k} C_{BAU,k} \tag{8-5}$$

式中　$\Delta C_{光伏}$——光伏建筑的减碳量,万 tCO_2;

　　　e_c——单位面积太阳能光伏组件的节能强度,tce/m^2;

　　$A_{光伏,k}$——公共机构建筑屋顶的太阳能光伏覆盖面积,万 m^2;

　　$C_{BAU,k}$——基准情景下建筑综合碳排放系数,tCO_2/tce;

　　　k——安装光伏后进行减碳计算的具体年份。

按照当前对陕西省人均建筑面积的预测所计算的未来公共建筑面积总量,可计算获得 2030 年前的公共机构建筑规模。并假定 2025 年起新建公共机构建筑屋顶太阳能光伏覆盖率 50%,由于屋顶还需要实现其他功能,如设置设备等,太阳能光伏覆盖率有限,因此,假定 2025~2030 年新建公共机构建筑屋顶太阳能光伏覆盖率为 50%。

8.3.6　推广地热能建筑供能

陕西省地热资源丰富,地热能利用潜力巨大,其中,浅层地热能开发利用适宜区占总评价区域的比例达到 45.02%[4]。根据陕西省人民政府印发的《加快建立健全绿色低碳循环发展经济体系若干措施》,陕西省地热能供热面积在"十四五"末期将提高到 7000 万 m^2。由陕西省地热协会主办的"陕西地热高质量发展专题学习会暨陕西省地热协会 2021 年年会",认为陕西省要积极发挥地热在落实"双碳"目标、清洁能源供应和打赢蓝天保卫战中的重要作用,力争"十四五"时期地热供暖面积再增加 3500 万~5000 万 m^2,比"十三五"末至少翻一番,稳定位居全国前列。《陕西省碳达峰实施方案》要求,大力推进关中地区中深层地热能供热、浅层地热能供热制冷。

根据以上政策文件要求,"十四五"和"十五五"期间,陕西省地热能供能面积分别增加 3000 万 m^2 和 2500 万 m^2。该指标符合陕西省当前的地热能利用趋势,经调研,2021 年陕西省新增地热能建筑 723 万 m^2,2022 年新增地热能建筑 650 万 m^2。根据文献的测算[5],地热能利用的单位面积平均节能量约为 12kgce/m^2。

地热能利用形成的减碳量,按照下式计算:

$$\Delta C_{地} = \sum_k A_{地,k} \times E_{地} \times C_{BAU,k} \tag{8-6}$$

式中　$\Delta C_{地}$——地热能利用形成的减碳量,万 tCO_2;

　　　$A_{地,k}$——地热能利用的建筑面积,万 m^2;

$E_{地}$——地热能平均单位面积节能强度，tce/m^2；

$C_{BAU,k}$——为基准情景下建筑综合碳排放系数，tCO_2/tce；

k——利用地热后进行减碳计算的具体年份。

8.3.7　既有农房改造和建设宜居型示范农房

住房城乡建设部要求对农村房屋实现冬季清洁取暖，同时在清洁取暖项目中对农房进行节能改造，提高常住房间的舒适性，使节能改造后的农房整体能效提升 30％。《陕西省冬季清洁取暖实施方案（2017—2021 年）》的数据显示，截至 2016 年底，陕西省农村取暖面积已达 1.9 亿 m^2，且 2020 年清洁取暖率已达 50％，则 2020 年以后仍有近 1 亿 m^2 的农房待清洁取暖改造。

《城乡建设领域碳达峰实施方案》要求，大力推进北方地区农村清洁取暖，在北方地区冬季清洁取暖项目中积极推进农房节能改造，提高常住房间舒适性，改造后实现整体能效提升 30％以上。《陕西省"十四五"住房和城乡事业发展规划》中也明确指出，要持续开展农房节能改造，"十四五"期间，建设改造 10000 户宜居型示范农房，宜居型示范农房普遍需要执行《农村居住建筑节能设计标准》GB/T 50824—2013，新建宜居型示范农房在现有不节能农房的基础上能效提升 50％以上。

既有农房节能改造形成的减碳量，按照下式计算：

$$\Delta C_{既农改} = \sum_{k} (e_{不节能农房} - e_{既农改}) A_{既农改,k} C_{BAU,k} \tag{8-7}$$

式中　$\Delta C_{既农改}$——既有农房节能改造形成的减碳量，万 tCO_2；

$e_{既农改}$——改造后的节能农房单位面积能耗强度，tce/m^2；

$e_{不节能农房}$——不节能农房单位面积能耗强度，tce/m^2；

$A_{既农改,k}$——节能改造的既有农房建筑面积，万 m^2；

k——农房节能改造完成后进行减碳计算的具体年份；

$C_{BAU,k}$——基准情景下建筑综合碳排放系数，tCO_2/tce。

建设宜居型示范农房形成的减碳量，按照下式计算：

$$\Delta C_{示范农房} = \sum_{k} (e_{不节能农房} - e_{示范农房}) A_{示范农房,k} C_{BAU,k} \tag{8-8}$$

式中　$\Delta C_{示范农房}$——建设宜居型示范农房形成的减碳量，万 tCO_2；

$e_{示范农房}$——宜居型示范农房单位面积能耗强度，tce/tCO_2；

$e_{不节能农房}$——不节能农房单位面积能耗强度，tce/tCO_2；

$A_{示范农房,k}$——示范农房建筑面积，万 m^2；

$C_{BAU,k}$——基准情景下建筑综合碳排放系数，tCO_2/tce；

k——示范农房建设完成后进行减碳计算的具体年份。

8.3.8　推进绿色低碳建造

《陕西省"十四五"住房和城乡建设事业发展规划》要求，到"十四五"末陕西省装配式建筑占当年城镇新建建筑的比例要达到 30％以上。《城乡建设领域碳达峰实施方案》要求大力发展装配式建筑，推广钢结构住宅，到 2030 年装配式建筑占当年城镇新建建筑的比例达到 40％以上。

相关研究测算表明，采用装配式建造相较于常规建筑建造方式可减排 $7.67kgCO_2/m^2$ 以上[6]。基于上述装配式建筑的减碳量指标，首先计算陕西省未来装配式建筑的建造面积，再测算当年的施工减碳量。做好重点用能设备能耗监控，加强绿色施工，促进建筑业的整体能效提升，预估现场施工能效提高 20%，测算绿色施工的减碳量。

装配式建筑的减碳量，按照下式计算：

$$\Delta C_{装配} = \sum_k e_{装配,k} A_{装配,k} C_{BAU,k}$$ (8-9)

式中　$\Delta C_{装配}$——装配式建筑的减碳量，万 tCO_2；

　　　$e_{装配,k}$——装配式建筑的单位施工面积节能强度，tce/m^2；

　　　$A_{装配,k}$——装配式建筑施工面积，万 m^2；

　　　$C_{BAU,k}$——基准情景下建筑综合碳排放系数，tCO_2/tce；

　　　k——当年采用装配式建筑施工时进行减碳计算的具体年份。

绿色施工形成的减碳量，按照下式计算：

$$\Delta C_{绿施} = \sum_k e_{绿施,k} A_{绿施,k} C_{BAU,k}$$ (8-10)

式中　$\Delta C_{绿施}$——绿色施工形成的减碳量，万 tCO_2；

　　　$e_{绿施,k}$——绿色施工的单位施工面积节能强度，tce/m^2；

　　　$A_{绿施,k}$——绿色施工面积，万 m^2；

　　　$C_{BAU,k}$——基准情景下建筑综合碳排放系数，tCO_2/tce；

　　　k——当年采用绿色施工时进行减碳计算的具体年份。

8.4　碳达峰碳中和实施路径规划

根据以上测算，可以得到不同重点任务的减碳量，对各类重点任务减碳量进行累加则得到建筑领域减碳量。最后对前文预测的目标减碳量与重点任务测算的减碳量进行对比，以考察所设定的碳达峰碳中和实施路径的有效性。

8.4.1　重点任务减碳量测算

1. 提升新建建筑节能标准

碳达峰实施路径：2022 年实施国家标准《建筑节能与可再生能源利用通用规范》GB 55015—2021，将公共建筑、寒冷地区和夏热冬冷地区居住建筑节能率分别提升至 73%、75% 和 65%，2027 年前新建公共建筑、寒冷地区和夏热冬冷地区居住建筑节能率再分别提升至 78%、83% 和 75%。

基于公共建筑和城镇居住建筑逐年新增面积数据，以及节能标准执行时间和开始发挥节能作用的时间，测算出不同节能标准下的单位面积能耗强度。计算可得，陕西省不节能和执行 50% 节能标准、65% 节能标准、72% 节能标准和 78% 节能标准的公共建筑单位面积能耗强度分别为 $23.67kgce/m^2$、$14.20kgce/m^2$、$11.93kgce/m^2$、$9.85kgce/m^2$ 和 $8.90kgce/m^2$。陕西省不节能和执行 50% 节能标准、65% 节能标准、75% 节能标准和 83% 节能标准的城镇居住建筑单位面积能耗强度分别为 $10.27kgce/m^2$、$7.19kgce/m^2$、$6.27kgce/m^2$、$5.65kgce/m^2$ 和 $5.16kgce/m^2$。

需要说明的是，《严寒和寒冷地区居住建筑节能设计标准》JGJ 26—2018 与国家标准《建筑节能与可再生能源利用通用规范》GB 55015—2021 的节能率一致，于 2019 年 8 月实施，因此考虑其在 2022 年开始发挥节能作用。2021～2030 年，陕西省新建公共建筑和城镇居住建筑因节能标准提升形成的减碳量如表 8-9 所示。

陕西省新建公共建筑和城镇居住建筑因节能标准提升形成的减碳量　　　　表 8-9

年份	2021	2022	2023	2024	2025	2026	2027	2028	2029	2030
公共建筑减碳量（万 tCO_2）	0	0	0	0	67.91	80.50	92.72	104.85	116.61	132.65
城镇居住建筑减碳量（万 tCO_2）	0	5.92	8.86	11.68	14.37	16.92	19.33	21.78	24.09	28.37

公共建筑 73％节能标准从 2025 年开始发挥作用，随着新增建筑的逐渐增加，每年的累计减碳量将逐渐增加，从 2025 年的 67.91 万 tCO_2 逐渐增加至 2029 年的 116.61 万 tCO_2，此后 2030 年执行公共建筑 78％节能标准并发挥作用，当年的累计减碳量为 132.65 万 tCO_2。

城镇居住建筑 75％节能标准从 2022 年开始发挥作用，随着执行新标准的新增建筑面积不断增加，使得城镇居住建筑的减碳量不断升高，从 2022 年的 5.92 万 tCO_2 升高至 2029 年的 24.09 万 tCO_2，此后 2030 年执行居住建筑 83％节能设计标准并发挥作用，当年累计减碳量为 28.37 万 tCO_2。

合并公共建筑和城镇居住建筑因建筑节能标准提升的减碳量，计算可得 2025 年陕西省通过建筑节能标准提升形成的减碳量为 82.28 万 tCO_2，2030 年的减碳量为 161.02 万 tCO_2。

2. 建设超低能耗建筑

碳达峰实施路径："十四五"时期共发展超低能耗建筑 100 万 m^2，"十五五"时期共发展超低能耗建筑 500 万 m^2。

根据《陕西省"十四五"住房和城乡建设事业发展规划》，设定"十四五"时期发展超低能耗建筑 100 万 m^2，考虑节能标准的提升、超低能耗建筑设计和建造技术不断成熟，"十五五"时期则提高发展目标，每年计划建设超低能耗建筑 100 万 m^2，2030 年前至少建设超低能耗建筑 600 万 m^2。

2021～2030 年，陕西省建设超低能耗建筑形成的减碳量如表 8-10 所示。通过建设超低能耗建筑形成的减碳量，由 2021 年的 0.11 万 tCO_2，逐渐增长至 2025 年的 0.54 万 tCO_2 和 2030 年的 3.19 万 tCO_2。

2021～2030 年陕西省建设超低能耗建筑形成的减碳量　　　　表 8-10

年份	2021	2022	2023	2024	2025	2026	2027	2028	2029	2030
减碳量（万 tCO_2）	0.11	0.22	0.33	0.44	0.54	1.08	1.62	2.14	2.67	3.19

3. 提高星级绿色建筑比例

碳达峰实施路径："十四五"时期新增建筑 30％为星级绿色建筑，"十五五"时期新增建筑 60％为星级绿色建筑。

2021～2030 年，陕西省提高星级绿色建筑比例形成的减碳量如表 8-11 所示。通过提升高星级绿色建筑比例形成的减碳量，由 2021 年的 3.43 万 tCO_2 增长到 2025 年的 16.92 万 tCO_2 和 2030 年的 52.30 万 tCO_2。

2021～2030 年陕西省提高星级绿色建筑比例形成的减碳量 表 8-11

年份	2021	2022	2023	2024	2025	2026	2027	2028	2029	2030
减碳量（万 tCO_2）	3.43	6.76	10.25	13.64	16.92	24.83	32.45	40.19	47.64	52.30

4. 加强既有建筑节能改造

碳达峰实施路径："十四五"和"十五五"时期，至少 30％的不节能公共建筑和城镇居住建筑完成节能改造，公共建筑节能改造后整体能效提升 20％，城镇居住建筑节能改造至现行节能标准，重点城市应全部完成节能改造。

由《"十四五"陕西省公共机构节约能源资源工作规划》相关数据可知，2020 年全省公共机构能源消费总量比 2015 年下降 12.93％，单位建筑面积能耗下降 10.44％，陕西省正在持续加强既有建筑节能改造。同时，《城乡建设领域碳达峰实施方案》要求，到 2030 年实现节能改造后的公共建筑能效提升达到 20％以上。因此，既有建筑节能改造具有良好的发展基础。

相比于不节能建筑，节能改造后的公共建筑能耗强度可降低 4.73kgce/m^2，节能改造后的城镇居住建筑能耗强度可降低 4.62kgce/m^2。2021～2030 年，陕西省加强既有建筑节能改造形成的减碳量如表 8-12 所示。

2021～2030 年陕西省加强既有建筑节能改造形成的减碳量 表 8-12

年份	2021	2022	2023	2024	2025	2026	2027	2028	2029	2030
公共建筑减碳量（万 tCO_2）	7.97	15.99	24.06	32.18	40.35	48.56	56.82	65.13	73.50	81.91
城镇居住建筑减碳量（万 tCO_2）	13.39	26.57	39.54	52.30	64.85	77.20	89.34	101.29	113.04	125.92

既有城镇居住建筑节能改造在当年即开始发挥效用。既有公共建筑节能改造后，减碳量由 2021 年的 7.97 万 tCO_2 逐渐增加至 2030 年的 81.91 万 tCO_2；既有城镇居住建筑节能改造后，减碳量由 2021 年的 13.39 万 tCO_2 增长至 2030 年的 125.92 万 tCO_2。即加强既有建筑节能改造，在 2025 年的减碳量为 105.20 万 tCO_2，在 2030 年的减碳量为 207.83 万 tCO_2。

5. 推进建筑太阳能光伏应用

碳达峰实施路径："十四五"末新建公共机构建筑 50％以上屋面覆盖太阳能光伏，"十五五"末新建公共机构建筑屋面太阳能光伏累计铺设面积 210 万 m^2。

根据前文分析，陕西省公共机构建筑面积约占全省公共建筑面积的 30％，未来新建公共机构建筑减少，设定 2026 年开始每年以 2％的比例降低，至 2030 年公共机构建筑面积降低 20％。2021～2030 年，陕西省公共机构建筑太阳能光伏铺设面积如表 8-13 所示。2025 年在新建公共机构建筑屋顶铺设 45.01 万 m^2，2030 年增加至 209.71 万 m^2。

由于屋顶覆盖太阳能光伏的面积在逐年增加，使得太阳能光伏发电量也逐年增加。陕西省公共机构建筑太阳能光伏发电形成的减碳量如表 8-14 所示。2025 年的减碳量为 32.89 万 tCO_2，2030 年的减碳量为 130.98 万 tCO_2。

2021～2030 年陕西省公共机构建筑太阳能光伏铺设面积　　　　　　表 8-13

年份	2021	2022	2023	2024	2025	2026	2027	2028	2029	2030
铺设面积（万 m^2）	0	0	0	0	45.01	85.89	121.91	155.02	184.21	209.71

陕西省公共机构建筑太阳能光伏发电形成的减碳量　　　　　　表 8-14

年份	2021	2022	2023	2024	2025	2026	2027	2028	2029	2030
减碳量（万 tCO_2）	0	0	0	0	32.89	60.72	83.91	103.40	118.98	130.98

6. 推广地热能建筑供能

碳达峰实施路径："十四五"和"十五五"期间，陕西省地热能供能面积分别新增 3000 万 m^2 和 2500 万 m^2。

根据调研，2021 年陕西省新增地热能建筑 723 万 m^2，2022 年新增地热能建筑 650 万 m^2。因此上述规划指标符合陕西省当前的地热能利用趋势。陕西省推广地热能建筑供能形成的减碳量如表 8-15 所示，从 2021 年的 22.69 万 tCO_2 增加到 2025 年的 108.30 万 tCO_2，再到 2030 年的 186.77 万 tCO_2。

陕西省推广地热能建筑供能形成的减碳量　　　　　　表 8-15

年份	2021	2022	2023	2024	2025	2026	2027	2028	2029	2030
减碳量（万 tCO_2）	22.69	44.86	66.52	87.67	108.30	124.85	140.97	156.67	171.93	186.77

7. 既有农房改造和建设宜居型示范农房

碳达峰实施路径："十四五"和"十五五"期间完成既有农房节能改造，节能改造后农房整体能效提升 30%；"十四五"期间建设符合节能标准的宜居型示范农房 1 万户，"十五五"期间建设 2 万户。

从清洁取暖项目中进行既有农房节能改造和建设宜居型示范性农房两个方面进行减碳，按照每年进行 1000 万 m^2 的节能改造力度，未来 10 年改造 1 亿 m^2 的进程执行，节能改造后农房整体能效提升 30%。宜居型示范农房按照"十四五"期间每年建设 2000 户，"十五五"期间每年建设 4000 户，共计建设 3 万户的规模测算。根据《中国城乡建设统计年鉴》对陕西省农村住宅和户数的统计，计算得到户均面积 180m^2，因此预计"十四五"时期每年建设 36 万 m^2，"十五五"时期每年建设 72 万 m^2，共计建设 540 万 m^2 宜居型示范农房，按照节能率 50% 建设。

陕西省既有农房节能改造和建设宜居型示范农房形成的减碳量如表 8-16 所示。既有农房节能改造形成的减碳量由 2021 年的 4.93 万 tCO_2 逐渐增加至 2030 年的 48.39 万 tCO_2；建设宜居型示范农房形成的减碳量由 2021 年的 0.30 万 tCO_2 逐渐增加至 2030 年的 4.36 万 tCO_2。最终在 2025 年和 2030 年的减碳量分别为 25.91 万 tCO_2 和 52.75 万 tCO_2。

8. 推进绿色低碳建造

碳达峰实施路径："十四五"末装配式建筑占比达到 30%，"十五五"末装配式建筑占比达到 40%；推广智能建造和节能型施工设备，做好重点用能设备能耗监控，施工能效提高 20%。

陕西省既有农房节能改造和建设宜居型示范农房形成的减碳量　　表 8-16

年份	2021	2022	2023	2024	2025	2026	2027	2028	2029	2030
既有农房节能改造减碳量（万 tCO_2）	4.93	9.83	14.72	19.59	24.44	29.27	34.08	38.87	43.64	48.39
宜居型示范农房减碳量（万 tCO_2）	0.30	0.59	0.88	1.18	1.47	2.05	2.63	3.21	3.78	4.36

推进绿色低碳建造采取两个方面的措施：一是提高装配式建筑的比例，二是通过绿色施工提高施工能效。陕西省推进绿色低碳建造形成的减碳量如表 8-17 所示。提高装配式建筑比例形成的减碳量由 2021 年的 6.49 万 tCO_2 增长至 2030 年的 9.08 万 tCO_2；提高施工能效形成的减碳量由 2021 年的 21.84 万 tCO_2 增长至 2030 年的 24.75 万 tCO_2。最终在 2025 年和 2030 年的减碳量分别为 27.03 万 tCO_2 和 33.83 万 tCO_2。

陕西省推进绿色低碳建造形成的减碳量　　表 8-17

年份	2021	2022	2023	2024	2025	2026	2027	2028	2029	2030
提高装配式建筑比例形成的减碳量（万 tCO_2）	6.49	6.41	6.70	7.55	7.84	8.08	8.28	8.83	8.97	9.08
提高施工能效形成的减碳量（万 tCO_2）	21.84	19.71	20.46	19.83	19.19	27.75	26.71	26.84	25.79	24.75

8.4.2　实施路径有效性分析

根据前文情景分析的预测成果，若按照目标要求，陕西省建筑领域在 2030 年前实现碳达峰，需要在 2030 年基准情景总量的基础上减少碳排放量 787.31 万 tCO_2，需要在 2025 年基准情景总量的基础上减少碳排放量 372.90 万 tCO_2。以此作为陕西省建筑领域碳达峰碳中和实施路径的减排目标，需要通过各项重点任务合力实现。

对提升城镇新建建筑节能标准、建设超低能耗建筑、提高星级绿色建筑比例、加强既有建筑节能改造、推进建筑太阳能光伏应用、推广地热能建筑供能、既有农房节能改造和建设宜居型示范农房、推进绿色低碳建造等各项重点任务的具体实施路径进行汇总并测算其减碳量，如表 8-18 所示。可知，提升新建建筑节能标准、加强既有建筑节能改造、推进建筑太阳能光伏应用、推广地热能建筑用能是最主要的技术措施，预计到 2025 年末，四者的减碳量占比分别达到 20.62%、26.36%、8.24% 和 27.14%；预计到 2030 年末，四者的减碳量占比分别达到 19.43%、25.08%、15.81% 和 22.54%。

陕西省建筑领域碳达峰碳中和实施路径规划和减碳量测算　　表 8-18

重点任务	实施路径	2025 年		2030 年	
		减碳量（万 tCO_2）	占比（%）	减碳量（万 tCO_2）	占比（%）
提升新建建筑节能标准	2022 年实施《建筑节能与可再生能源利用通用规范》GB 55015—2021，将公共建筑、寒冷地区和夏热冬冷地区居住建筑节能率分别提升至 73%、75% 和 65%，2027 年新建建筑节能率再分别提升至 78%、83% 和 75%	82.27	20.62	161.02	19.43

续表

重点任务	实施路径	2025 年		2030 年	
		减碳量（万 tCO_2）	占比（%）	减碳量（万 tCO_2）	占比（%）
建设超低能耗建筑和星级绿色建筑	"十四五"时期共发展超低能耗建筑 100 万 m^2，新增建筑 30% 为星级绿色建筑；"十五五"时期共发展超低能耗建筑 500 万 m^2，新增建筑 60% 为星级绿色建筑	17.47	4.38	55.49	6.70
加强既有建筑节能改造	"十四五"和"十五五"时期，至少 30% 的不节能公共建筑和城镇居住建筑完成节能改造，公共建筑节能改造后整体能效提升 20%，城镇居住建筑节能改造至现行节能标准，重点城市全部完成节能改造	105.20	26.36	207.83	25.08
推进建筑太阳能光伏应用	"十四五"末新建公共机构建筑 50% 以上屋面覆盖太阳能光伏，"十五五"末新建公共机构建筑屋面太阳能光伏累计铺设面积 210 万 m^2	32.89	8.24	130.98	15.81
推广地热能建筑供能	"十四五"和"十五五"时期，地热能建筑供能面积分别新增 3000 万 m^2 和 2500 万 m^2	108.30	27.14	186.77	22.54
既有农房节能改造和建设宜居示范农房	"十四五"和"十五五"时期完成既有农房节能改造，农房整体能效提升 30%；"十四五"时期建设符合节能标准的宜居型示范农房 1 万户，"十五五"时期建设 2 万户	25.90	6.49	52.74	6.36
推进绿色低碳建造	"十四五"末装配式建筑占比达到 30%，"十五五"末装配式建筑占比达到 40%；推广智能建造和节能型施工设备，做好重点用能设备能耗监控，施工能效提高 20%	27.03	6.77	33.83	4.08
累计		399.06	100	828.66	100

图 8-5 和图 8-6 分别为 2025 年和 2030 年陕西省建筑领域碳达峰碳中和重点任务的累计减碳量。2025 年重点任务的累计减碳量为 399.06 万 tCO_2，高于目标值（372.90 万 tCO_2）；2030 年重点任务的累计减碳量为 828.66 万 tCO_2，高于目标值（787.31 万 tCO_2）。按照该实施路径，陕西省建筑领域有望在 2030 年前实现碳达峰。这说明重点任务指标设置合理。

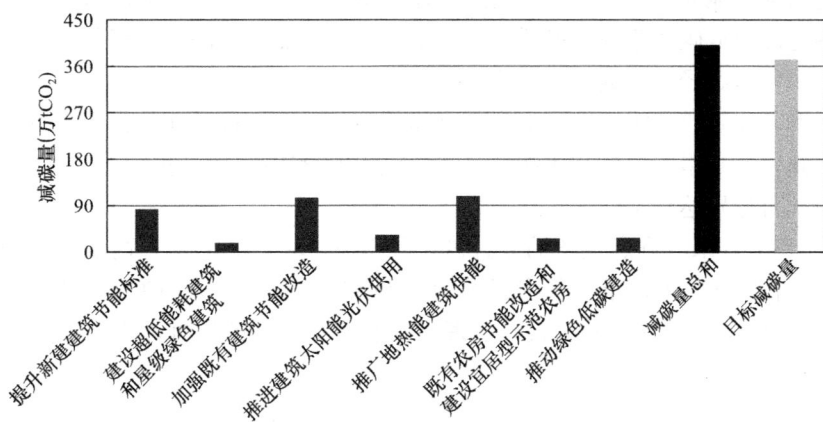

图 8-5 2025 年陕西省建筑领域碳达峰碳中和重点任务的累计减碳量

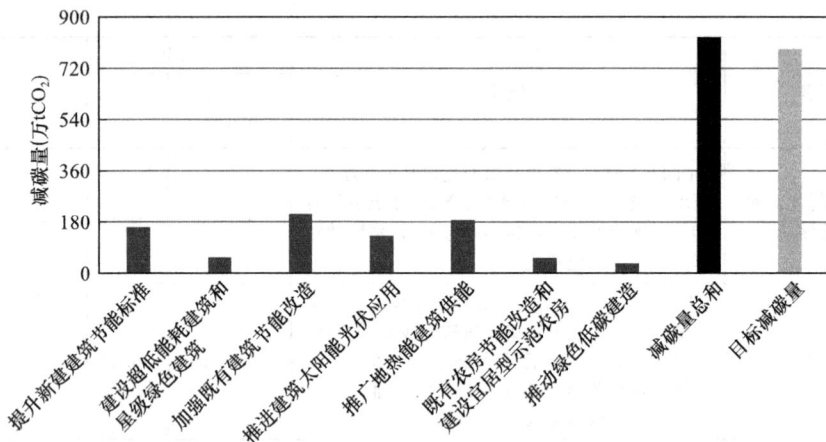

图 8-6　2030 年陕西省建筑领域碳达峰碳中和重点任务的累计减碳量

我国仍处于快速发展阶段，短期内建筑规模仍在不断扩大，提升新建建筑节能标准的减碳效果依然明显，但新建建筑普遍需要经过两年以上设计建造期才能转入运行并发挥减碳作用，而既有建筑节能改造和可再生能源利用工程建设时间短、投入运行快、节能减碳的潜力大，在 2030 年的碳达峰目标下，同样具有显著的减碳效果。

此外，由于本书仅考虑重点任务的减碳量，随着建筑领域碳达峰碳中和工作的逐步展开，同步实施城市更新、绿色生活等其他低碳行动方案，以及电力和热力行业协同推进减碳进程，降低电力和热力碳排放因子，则能够进一步加快实现陕西省建筑领域碳达峰碳中和目标。

8.5　总结

本章围绕建设绿色低碳城市和乡村，实现陕西省建筑领域碳达峰碳中和目标，梳理了重点任务方向，依据《城乡建设领域碳达峰实施方案》和陕西省地方政策要求，提出了提升新建建筑节能标准、建设超低能耗建筑、提高星级绿色建筑比例、加强既有建筑节能改造、推进建筑太阳能光伏应用、推广地热能建筑供能、既有农房节能改造和建设宜居型示范农房、推进绿色低碳建造等重点任务，拟定了各项重点任务的实施路径，并明确了完成目标，测算了实施路径的减碳量。主要结论如下：

（1）提升新建建筑节能标准、加强既有建筑节能改造、推进建筑太阳能光伏应用、推广地热能建筑供能是最主要的技术措施，若按规划的实施路径，预计到 2030 年末，四者的减碳量占比可分别达到 19.43%、25.08%、15.81% 和 22.54%。

（2）"十四五"末，重点任务的累计减碳量为 399.06 万 tCO_2，高于目标值（372.90 万 tCO_2）；"十五五"末，重点任务的累计减碳量为 828.66 万 tCO_2，同样高于目标值（787.31 万 tCO_2），说明实施路径设计合理，按照该实施路径陕西省建筑领域有望在 2030 年前实现碳达峰。

本章参考文献

[1] 杨秀，张声远，齐晔，等．建筑节能设计标准与节能量估算 [J]．城市发展研究，2011，18

（10）：7-13.

　　［2］清华大学建筑节能研究中心．中国建筑节能年度发展研究报告 2018［M］．北京：中国建筑工业出版社，2017.

　　［3］住房和城乡建设部科技与产业化发展中心．建筑领域碳达峰碳中和实施路径研究［M］．北京：中国建筑工业出版社，2021.

　　［4］赵民，康维斌，李杨，等．浅层地热能在常见民用建筑中的适宜性分析［J］．暖通空调，2022，52（5）：2-7.

　　［5］姚春妮，侯隆澍，马欣伯，等．碳达峰目标下太阳能光热和浅层地热能建筑应用中长期发展目标预测研究［J］．建设科技，2021（11）：36-38，43.

　　［6］曹西，缪昌铅，潘海涛．基于碳排放模型的装配式混凝土与现浇建筑碳排放比较分析与研究［J］．建筑结构，2021，51（S2）：1233-1237.

第9章 ▶▶
陕西省建筑领域节能降碳技术措施

9.1 研究内容与技术路线

    本章结合陕西省气候特征、资源禀赋和建筑领域碳达峰碳中和的重点任务方向，梳理了建筑领域节能潜力较大、减排贡献较高的节能降碳技术措施的基本概念、技术要点、政策要求及其标准体系建设情况，包括城镇建筑运行节能降碳、农村建筑运行节能降碳、可再生能源利用和建筑业节能降碳。其中，城镇建筑运行节能降碳技术措施主要包括新建建筑节能设计、既有建筑节能改造技术、绿色建筑技术和超低能耗建筑技术，农村建筑运行节能降碳技术措施主要包括被动式节能技术和清洁能源利用技术，可再生能源利用主要包括太阳能和地热能利用，建筑业节能降碳技术措施主要包括装配式建筑和绿色施工。本章技术路线如图 9-1 所示。

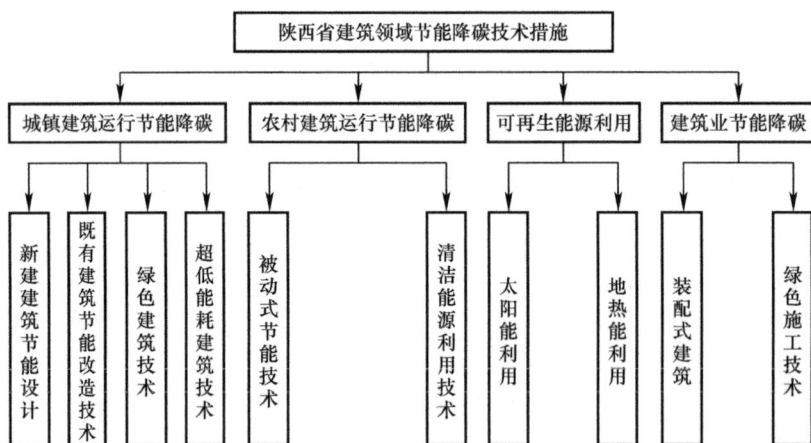

图 9-1　第 9 章技术路线

9.2 城镇建筑运行节能降碳

9.2.1 新建建筑节能设计

9.2.1.1 建筑节能技术简介
    根据《民用建筑节能管理规定》，民用建筑节能是指民用建筑在规划、设计、建造和使用过程中，通过采用新型墙体材料，执行建筑节能标准，加强建筑物用能设备的运行管理，合理设计建筑围护结构的热工性能，提高供暖、制冷、照明、通风、给水排水和通道系统的运行效率以及利用可再生能源，在保证建筑物使用功能和室内热环境质量的前提下，降低建筑能源消耗，合理、有效地利用能源的活动。

现阶段陕西省新建公共建筑节能设计执行国家标准《建筑节能与可再生能源利用通用规范》GB 55015—2021（寒冷地区和夏热冬冷地区居住建筑平均节能率分别为75％和65％，公共建筑平均节能率为72％），新建居住建筑节能设计执行地方标准《居住建筑节能设计标准》DB 61/T 5033—2022（与《建筑节能与可再生能源利用通用规范》GB 55015 的节能率一致），建筑碳排放计算执行国家标准《建筑碳排放计算标准》GB/T 51366—2019。

9.2.1.2　新建建筑节能政策要求

《民用建筑节能管理规定》要求新建民用建筑应当严格执行建筑节能标准要求。国务院建设行政主管部门组织制定建筑节能相关标准，省、自治区、直辖市人民政府建设行政主管部门应当严格执行国家民用建筑节能有关规定，可以制定严于国家民用建筑节能标准的地方标准或者实施细则。

《城乡建设领域碳达峰实施方案》要求，2030 年前严寒、寒冷地区新建居住建筑本体达到 83％节能要求，夏热冬冷区新建居住建筑本体达到 75％节能要求，新建公共建筑本体达到 78％节能要求。相当于居住建筑较现行节能标准再节能约 30％，公共建筑较现行节能标准再节能约 20％。

9.2.1.3　新建建筑节能技术

1. 建筑与建筑热工

建筑设计应遵循被动节能措施优先的原则，充分利用天然采光、自然通风，降低建筑的用能需求。优化建筑朝向和布局，降低建筑体形系数和窗墙面积比，围护结构热工性能满足强制性节能要求，夏热冬冷地区南、东、西向外窗和透光幕墙采取遮阳措施，寒冷地区建筑面向冬季主导风向的外门应设置门斗或双层外门。外墙保温工程应采用预制构件、定型产品或成套技术。

2. 供暖通风与空调

供暖空调冷源与热源应根据建筑规模、用途、建设地点的能源条件、结构、价格以及国家节能减排和环保政策的相关规定，通过综合论证确定。选用高效冷热源设备、新风热回收机组、风机和水泵，供暖空调系统设置能量计量、自动控制和室温调控装置。在经济技术合理时，冷媒温度宜高于常用设计温度，热媒温度宜低于常用设计温度。优先采用自然通风、机械通风或复合通风的通风方式除热除湿。

3. 给水排水与生活热水

给水系统应充分利用城镇给水管网或小区给水管网的水压直接供水。变频调速泵组应根据用水量和用水均匀性等因素合理搭配水泵及调节设施，宜按供水需求自动控制水泵启动的台数，保证水泵在高效区运行。采用分类分项分级的用水计量系统。地面以上的生活污、废水排水优先采用重力流直接排至室外管网。集中热水供应系统，优先采用余热废热、可再生能源作为热水供应热源。

4. 电气与智能化

选用高效低损耗的电力变压器、电动机、交流接触器和照明产品。建筑走廊、楼梯间、门厅、电梯厅及停车库照明应能够根据照明需求进行节能控制；大型公共建筑的公共区域照明应采取分区、分组及按照度调节的节能控制措施。天然采光场所的照明应根据采光状况和建筑使用条件采取分区、分组、按照度或按时段调节的节能控制措施。大型公共建筑应设能耗监测与管理系统，进行能效分析和管理。

5. 可再生能源利用

可再生能源利用系统设计时应根据当地资源与适用条件统筹规划，根据适用条件和投资规模确定该类能源可提供的用能占比或保证率，以及系统费效比，并应根据项目负荷特点和当地资源条件进行适宜性分析，常规应用方式包括太阳能系统、地源热泵系统和空气源热泵系统，其中，新建建筑应安装太阳能系统，应用地源热泵系统前应进行场地调查和热平衡分析，空气源热泵应对制热性能进行修正。

9.2.1.4 新建建筑节能技术标准

新建建筑节能主要技术标准见表 9-1，建筑保温主要技术标准见表 9-2。

新建建筑节能主要技术标准 表 9-1

序号	标准名称	现行标准号
1	建筑节能与可再生能源利用通用规范	GB 55015
2	建筑节能工程施工质量验收标准	GB 50411
3	公共建筑节能设计标准	GB 50189
4	民用建筑热工设计规范	GB 50176
5	建筑碳排放计算标准	GB/T 51366
6	建筑幕墙、门窗通用技术条件	GB/T 31433
7	严寒和寒冷地区居住建筑节能设计标准	JGJ 26
8	建筑节能工程施工质量验收标准	DB 61/T 5098
9	居住建筑节能设计标准	DB 61/T 5033
10	居住建筑全寿命期碳排放计算标准	DB 61/T 5008
11	建筑节能工程施工工艺标准	DBJ 61/T 121

建筑保温主要技术标准 表 9-2

序号	标准名称	现行标准号
1	外墙保温建筑构造	10J121
2	建筑围护结构节能工程做法及数据	09J908-3
3	公共建筑节能构造（夏热冬冷和夏热冬暖地区）	17J908-2
4	公共建筑节能构造（严寒、寒冷地区）	06J908-1
5	蒸压加气混凝土制品应用技术标准	JGJ/T 17
6	外墙外保温工程技术标准	JGJ 144
7	轻质蒸压砂加气混凝土砌块及板材应用技术规程	DB 61/T 5080
8	建筑保温与结构一体化 装配式温钢复合免拆模板外保温系统应用技术规程	DB 61/T 5002
9	再生骨料混凝土复合自保温砌块墙体应用技术规程	DB 61/T 5013
10	建筑节能与结构一体化 现浇混凝土内置保温复合墙系统技术规程	DBJ 61/T 170
11	建筑结构保温复合板应用技术规程	DBJ 61/T 158
12	建筑节能与结构一体化 框架结构外墙自保温砌块系统技术规程-砂加气混凝土砌块	DBJ 61/T 154
13	建筑节能与结构一体化 复合免拆保温模板应用技术规程	DBJ 61/T 152

序号	标准名称	现行标准号
14	建筑节能与结构一体化　浇筑式混凝土复合自保温砌块填充外墙技术规程	DBJ 61/T 151
15	建筑节能与结构一体化　高性能泡沫混凝土免拆模板保温系统技术规程	DBJ 61/T 141
16	玻纤增强复合保温墙板应用技术规程	DBJ 61/T 148
17	FR 复合保温墙板应用技术规程	DBJ 61/T 143
18	UVS 保温装饰复合板外墙外保温系统应用技术规程	DBJ 61/T 115
19	岩棉板外墙外保温系统应用技术规范	DBJ 61/T 75
20	建筑结构与保温一体化　增强型复合免拆模板外保温系统构造图集	陕 2022TJ 072
21	玻化粒料陶瓷复合板外墙外保温构造图集	陕 2022TJ 070
22	抛塑抹面复合保温材料外墙外保温构造图集	陕 2022TJ 069
23	轻型保温装饰一体板构造图集（EPS、STP、岩棉装饰一体板）	陕 2022TJ 068
24	建筑节能与结构一体化　现浇混凝土免拆保温模板系统构造图集	陕 2021TJ 066
25	建筑节能与结构一体化　钢丝网片现浇混凝土保温系统构造图集	陕 2021TJ 065
26	再生骨料混凝土复合自保温砌块墙体构造图集	陕 2021TJ 063
27	建筑保温与结构一体化　装配式温钢复合免拆模板外保温系统构造图集	陕 2021T 062
28	网架式内置保温现浇混凝土复合墙建筑构造图集	陕 2021TJ 058
29	建筑节能与结构一体化　钢丝网片复合保温板系统建筑构造图集	陕 2021TJ 057
30	建筑节能与结构一体化　现浇混凝土内置保温复合墙系统构造图集	陕 2020TJ 052
31	STP 建筑用真空绝热板保温系统构造图集	陕 2020TJ 050
32	建筑保温与结构一体化　现浇混凝土增强岩棉条复合板保温系统构造图集	陕 2019TJ 049
33	烧结复合自保温砌块墙体构造图集	陕 2019TJ 047
34	建筑节能与结构一体化　框架结构外墙自保温砌块系统构造图集-砂加气混凝土砌块	陕 2019TJ 043
35	建筑节能与结构一体化　复合免拆保温模板构造图集	陕 2018TJ 040
36	建筑节能与结构一体化　浇筑式混凝土复合自保温砌块填充外墙构造图集	陕 2018TJ 039
37	HB 非承重混凝土复合砌块自保温体系墙体及构造	陕 2017TJ 036
38	建筑节能与结构一体化　高性能泡沫混凝土免拆模板保温系统图集	陕 16J18

9.2.2　既有建筑节能改造技术

9.2.2.1　既有建筑节能改造简介

建筑是城市文化的重要载体，不同时期建筑文化的叠加，构成了丰富的城市历史文化，因此应高度认识到既有建筑的文化价值，坚持充分利用、功能更新原则，加强城市既有建筑保留利用和改造提升，避免大拆大建，并将绿色低碳理念融合在既有建筑节能改造全过程。既有建筑节能改造，是以节约能源资源、改善人居环境、提升使用功能等为目标，对既有建筑进行维护、更新、加固等活动。

当前，我国既有建筑节能改造主要集中在城市更新、城市老旧小区改造、历史建筑保护、公共机构能效提升等领域。下一步，既有建筑节能改造将与建筑领域碳达峰碳中和深入结合，改造类型将不断向绿色低碳、超低能耗、智慧建筑等方向发展。既有建筑节能改造作为建筑低碳化的一种具体实现方式，不仅可以有效降低建筑碳排放，减少建筑对环境的影响，而且可以提高建筑的运行效率和生态价值，提高人们的生活品质，实现可持续发展。

9.2.2.2 既有建筑节能改造政策要求

《民用建筑节能管理规定》要求民用建筑工程扩建和改建时，应当对原建筑进行节能改造。既有建筑节能改造应当考虑建筑物的生命周期，对改造的必要性、可行性以及投入收益比进行科学论证。节能改造要符合建筑节能标准要求，确保结构安全，优化建筑物使用功能。

1. 老旧小区改造

截至 2024 年 1 月，住房城乡建设部《城镇老旧小区改造可复制政策机制清单》已印发至第八批，总结了各地在城镇老旧小区改造过程中，盘活利用存量资源、拓宽资金筹集渠道、健全长效管理机制等方面的可复制政策机制。

2019 年 10 月，《陕西省住房和城乡建设厅关于推进全省城镇老旧小区改造工作的实施意见》要求从 2019 年起逐步实施老旧小区改造工作，基本完成城市、县城老旧小区改造任务。并规定老旧小区应为城市、县城（城关镇）建成于 2000 年以前、公共设施落后影响居民基本生活、居民改造意愿强烈的住宅小区。

上述文件发布后，陕西省各地逐步发布本地区老旧小区改造方案，如《西安市老旧小区综合改造工作升级方案》《咸阳市老旧小区改造提升实施方案》《渭南市城镇老旧小区改造实施方案》《杨陵区老旧住宅小区提升改造实施方案》《铜川市老旧住宅小区改造工作实施方案》《榆林市关于加快推进城镇老旧小区改造工作的通知》和《延安市关于推进全市城镇老旧小区改造工作的实施方案》等。

2. 公共建筑改造及设备更新

2017 年 6 月，《住房城乡建设部办公厅　银监会办公厅关于深化公共建筑能效提升重点城市建设有关工作的通知》要求完善节能改造市场机制，重点城市应全面推行合同能源管理模式，大型公共建筑及学校、医院等，应采用购买服务的方式实施节能运行管理与改造。对大型商务区、办公区等建筑集聚区及清洁取暖改造重点地区，可采用政府和社会资本合作（PPP）方式实施集中的节能运行管理与改造。

2021 年 9 月，《"十四五"陕西省公共机构节约能源资源工作规划》要求加快公共机构既有建筑围护结构、供热、制冷、照明等用能系统和设施设备节能改造，推广合同能源管理模式，实施公共机构能源消费总量与强度双控，2025 年公共机构单位建筑面积能耗和碳排放在 2020 年的基础上分别下降 6％和 7％。2022 年 12 月，《陕西省"十四五"节能减排综合工作实施方案》要求在大型公共建筑、地铁、机场、数据中心、冷链物流园区等重点区域实施节能改造，大幅提升制冷系统的能效水平和绿色高效制冷产品市场占有率。

2022 年 4 月，《"十四五"西安市公共机构节约能源资源工作规划》要求开展低碳引领、绿色化改造、可再生能源替代、节水护水、绿色办公、绿色生活方式、数字赋能等十大行动，到 2025 年公共机构人均能耗和单位建筑面积综合能耗分别在 2020 年的基础上下降 10％和 12％。

2024 年 4 月，《陕西省推动大规模设备更新和消费品以旧换新若干措施》要求到 2025 年主要用能设备能效基本达到节能水平，推广应用能效在 2 级以上的节能设备；推进供热设施设备升级改造，大幅提升地热能利用，加快研制公共建筑、地热能利用等碳排放核算地方标准。

3. 城市更新

2021年8月，《住房和城乡建设部关于在实施城市更新行动中防止大拆大建问题的通知》为城市更新划出四条底线，并明确了如拆旧占比、拆建比、就地安置率等具体指导数据。2023年7月，《住房城乡建设部关于扎实有序推进城市更新工作的通知》要求及时总结经验做法，省级住房城乡建设部门要加强对各地督促指导。

2021年，《住房和城乡建设部办公厅关于开展第一批城市更新试点工作的通知》，西安被确定为"国家第一批城市更新试点城市"。2024年4月，财政部办公厅、住房城乡建设部办公厅联合发布《关于开展城市更新示范工作的通知》，计划首批评选15个示范城市，要求系统化推进城市更新行动，统筹推进老旧片区更新改造等工作，西安市再次成功入选。

2020年以来，陕西各地陆续发布本地区城市更新办法或方案，如《西安市城市更新办法》《咸阳市关于推进中心城区城市更新工作的实施意见（试行）》《宝鸡市中心城区重点片区品质提升实施方案》《榆林古城城市更新实施策划方案》《渭南市城市更新管理办法（试行）》和《延安市城市更新暂行办法》等。

9.2.2.3 既有建筑节能改造技术要点

1. 居住建筑节能改造

居住建筑节能改造既要坚持节约能源、降低供暖能耗，又要同步提高居住舒适度和改善居住环境。要求遵循"以人为本、安全可靠、实用经济、适度超前"的原则，其主要改造内容包括外墙、屋面、外门窗等围护结构的保温改造，供暖系统分户供热计量及分室温度调控的改造，热源（锅炉房或热力站）和供热管网的节能改造，涉及建筑物修缮、功能改善和采用可再生能源等的综合节能改造。但既有居住建筑节能改造涉及居民家庭、房屋产权单位、供热单位等多个主体，特别是在实施过程中需要得到居民的理解、支持和配合，具有一定特殊性和复杂性。

2. 公共建筑节能改造

在公共建筑中，尤其是办公建筑、高档旅馆及大中型商场等，其供暖空调、生活热水及照明系统的能耗高、强度大，节能潜力较大。公共建筑节能改造主要从供暖通风空调系统节能改造、照明系统节能改造、可再生能源系统应用、供配电系统节能改造、建筑能耗监测与控制系统等方面进行，其中以冷热源机房能效提升和智能化改造的节能效果最为突出，改造成本可控，可操作性也较强。在具体实施过程中，要注意对各类资源的整合，大胆尝试合同能源管理等新机制，引导专业化节能服务公司参与大型公共建筑的节能改造。

3. 城市更新

城市更新是指对城市中老旧、落后的区域进行改造提升，提高其使用价值和环境品质，适应城市发展的需要。未来城市更新的主要趋势为：多元化的城市更新模式，包括旧城改造、新城区建设、城市再生等多种类型，以满足不同城市的需求和特点；智能化的城市更新技术，通过人工智能、大数据等优化城市设计和管理，提高城市的效率和可持续性；绿色城市更新理念，通过绿色建筑、绿色交通等方式来减少城市的碳排放；社会化的城市更新参与机制，鼓励市民参与城市规划和建设的决策过程，促进市民的自治和社会共治。

9.2.2.4 既有建筑节能改造技术标准

既有建筑节能改造主要技术标准见表9-3。

既有建筑节能改造主要技术标准 表 9-3

序号	标准名称	现行标准号
1	既有建筑鉴定与加固通用规范	GB 55021
2	既有建筑维护与改造通用规范	GB 55022
3	供热系统节能改造技术规范	GB/T 50893
4	既有建筑节能改造智能化技术要求	GB/T 39583
5	既有建筑改造绿色评价标准	GB/T 51141
6	既有住宅建筑功能改造技术规范	JGJ/T 390
7	既有居住建筑节能改造技术规程	JGJ/T 129
8	公共建筑节能改造技术规范	JGJ 176
9	既有住宅建筑加装电梯技术标准	DB 61/T 5102
10	既有建筑外墙外保温系统可靠性评价技术导则	DB 61/T 5027
11	陕西省城镇老旧小区公共服务设施配置标准	DBJ 61/T 194
12	西安市既有公共建筑节能改造技术规范	DBJ 61/T 69
13	西安市既有居住建筑节能改造技术规范	DBJ 61/T 71
14	陕西省城镇老旧小区改造导则	—
15	陕西省城镇老旧小区改造技术指引	—
16	严寒和寒冷地区农村居住建筑节能改造技术规程	T/CECS 741

9.2.3 绿色建筑技术

9.2.3.1 绿色建筑简介

绿色建筑是在全生命周期内节约资源、保护环境、减少污染，为人们提供健康、适用、高效的使用空间，最大限度地实现人与自然和谐共生的高质量建筑，其绿色性能是指涉及建筑安全耐久、健康舒适、生活便利、资源节约（节地、节能、节水、节材）和环境宜居等方面的综合性能。目前陕西省绿色建筑执行《绿色建筑评价标准》GB/T 50378—2019（2024 年版）和《绿色建筑评价技术指南》DB 61/T 5016—2022。

根据王清勤等人[1]关于绿色建筑碳排放的研究，与常规节能建筑相比，不同气候区一星级、二星级和三星级绿色居住建筑的减排幅度分别为 12%～16%、23%～34%和 32%～46%，不同气候区一星级、二星级和三星级绿色办公建筑的减排幅度分别为 10%～12%、23%～29%和 34%～50%，各气候区的绿色建筑均能大幅降低碳排放；绿色建筑减排潜力较大的低碳技术措施主要为绿色建材、照明、可再生能源、动力设备、围护结构、供暖空调设备等方面。

9.2.3.2 绿色建筑技术

绿色建筑技术应遵循因地制宜的原则，结合建筑所在地域的气候、环境、资源、经济和文化等特点，对建筑全生命周期内的安全耐久、健康舒适、生活便利、资源节约、环境宜居等性能进行综合评价，此处重点介绍减排贡献较大技术。

1. 安全耐久性能

场地避开危险地段，适宜建设和长期生活，采取通用开放、灵活可变的使用空间设计；采取建筑使用功能可变措施，提升建筑适变性；提高建筑结构材料的耐久性，从而延长建筑使用寿命。太阳能设施应与建筑主体结构统一设计与施工，并应具备安装、检修与维护条件。采取提升建筑部品部件耐久性的措施，使用耐腐蚀、抗老化、耐久性能好的管材、管线、管件，活动配件选用长寿命产品；合理采用耐久性好、易维护的装饰装修材料，降低建筑维护和设备更新投入。

2. 健康舒适性能

主要功能房间具有现场独立控制的热环境调节装置，地下车库设置与排风设备联动的一氧化碳浓度监测装置，加强节能控制。充分利用天然光，大部分主要功能空间具备良好天然采光效果，地下空间设置采光天窗或天井提升天然采光效果。优化建筑空间和平面布局，改善自然通风效果，并充分利用自然通风进行环境调节，建筑外门、窗设置较大的通风开口面积，并通过优化设计使其能够形成良好空气对流。玻璃幕墙及外窗设置可调节遮阳设施，改善室内热舒适。

3. 生活便利性能

建筑、室外场地、公共绿地、城市道路之间设置连贯的无障碍步行系统，场地人行出入口短距离内设有公共交通站点，合理设置电动汽车停车位和自行车停车场，提升绿色通行水平。采用建筑设备管理系统、能耗监测管理系统、水远传计量系统、空气质量监测系统和智能化服务系统，提高设备能效和建筑运行智能化水平。楼梯间具有天然采光和良好的视野，且距离主入口的距离较短，促进步行，降低动力电梯使用。定期调适公共设施设备、开展节能诊断。

4. 资源节约性能

优化建筑围护结构热工性能，一、二、三星级绿色建筑应分别提升围护结构热工性能5%、10%和20%。对供暖空调系统分区控制，并根据建筑空间功能设置分区温度，合理降低室内过渡区的温度设定标准。供暖空调系统的冷热源机组能效应优于国家标准，采取措施降低供暖空调系统的末端系统及输配系统能耗。采用节能型电气设备及节能控制措施。结合当地气候和自然资源条件，合理利用可再生能源。使用用水效率等级较高的卫生器具，利用非传统水源。采用全装修设计，并合理选用高强度建筑结构材料与构件，选用可循环、可再利用及利废建材和绿色建材。

5. 环境宜居性能

合理选择绿化方式，植物种植应适应当地气候和土壤，且应无毒害、易维护，种植区域覆土深度和排水能力应满足植物生长需求，并采用复层绿化方式，增加植物碳汇。场地的竖向设计应有利于雨水的收集或排放，加强雨水回收利用。采取措施降低热岛强度，如场地设有大面积乔木和花架等遮阴措施、机动车道两侧种植遮阴效果较好的行道树、采用绿化屋顶或屋面设置太阳能板等，改善建筑热环境。

6. 提高与创新

合理选用废弃场地进行建设，或充分利用尚可使用的旧建筑。采用符合工业化建造要求的结构体系与建筑构件。进行建筑碳排放计算分析，采取措施降低单位建筑面积碳排放强度。按照绿色施工的要求进行施工和管理，获得绿色施工优良等级或绿色施工示范工程认定。采取节约资源、保护生态环境、保障安全健康、智慧友好运行、传承历史文化等其他创新技术，并有明显效益。

9.2.3.3　绿色建筑政策要求

2021 年 1 月，《绿色建筑标识管理办法》规定，住房城乡建设部负责认定三星级绿色建筑并授予标识；省级住房城乡建设部门负责认定二星级绿色建筑并授予标识，组织地市级住房城乡建设部门开展本地区一星级绿色建筑认定和标识授予工作。获得绿色建筑标识的项目运营单位，应强化绿色建筑运行管理，加强运行指标与申报绿色建筑星级指标比对，每年将年度运行主要指标上报绿色建筑标识管理信息系统。

2024 年 7 月，国务院办公厅印发《政府采购领域"整顿市场秩序、建设法规体系、促进产业发展"三年行动方案（2024—2026 年）》，要求扩大政府采购支持绿色建材，促进建筑品质提升政策实施范围，由 48 个城市（市辖区）扩大到 100 个城市（市辖区），要求医院、学校、办公楼、综合体、展览馆、保障性住房以及旧城改造项目等政府采购工程项目强制采购符合标准的绿色建材。西安市为实施范围城市。

2022 年 12 月，陕西省住房和城乡建设厅发布《关于城镇新建建筑全面执行绿色建筑标准的通知》，要求全省城镇新建建筑按照绿色建筑基本级及以上等级进行设计，总建筑面积 2 万 m² 以上的大型公共建筑和政府投资公益性建筑按照一星级及以上绿色建筑标准进行设计、建设；超高层建筑应按照绿色建筑三星级标准进行设计。目前，除西安地区另行规定外，其余地区的绿色建筑均执行上述规定。

2022 年 12 月，《西安市住房和城乡建设局关于进一步做好绿色建筑建设管理工作的通知》要求城镇新建民用建筑按照绿色建筑基本级及以上等级进行设计；采用全装修且不低于 5 万 m² 的新建居住建筑，应达到一星级及以上等级；总建筑面积 2 万 m² 及以上的新建公共建筑、国家机关办公建筑、政府投资的满足社会公众公共需要的公益性建筑，以及国有企业全额投资的公共建筑至少达到一星级；其中，城六区和开发区内的项目至少达到二星级。超高层建筑应按照绿色建筑三星级标准进行设计。

2023 年 9 月，《陕西省住房和城乡建设厅关于进一步加强绿色建筑标识管理工作的通知》规定，陕西省住房和城乡建设厅承担全省绿色建筑二星级标识认定和管理，三星级绿色建筑项目的初审、推荐等工作；各地市住房和城乡建设局承担本地区绿色建筑一星级标识认定和管理；陕西省建筑节能与墙体材料发展中心负责绿色建筑标识申报受理和管理。并规定了绿色建筑标识执行标准、标识认定程序和申报材料要求。

2024 年 9 月，榆林市住房和城乡建设局发布《加快推动全市建筑节能与绿色建筑高质量发展的工作方案》，要求国家机关办公建筑，保障性住房和政府投资的学校、医院、博物馆、科技馆、体育馆等公益性建筑，总建筑面积 2 万 m² 以上的公共建筑，建筑面积 10 万 m² 以上的居住小区，城市新建区、绿色生态城区的民用建筑全部按照一星级及以上绿色建筑标准设计建造。其中：榆林中心城区新建政府投资公益性建筑、单体建筑面积 2 万 m² 以上的大型公共建筑执行绿色建筑二星级及以上标准，所有新建超高层建筑执行绿色建筑三星级标准。

9.2.3.4 绿色建筑技术标准

绿色建筑主要技术标准见表 9-4。

绿色建筑主要技术标准

表 9-4

序号	标准名称	现行标准号
1	绿色建筑评价标准	GB/T 50378
2	绿色生态城区评价标准	GB/T 51255

序号	标准名称	现行标准号
3	既有建筑绿色改造评价标准	GB/T 51141
4	绿色建筑评价技术细则	—
5	绿色生态城区评价标准技术细则	—
6	民用建筑绿色性能计算标准	JGJ/T 449
7	绿色建筑运行维护技术规范	JGJ/T 391
8	民用建筑绿色设计规范	JGJ/T 229
9	绿色建筑评价技术指南	DB 61/T 5016
10	绿色建筑工程验收标准	DBJ 61/T 184
11	公共建筑绿色设计标准	DBJ 61/T 80
12	居住建筑绿色设计标准	DBJ 61/T 81

9.2.4　超低能耗建筑技术

9.2.4.1　超低能耗建筑简介

我国的超低能耗、近零能耗和零能耗建筑设计及评价标准体系已初步建立，陕西省地方标准体系也在不断完善中。根据《近零能耗建筑技术标准》GB/T 51350—2019 的定义，近零能耗建筑是适应气候特征和场地条件，通过被动式建筑设计，最大幅度降低建筑供暖、空调、照明需求，通过主动技术措施最大幅度提高能源设备与系统效率，充分利用可再生能源，以最少的能源消耗提供舒适的室内环境。其建筑能耗水平应较 2015 年实施的节能标准降低 60%~75%。

超低能耗建筑是近零能耗建筑的初级表现形式，其室内环境参数与近零能耗建筑相同，能效指标略低于近零能耗建筑，其建筑能耗水平应较 2015 年实施的节能标准降低 50%以上。零能耗建筑是近零能耗建筑的高级表现形式，其室内环境参数与近零能耗建筑相同，充分利用建筑本体和周边的可再生能源资源，使可再生能源年产能大于或等于建筑全年全部用能的建筑。

超低能耗建筑设计采用性能化设计方法，利用建筑模拟工具对设计方案逐步优化，最终达到预定性能目标要求。超低能耗建筑具有良好的室内热湿环境参数控制，并满足室内新风量要求和室内允许噪声标准。超低能耗居住建筑能效指标包括建筑能耗综合值、建筑本体性能指标（供暖年耗热量、供冷年耗冷量、建筑气密性）；超低能耗公共建筑能效指标包括建筑能耗综合值、建筑本体性能指标（建筑本体节能率、建筑气密性）。

9.2.4.2　超低能耗建筑政策要求

2022 年 3 月，《"十四五"建筑节能与绿色建筑发展规划》要求，到 2025 年建设超低能耗、近零能耗建筑 5000 万 m² 以上。同年 6 月，《城乡建设领域碳达峰实施方案》要求推动低碳建筑规模化发展，鼓励建设零碳建筑和近零能耗建筑，引导寒冷地区达到超低能耗的建筑不再采用市政集中供暖。

2021 年 11 月，《陕西省"十四五"住房和城乡建设事业发展规划》提出，"十三五"期间陕西省已建设被动式低能耗建筑 55.69 万 m²，"十四五"期间推动超低能耗建筑产业链发展，建设一批超低能耗建筑、近零能耗建筑、零能耗建筑试点示范工程，到 2025 年，建筑能效稳步提升，发展超低能耗建筑 100 万 m²。

2022年12月，《西安市住房和城乡建设局关于进一步做好绿色建筑建设管理工作的通知》要求，到2025年建设超低能耗建筑项目：高新区不低于20万m²；西咸新区、国际港务区各不低于10万m²；经开区、曲江新区、浐灞生态区、航天基地各不低于5万m²。

2024年9月，榆林市住房和城乡建设局发布《加快推动全市建筑节能与绿色建筑高质量发展的工作方案》，要求单体建筑面积2万m²以上的政府投资及国有企业全额投资的公共建筑项目必须采用超低能耗建筑标准设计建造。其中：榆林中心城区地上建筑面积10万m²以上的房地产开发项目中至少建设一栋且不低于总建筑面积3%的超低能耗建筑；建筑面积20万m²以上的房地产开发项目中至少建设一栋且不低于总建筑面积5%的超低能耗建筑。新建超低能耗建筑要优先采用地热能供暖。

9.2.4.3 超低能耗建筑技术

1. 高性能围护结构及门窗系统

当前陕西省超低能耗建筑设计执行《近零能耗建筑技术标准》GB/T 51350—2019、《超低能耗居住建筑节能设计标准》DBJ 61/T 189—2021和《近零能耗建筑设计标准》DB 61/T 5084—2023，上述标准相比于现阶段的常规节能标准，对围护结构热工性能、建筑本体节能率的要求明显较高，因此围护结构普遍需要更厚的保温层设计、更高的门窗气密性和保温性能设计，被动区与非被动区的隔墙和楼板保温性能显著高于常规节能标准要求，外窗普遍采用三玻两腔高性能系统窗，外门采用被动房专用门。总体目标是通过显著提升围护结构热工性能，降低建筑冷热需求。结合实际，在东、西、南向外窗设置可调节外遮阳措施，如电动遮阳帘。

2. 围护结构无热桥设计

建筑围护结构热工性能提升后，热桥成为影响围护结构保温效果、室内环境舒适性及建筑能耗的重要因素。首先，应简化建筑立面造型，减少外凸构件，降低热桥处理难度，并确保建筑地上与地下保温层的连续性、屋面与外墙保温层的连续性，避免结构性热桥。其次，针对空调板、门窗洞口、女儿墙、穿墙管线洞口等热桥部位，全面采取削减热桥措施，并采取保温系统的保护措施，防止保温失效。

3. 建筑气密性设计

超低能耗建筑不同于常规建筑，不仅要求门窗气密性，还要求建筑气密性。建筑气密层应连续并包围整个外围护结构，减少门窗以外的开洞，并选择气密性好的外门窗，外窗框与窗扇之间宜采用耐久性良好的密封材料密封。对门洞、窗洞、电气接线盒、管线贯穿处等易发生气密性问题的部位，应采取加强措施。气密性保障贯穿整个施工过程，施工完成后应进行气密性测试。

4. 高效冷热源及环境控制

超低能耗建筑普遍要求采用1级能效的能源设备和系统，而常规建筑采用的能源设备仅需达到节能评价值或2级能效即可。如多联式空调（热泵）机组的制冷性能系数须达到6.0以上、能效等级指标须达到4.5以上，水冷冷水（热泵）机组的制冷性能系数须达到6.00以上、综合部分负荷性能系数须达到7.5以上，显热和全热型新风热回收机装置的热交换效率应分别达到75%和70%以上。

5. 高效智能电气设备及系统

采用节能型电梯，具有变频调速或能量反馈等节能措施。采用节能型LED灯或其他节能型灯具、智慧照明控制，照明功率密度设计值达到《建筑节能与可再生能源利用通用规范》GB 55015—2021 的目标值要求。采用室内空气质量监测系统，热回收新风换气机组能够与室内空气质量监测系统联动控制。采用能耗监测与管理系统，对建筑用能进行分类分项和分级监测。

6. 可再生能源利用

单纯依靠提升围护结构热工性能，建筑能耗降低幅度有限，还应尽可能采用可再生能源替代，提高建筑综合节能率。生活热水采用太阳能热水系统或空气源热泵热水系统。充分挖掘建筑屋面和立面布置太阳能光伏板的潜力，采用分布式光伏发电系统。地热资源丰富地区，还可采用地源热泵系统或地下水直接供暖系统等。陕南和关中地区也可采用空气源热泵系统，陕北地区则需采用低温型设备。

9.2.4.4　超低能耗建筑技术标准

超低能耗建筑主要技术标准见表 9-5。

超低能耗建筑主要技术标准　　　　　　　　　　　　　　表 9-5

序号	标准名称	现行标准号
1	近零能耗建筑技术标准	GB/T 51350
2	被动式超低能耗建筑—严寒和寒冷地区居住建筑	23J908-8
3	近零能耗建筑测评标准	T/CABEE 003
4	近零能耗建筑设计标准	DB 61/T 5084
5	零能耗建筑设计导则	DB 61/T 5025
6	超低能耗居住建筑节能设计标准	DBJ 61/T 189

9.3　农村建筑运行节能降碳

9.3.1　农村建筑节能技术简介

陕西省既有农村建筑围护结构热工性能普遍较差，冬季室内热舒适性也较差。农村建筑以砖混结构为主，外墙主体采用实心黏土砖，外窗采用气密性差的木框或普通铝合金框单层玻璃窗，且内、外围护结构基本无保温措施，建筑供暖需求大、运行能耗高，是清洁供暖的最大短板。北方地区清洁供暖政策实施以来，农村建筑清洁供暖率有所提升，但散煤复燃现象也较为普遍，农村清洁供暖工作仍需大力推行。

农村清洁供暖的首要任务就是提升农房节能水平，采用清洁高效供暖设备，降低农房供暖能耗和供暖支出，防止大面积散煤复燃。根据《农村居住建筑节能设计标准》GB/T 50824—2013 的规定，农村建筑的节能设计应结合气候条件、农村地区特有的生活模式、经济条件，采用适宜的建筑形式、节能技术措施以及能源利用方式，有效改善室内居住环境，降低常规能源消耗及温室气体的排放。

9.3.2　农村建筑节能政策要求

2019 年 2 月，《住房和城乡建设部办公厅关于开展农村住房建设试点工作的通知》要求大力开展农村住房建设试点，提升农房建设设计和服务管理水平，建设一批绿色环保的宜居型示范农房，应用绿色节能的新技术、新产品、新工艺，探索装配式建筑、太阳房等建筑应用技术，注重绿色节能技术设施与农房的一体化设计。

2020年5月，《乡村建设行动实施方案》要求把乡村建设摆在社会主义现代化建设的重要位置，实施乡村清洁能源建设工程，提升农村电力保障水平，发展清洁能源，探索建设多能互补的分布式低碳综合能源网络，按照先立后破、农民可承受、发展可持续的要求，稳妥有序推进北方农村地区清洁供暖。

2021年11月，《陕西省"十四五"住房和城乡建设事业发展规划》要求持续开展农房节能改造。"十四五"期间，每年实施2000户，共计建设10000户宜居型示范农房。2022年12月，《陕西省"十四五"节能减排综合工作实施方案》要求加快风能、太阳能、生物质能等可再生能源在农村生活中的应用，有序推进农村清洁供暖，推广应用节能环保灶具，推进农房节能改造和绿色农房建设。

2022年12月，《西安市住房和城乡建设局关于进一步做好绿色建筑建设管理工作的通知》要求筹划绿色农房设计规范编制工作，引导和规范绿色农房建设。在临潼区、长安区等涉农区县开展绿色农房建设项目试点工作，打造安全实用、节能环保、经济美观、健康舒适的绿色农房样板。

2017年，《陕西省冬季清洁取暖实施方案（2017—2021年)》发布以后，各地相继发布了本地区的农村清洁供暖实施方案，如《西安市清洁取暖试点城市建设工作方案》《西安市关于下达农村建筑能效提升工作任务的通知》《宝鸡市农村清洁能源替代工作实施意见》和《杨陵区农村既有居住建筑节能和清洁取暖改造试点工作实施方案》等，总体以建筑节能提升和更换清洁供暖设备并行的方式，进一步推进农村清洁供暖。

9.3.3 农村建筑被动式节能技术

1. 高性能外围护结构

由于围护结构热工性能与建筑冷热负荷、全年能耗等密切相关，因此提升围护结构保温隔热性能是被动式节能技术中最重要的措施。外墙、屋面及地面常用的保温材料有岩棉板、酚醛板、聚苯板和挤塑聚苯板，外墙也可以采用自保温墙体材料，避免外墙外保温下建筑表皮强度较差的问题。除商品保温材料外，传统乡土材料中导热系数较低、具有一定保温性能的还有生土、草泥、炉渣及秸秆等，在满足现行国家标准《农村防火规范》GB 50039的基础上也可采用。

与其他围护结构部件相比，门窗的传热系数最大，传热量普遍较高。农村建筑常住人房间也应考虑提升门窗热工性能，采用传热系数低、气密性高的塑钢或断桥铝合金中空玻璃窗，并尽量避免采用推拉窗形式，推荐采用平开窗。由于陕西省农村建筑普遍以供暖需求为主，因此除采用或更换高性能门窗以外，在冬季还可以在外窗内侧增设兼具保温性和气密性的透明塑料膜窗帘，其安装及拆卸方便快捷，造价低，可实现低成本改造。

2. 常住人房间内围护结构保温

陕西省农村建筑面积大，房间数量多，但常住人的房间少，并且农村居民在冬季有聚集取暖的生活习惯，因此从整个供暖季来看，对于多数农户而言，1~2间主要供暖房间可基本满足需求。常住人房间的邻室或上下层房间均无供暖措施时，其内围护结构也将会形成较大的热负荷，属于典型的节能薄弱环节。《农村居住建筑节能设计标准》GB/T

50824—2013 对内围护结构无热工要求，笔者所在研究团队主编了《寒冷地区农村居住建筑节能设计标准》T/CECA 20039—2023，首次提出了适应农村分室间歇供暖特征的内围护结构热工限值要求。

内围护结构保温可采用内保温或者自保温体系，可有效避免在楼板、隔墙处出现冷桥，同时需要考虑一定的面层强度，可采用楼板面层内设 EPS 或者 XPS 保温、顶板喷涂无机纤维保温、设置吊顶保温等方式，隔墙可采用复合硅酸盐保温砂浆、玻化微珠保温砂浆、加气混凝土砌块或者墙板保温等方式。

3. 被动式太阳房

被动式太阳房是一种经济、有效地利用太阳能供暖的建筑，是太阳能热利用的重要手段。农村建筑一般为 1 层或 2 层的单体建筑，普遍具备被动式太阳房的设置条件，且周边基本无遮挡，接收太阳辐射条件良好，在部分地区已得到推广应用。从利用太阳能的方式来划分，被动式太阳房主要包括直接受益式、集热蓄热式和附加阳光间式，应结合供暖需求选择适宜的集热方式，以白天使用为主的房间，宜采用直接受益式或附加阳光间式；以夜间使用为主的房间，宜采用具有较大蓄热能力的集热蓄热式。

被动式太阳房的布置可与门斗、走廊、阳台、起居室、卧室等功能空间结合设计，还应保证相邻房间在冬季阳光不被遮挡，也不应有其他阻挡阳光的障碍物，并应兼顾冬季供暖和夏季通风，设置防止夏季室内过热的通风窗口和遮阳措施。为了契合农村的发展现状和实际需求，笔者所在研究团队开发了一种可拆卸的被动式太阳房，通过简易的金属框架结构支撑并固定塑料透明薄膜形成被动式太阳房，避免了传统的玻璃被动式太阳房作为建筑的一部分，不能拆卸而引起夏季温度过高的问题。

4. 外窗遮阳及绿化遮阳

主要的建筑遮阳形式有固定外遮阳、可调节遮阳设施、自然遮阳等，综合考虑农村经济水平和实际遮阳效果，农村建筑宜优先采用自然遮阳，可在院落中种植树木或者藤类植物遮阳。固定遮阳可能会对冬季太阳得热有一定影响，以供暖需求为主的陕西省农村建筑，适宜采用可调节遮阳措施，例如木质百叶窗、可活动遮阳架、折叠遮阳板等，安装简便，造价低，使用方便。除了建筑构件遮阳以外，夏季还可以在农村建筑屋面和院落上方搭设专门的遮阳网架，其遮阳面积大、遮阳效果佳，能够有效降低围护结构外表面温度和太阳辐射。

9.3.4 农村建筑清洁能源利用技术

自《北方地区冬季清洁取暖规划（2017—2021 年）》发布以来，陕西省西安市、咸阳市、铜川市、宝鸡市、渭南市、延安市、榆林市、杨凌示范区先后入选北方冬季清洁取暖试点城市，覆盖了陕西省关中和陕北全部地区。当前，冬季清洁取暖规划不断推进，农村地区传统的薪柴及散煤供暖模式必将逐步被清洁供暖取代，同时也能够有效降低农村建筑的碳排放水平。

1. 燃气供暖及供热水系统

该系统适用于具备沼气或生物天然气供应条件的农村建筑。作为供暖热源时，推荐使用散热器等供暖速度响应较快的室内末端，并应鼓励采用达到《家用燃气快速热水器和燃气采暖热水炉能效限定值及能效等级》GB 20665—2015 规定的 2 级能效以上的燃气设备。

根据《陕西统计年鉴》，截至 2020 年末，陕西省农村燃气的年建设投入增长至 6.43 亿元，农村燃气普及率增长至 20.60%，燃气覆盖范围显著扩大，为燃气供暖及热水系统应用创造了有利条件。

2. 地源热泵系统

陕西省地热资源丰富，且农村建筑普遍具备设置地埋管换热井的有利条件，冷热负荷较低，单口井即可满足常住人房间的供暖及供冷需求，因此宜采用垂直式地埋管地源热泵系统，造价较低，系统简单且易于维护，冬夏季热平衡问题可以忽略。推荐采用风机盘管末端，并应鼓励采用《热泵和冷水机组能效限定值及能效等级》GB 19577—2024 规定的 2 级能效以上的机组。实施前，应进行工程场地状况调查，确定系统实施的可行性和经济性。

3. 空气源热泵系统

陕西省大部分地区为寒冷地区，宜采用低环境温度空气源热泵热水机组或热风机组，对于系统维护能力较弱的农户更宜采用热风机组，其室内末端及送风模式按供暖模式优化，鼓励采用《房间空气调节器能效限定值及能效等级》GB 21455—2019 规定的 2 级能效以上的热风机组。当采用热水机组时，末端推荐采用风机盘管或散热器，并鼓励采用《热泵和冷水机组能效限定值及能效等级》GB 19577—2024 规定的 2 级能效以上的机组。

4. 生物质能供暖系统

生物质能是通过植物的光合作用将太阳能转化为化学能，储存在生物质内部的能量，属于可再生能源。陕西省农林剩余物资源丰富，生物质材料在农村地区来源广，制作成生物质成型燃料，既是对农林剩余物的综合利用，也减少了秸秆焚烧产生的污染，促进农村形成清洁、循环、可持续的生产生活方式。但对生物质供暖的定位要明确，只能作为农村建筑清洁供暖的有力补充，不宜作为主力能源，要坚持因地制宜的原则，在有条件区域推广使用。

陕西省生物质资源丰富的农村地区，宜采用清洁燃烧型生物质炉具热水供暖或热风供暖。应优先采用高效燃烧、低排放的直燃型民用生物质固体成型燃料炉，炉具额定工况供暖热效率指标不应低于 70%，排放应符合《锅炉大气污染物排放标准》DB 61/1226—2018 的要求。生物质炉具热水供暖系统末端宜采用散热器，并应尽量选用智能型生物质成型燃料炉具，可自动控温。

5. 太阳能光伏发电系统

农村建筑高度低，主要为 1 层或 2 层的单体建筑，屋面开阔，周边也不易形成遮挡，具有良好的太阳能光伏应用条件，与建筑一体化设计的融合程度也较高，但应根据所在地的资源条件、气候特点、建筑形式、实际需求和系统适用性进行综合设计。关中和陕北地区的太阳能资源更为丰富，可采用太阳能光伏一体化屋面或另外在屋面架设光伏组件，兼顾夏季遮阳作用，多余的电量通过蓄电池储存或者接入电网，通过太阳能光伏发电为家庭提供部分日常用电。

6. 太阳能光伏热水系统

太阳能光伏热水系统的核心部件为太阳能光伏电热水器，是储水式电热水器与太阳能光伏组件的有机结合，太阳能光伏板吸收太阳能产生直流电，自适应匹配实时电压，最大限度利用太阳能，无逆变损耗，直接对储水箱进行直流电加热。虽然其单位面积的太阳能—

热能之间的转化率较低，但系统形式和管路结构简单。相比于太阳能集热器，太阳能光伏热水系统不受冬季低温环境影响，太阳能光伏组件和热水器之间仅需电缆连接，不必担心冬天管道或设备被冻伤的问题，不存在水管或设备的"跑、冒、滴、漏"等问题，更适宜以老人为常住人口的农村家庭应用。

9.3.5 农村建筑节能与清洁供暖技术标准

农村建筑节能与清洁供暖主要技术标准见表9-6。

农村建筑节能与清洁供暖主要技术标准　　　　　　　　表9-6

序号	标准名称	现行标准号
1	农村居住建筑节能设计标准	GB/T 50824
2	被动式太阳能建筑技术规范	JGJ/T 267
3	村镇建筑清洁供暖技术规范	NB/T 10772
4	陕西省农村建筑节能技术导则	—
5	农房建设通用技术标准	DB 61/T 5089
6	美丽宜居示范村建设标准	DB 61/T 5096
7	乡村居民天然气管道工程技术规程	DB 61/T 5099
8	农村居住建筑设计技术标准	DB 61/T 5066
9	农村居住建筑新型墙材及建筑节能应用技术导则	DBJ 61/T 175
10	西安地区农村居住建筑节能技术规范	DBJ 61/T 91
11	寒冷地区农村居住建筑节能设计标准	T/CECA 20039
12	超低能耗农宅技术规程	T/CECS 739
13	严寒和寒冷地区农村居住建筑节能改造技术规程	T/CECS 741
14	村镇建筑清洁供暖技术规程	T/CECS 614

9.4 可再生能源利用

9.4.1 太阳能利用

9.4.1.1 太阳能资源分布

陕西省太阳能资源较为丰富，建筑应用条件良好，全省年太阳能总辐射量为4410～5400MJ/m²，按资源丰富程度可以划分为三个区，Ⅰ区为太阳能资源丰富区（年太阳能总辐射量为5040～5430MJ/m²，全年日照小时数为2600～2900h），主要包括陕北北部和渭北东部地区；Ⅱ区为太阳能资源较丰富区（年太阳能总辐射量为4500～5040MJ/m²，全年日照小时数为2100～2600h），主要包括陕北南部、关中地区；Ⅲ区为太阳能资源一般区（年太阳能总辐射量为4100～4500MJ/m²，全年日照小时数1664～2100h），主要包括陕南汉中和安康大部[2]。

陕西省太阳能资源空间分布特征是北部多于南部，年太阳能总辐射量南北相差约800MJ/m²；汉中和安康地区太阳能资源相对较差，年太阳能总辐射量仅为4100～4500MJ/m²，全年日照小时数为1200～1600h；陕北北部（府谷、神木、横山、靖边、定边和米脂等）、渭北东部地区（韩城、澄城、合阳和蒲城）年太阳能总辐射量为5040～

5400MJ/m²，全年日照小时数为 2600~2900h，是陕西省太阳能资源最丰富的地区[2]。

2024 年 4 月，陕西省发展改革委印发的《陕西省培育千亿级硅基太阳能光伏产业创新集群行动计划》提出，依托省内硅基太阳能光伏产业集群优势，完善产业布局、扩大省内配套，推动硅基太阳能光伏产业形成国际一流的产业创新集群。陕西省具备得天独厚的太阳能光伏产品供给优势，可进一步推动太阳能建筑利用。

9.4.1.2 太阳能政策要求

《建筑节能与可再生能源利用通用规范》GB 55015—2021 要求新建建筑应安装太阳能系统；太阳能建筑一体化应用系统的设计应与建筑设计同步完成；新建建筑群及建筑的总体规划应为可再生能源利用创造条件，建设项目可行性研究报告、建设方案和初步设计文件应包含可再生能源利用分析报告，施工图设计文件应明确可再生能源利用系统运营管理的技术要求。

2021 年 6 月，《国家能源局综合司关于报送整县（市、区）屋顶分布式光伏开发试点方案的通知》提出，拟在全国组织开展整县（市、区）屋顶分布式光伏开发试点工作。其中党政机关建筑屋顶总面积安装光伏发电比例不低于 50%，学校、医院、村委会等公共建筑不低于 40%，工商业厂房屋顶不低于 30%，农村居民屋顶不低于 20%。同时，试点方案提出"宜建尽建"、电网"应接尽接"的要求。

陕西省 26 个区县入选整县（市、区）屋顶分布式光伏开发试点名单，包括：西安高新技术产业开发区、灞桥区、西安经济技术开发区、金台区、岐山县、三原县、武功县、耀州区、大荔县、澄城县、白水县、潼关县、渭南经济技术开发区、宝塔区、延川县、安塞区、定边县、吴堡县、榆阳区、城固县、汉台区、镇巴县、安康高新技术产业开发区、商州区、洛南县和韩城市。2021 年 9 月，《陕西省整县（市、区）推进屋顶分布式光伏发电试点工作方案》要求在 2023 年 6 月前，屋顶分布式光伏发电装机规模新增 400 万 kW 左右，全省累计到达 500 万 kW 以上，各试点县（市、区）新增屋顶分布式光伏发电总装机规模不少于 5 万 kW，户用光伏项目容量原则上不得超过 50kW，且不得超出宅基地范围。

2017 年 6 月，西安市住房和城乡建设委员会发布《关于进一步规范优化办事程序做好建筑节能和绿色建筑相关工作的通知》，要求加大太阳能热水系统的应用，从当年的 7 月 1 日起，西安市 12 层及以下的新建居住建筑每户必须设计、安装和使用太阳能热水系统；新建宾馆饭店、幼儿园、会所、健身场馆等有生活热水需求的公共建筑必须安装太阳能热水系统；2022 年，《西安市绿色建筑创建行动方案》进一步要求城镇不高于 12 层的新建居住建筑及有热水供应需求的公共建筑应当安装使用太阳能热水系统，或采用其他形式的可再生能源。

2022 年 12 月，西安市住房和城乡建设局发布《关于进一步做好绿色建筑建设管理工作的通知》，要求新建建筑应安装太阳能系统，鼓励应用其他可再生能源；城镇 12 层及以下的新建居住建筑、有热水供应需求的公共建筑应当安装使用太阳能热水系统，或采用其他可再生能源替代；鼓励支持学校、医院、党政机关、科研单位办公楼等公共建筑应用建筑光伏一体化技术。

9.4.1.3 太阳能系统类型

太阳能系统可分为太阳能热利用系统、太阳能光伏发电系统和太阳能光伏光热（PV/T）

系统，这三类系统均可安装在建筑物的外围护结构上，将太阳能转换为热能或电能，替代常规能源向建筑物供电、供热水、供暖等，既可降低常规能源消耗，又可降低相应碳排放，是实现"双碳"目标的重要技术措施。

1. 太阳能热水系统

太阳能热水系统利用太阳能集热器采集太阳辐射热量，把保温水箱中的水加热至用户需求温度，可匹配一定的电力、燃气等辅助能源。既可提供生产和生活用热水，又可作为其他太阳能利用形式的冷热源，是太阳热能利用中技术较为成熟且已充分商业化的一项技术。太阳能热水系统形式主要包括无动力循环即热式、自然循环式、强制循环式和直流式。

无动力循环即热式太阳能热水系统以真空管太阳能集热器为热源，管内的吸热水升温后密度变小，自然循环到水箱内，逐步把水箱内的水加热，升温后的水储存在保温水箱内。室内冷水经过水箱内固定好的波纹管，把带有压力的自来水温度提升到几乎与保温水箱内的水相同温度流出，从而获得稳定、有压力的热水。

自然循环式太阳能热水系统依靠太阳能集热器和储水箱中的温差，形成系统的热虹吸压头，使水在系统中循环，与此同时，将太阳能集热器的有用能量加热水，不断储存在储水箱内。有两种取热水的方法：一种是有补水箱，通过补水箱往储水箱底部补充冷水，将储水箱上层的热水顶出，其水位由补水箱内的浮球阀控制；另一种是无补水箱，热水依靠自身重力从储水箱底部落下。

强制循环式太阳能热水系统在太阳能集热器和储水箱之间的管路上设置水泵，为系统中的水提供循环动力。系统运行过程中，水泵的启动和关闭必须要有控制，否则既浪费电能又损失热能。温差控制较为普及，还可同时应用温差控制和光电控制。温差控制利用太阳能集热器出口水温和储水箱底部水温之间的温差来控制水泵的运行，适用于大、中、小型太阳能热水系统。

直流式太阳能热水系统使水一次通过太阳能集热器就被加热到用户所需的温度，被加热的热水进入储水箱中。系统运行过程中，为了得到温度符合用户要求的热水，通常采用定温放水的方法。太阳能集热器进口管与自来水管连接。在太阳能集热器出口处安装测温元件，通过温度控制器控制电动阀开度来调节进口水流量，使出口水温始终保持恒定，仅适用于大型太阳能热水系统。

2. 太阳能发电系统

当前，分布式光伏"智能化、模块化、综合化"的应用趋势基本形成。对促进能源转型、削减电力尖峰负荷、保障电力供应、促进绿色电力消费具有重要意义。太阳能发电系统一般分为并网发电系统、离网发电系统、并网储能系统和多能源混合微电网系统等。

并网发电系统由光伏组件、逆变器、光伏电表、负载、并网柜和电网等组成。光伏组件产生的直流电通过逆变器转换为交流电，供给负载并送入电网。分布式光伏发电系统主要采用"自用、余电上网"的模式。太阳能发电系统生产的电力优先用于负载，当负载没有用完时，多余的电力被送到电网；当供给负载的电力不足时，电网和太阳能发电系统可以同时向负载供电。

离网发电系统不依赖电网独立运行，一般用于偏远山区、无电地区、海岛、通信基站、路灯等，由光伏组件、控制器、逆变器、蓄电池和负载组成。离网发电系统在有光照的条件下将太阳能转化为电能，控制器控制逆变器向负载供电，同时给蓄电池充电；无光照时，交流负载由蓄电池通过逆变器供电。这种系统对没有电网的地区或者经常停电的地区非常实用。

并网储能系统可以储存多余的发电量，增加自发自用的比例，由光伏组件、控制器、蓄电池、逆变器、电流检测装置和负载组成。当太阳能发电功率小于负载功率时，系统由太阳能和电网供电。当太阳能发电功率大于负载功率时，一部分太阳能电力向负载供电，一部分太阳能电力通过控制器储存于蓄电池。

多能源混合微电网系统是一种新型系统，由分布式电源、负载、储能系统和控制装置组成。它可以将分散的能量就地转化为电能，然后就近供给当地负荷。微电网是一个能够实现自我控制、保护和管理的自治系统，可以连接到外部电网或独立运行；是多种类型分布式电源的有效组合，可以实现优势互补，提高能源利用率；可以充分推动分布式光伏发电和可再生能源的大规模接入，实现各种能源形态的高可靠供应。它是实现主动配电网的有效途径，是传统电网向智能电网的过渡。

太阳能发电系统在建筑中的主要利用方式可分为 BAPV（Building Attached Photovoltaic）和 BIPV（Building Integrated Photovoltaic）两种形式。其中，BAPV 是指附着在建筑物上的光伏发电系统，也称为"安装型"太阳能光伏建筑，主要功能是发电，不承担建筑物功能，主流光伏组件为多晶硅和单晶硅电池。BIPV 是指光伏与建筑一体化，光伏组件可作为屋顶、幕墙、天窗等建筑物外围护结构的替代品，如光电屋顶、光电幕墙和光电采光顶等，不仅要满足光伏发电的功能要求，还要兼顾建筑的基本功能要求，主流光伏组件为以铜铟镓硒、碲化镉为代表的薄膜电池。

3. 太阳能光伏光热（PV/T）系统

太阳能光伏光热（PV/T）系统将光伏组件和太阳能集热器有机结合，形成 PV/T 集热器，通过媒介将产生的热量及时带走，控制了太阳能电池的工作温度，能更高效地提供电能，而且带走的热量得到了有效利用，大大提高了太阳能的综合利用率。与输出量相同的光伏、光热系统相比，PV/T 系统占地面积更小。

PV/T 集热器能够同时提供热能和电能，主要部件为太阳能电池和太阳能集热器，可以分为带盖板型和不带盖板型。不带盖板型 PV/T 集热器的发电效率较高，但流体出口温度不高；带盖板型 PV/T 集热器的热效率和流体出口温度较高，但盖板会降低光的透过率，降低发电效率。根据冷却介质不同，PV/T 集热器又可分为水冷型、空冷型和制冷剂型。

9.4.1.4 太阳能技术标准

建筑光热和光电利用主要技术标准分别见表 9-7 和表 9-8，同时在建筑光热和光电利用时还应符合相关的给水排水和电气标准技术要求。

建筑光热利用主要技术标准 表 9-7

序号	标准名称	现行标准号
1	太阳能供热采暖工程技术标准	GB 50495
2	民用建筑太阳能热水系统应用技术标准	GB 50364
3	家用太阳能热水系统能效限定值及能效等级	GB 26969

续表

序号	标准名称	现行标准号
4	太阳热水系统设计、安装及工程验收技术规范	GB/T 18713
5	太阳热水系统性能评定规范	GB/T 20095
6	西安市民用建筑太阳能热水系统应用技术规范	DBJ61-70
7	太阳能热风供暖系统设计与安装	23K520
8	太阳能热水系统选用与安装	16J908-6
9	住宅太阳能热水系统选用及安装	11CJ32
10	太阳能集中热水系统选用与安装	15S128

建筑光电利用主要技术标准　　　　　　　　表 9-8

序号	标准名称	现行标准号
1	光伏发电站设计标准	GB 50797
2	光伏发电站施工规范	GB 50794
3	光伏发电站接入电力系统技术规定	GB/T 19964
4	建筑光伏系统应用技术标准	GB/T 51368
5	光伏与建筑一体化发电系统验收规范	GB/T 37655
6	光伏发电效率技术规范	GB/T 39857
7	光伏发电站接入电力系统设计规范	GB/T 50866
8	光伏发电工程验收规范	GB/T 50796
9	光伏发电工程施工组织设计规范	GB/T 50795
10	光伏发电系统接入配电网技术规定	GB/T 29319
11	光伏建筑一体化系统运行与维护规范	JGJ/T 264
12	建筑太阳能光伏系统设计与安装	16J908-5
13	建筑太阳能光伏系统应用技术规程	DB 61/T 5105
14	建筑光伏系统设计与安装图集	陕 2023TJ 079
15	西安市民用建筑太阳能光伏系统应用技术规范	DBJ61-78

9.4.2　地热能利用

9.4.2.1　地热能分布

地热能是蕴藏在地球内部的绿色能源，是一种绿色低碳、可循环利用的可再生能源。与太阳能、风能等绿色能源相比，地热能具有不受季节、气候、昼夜变化等外界因素干扰的优势。地热能开发利用与建筑能源需求具有高度契合性。陕西省主要的地热能类型有浅层和中深层地热能，已得到较广泛的开发利用。

笔者所在研究团队与陕西省水工环地质调查中心共同开展了陕西省浅层地热能利用研究，根据《浅层地热能勘查评价规范》DZ/T 0225—2009 的技术要求，对陕西省浅层地热能开发利用进行分区，得到地下水地源热泵及地埋管地源热泵利用的适宜性分布[3]，如表 9-9 所示。

根据陕西省水工环地质调查中心项目评价结果，陕西省浅层地热能开发利用适宜性较为广泛[3]。总评价区面积 20557 万 m^2，地源热泵系统适宜或较适宜区面积为 9254.40 万 m^2，占比达 45.02%。120m 地层的综合温度分别为：陕北地区 12.69～16.94℃，平均温度 14.19℃；关中地区 15.90～19.24℃，平均温度 17.51℃；陕南地区 15.92～18.82℃，平均温度 17.58℃。因此，陕西省利用浅层地热能的潜力巨大，可开发性强，但应根据项目所在地的具体位置，确定其地热资源的适宜性。

陕西省浅层地热能适宜性分区   表 9-9

利用方式	适宜区	较适宜区	不适宜区
地下水地源热泵	主要分布于关中地区渭河的漫滩、一级阶地，陕南地区汉江的漫滩一级阶地和部分二级阶地	主要分布于关中地区渭河的二、三级阶地和部分一、二级冲洪积扇区；陕南地区汉江、丹江的漫滩，一、二级阶地，安康的汉江北侧二级侵蚀堆积（冰碛）台地区和支流、付家河漫滩及一级阶地；陕北地区铜川市沮河河谷区	主要分布于关中地区渭河的三级以上阶地、黄土台塬和地质灾害发生区；陕南地区汉江和丹江的二、三级阶地，一、三级侵蚀堆积台地区，部分冲洪积扇、基岩山区和地质灾害发生区；陕北地区除铜川市沮河河谷外的全区
地埋管地源热泵	主要分布于关中地区渭河的河谷阶地、部分冲洪积扇区，陕南地区汉江的漫滩、一级阶地和二级阶地前缘，以及陕北地区的风积沙漠地区	主要分布于关中地区的三级以上阶地、黄土台源区，陕南地区的漫滩和一、二、三级阶地及部分侵蚀堆积地区，陕北地区的黄土塬区和延安市人工回填区	主要分布于区内支流漫滩、山前洪积扇、水源保护区、基岩裸露区和地质灾害发生区

根据陕西省地质调查院的研究[4]，中深层（水热型）地热能资源具有明显的地域性和带状分布特点，在关中地区资源量丰富。关中地区中深层地热能分为盆地中部新生界孔隙裂隙型、秦岭山前构造裂隙型和渭北古生界岩溶溶隙裂隙型三种。新生界孔隙裂隙型地热能储量丰富，主要分布在关中地区中部和东部；秦岭山前构造裂隙型地热能主要分布于盆地南侧山前断裂带中，地热水温度较高，但流量偏小；渭北古生界岩溶溶隙裂隙型地热能主要分布在关中地区北缘，水量丰富，但不同区段流量悬殊较大，温度较低。

9.4.2.2 地热能政策要求

2023 年 8 月，《陕西省住房和城乡建设厅 陕西省发展和改革委员会 陕西省自然资源厅关于下达我省地热能建筑供暖目标任务及建立地热能建筑供暖项目建设"四清一责任"工作机制的通知》提出，2025 年陕西省地热能建筑供暖面积提高到 7000 万 m²，2027 年超过 1 亿 m²。据统计，截至 2022 年底陕西省地热能供暖面积约 4586 万 m²，即到 2025 年须新增面积约 2500 万 m²，到 2027 年新增 5500 万 m² 以上。

2024 年 2 月，咸阳市发布《咸阳市地热资源开发利用规划》，要求充分发挥渭河盆地（咸阳部分）地热资源优势，在咸阳市的主城区、武功县、兴平市、三原县、泾阳县大中型地热矿山集中开发区域划定地热重点开采区，促进地热资源规模开采、集约利用和有序开发，全市禁止 1000m 以浅热储层地热资源开采，用于地热供暖的地热尾水必须回灌，严格落实取水许可准入制度。

2024 年 4 月，西安市印发《西安市大气污染治理专项行动 2024 年工作方案》，明确了 2024 年西安大气污染治理的多项目标，要求大力发展清洁供暖，新建建筑必须使用地热能、空气源热泵、污水源热泵等清洁能源供暖。同年 6 月，《西安市推动大规模设备更新和消费品以旧换新工作方案》专门强调了要大力推动地热能供热项目建设，具备条件的新建建筑优先采用地热能供暖。

西咸新区地热能利用已迈入快车道，2018年4月，《西咸新区中深层地热能无干扰供暖清洁能源技术推广工作方案》和《西咸新区中深层地热能无干扰供暖等清洁能源技术推广管理办法（试行）》发布，要求以建设清洁供暖和"无煤城市"为目标，大力推广应用中深层地热能无干扰供暖技术，西咸新区符合条件的新建建筑全部采用中深层地热能无干扰供暖。

9.4.2.3 地热能系统类型

地热能可分为浅层地热能和中深层地热能。其中，地源热泵是浅层地热能开发利用的主要形式，是以岩土体、地下水或地表水为低温热源，由水源热泵机组、地热能交换系统、建筑物内系统组成的供热供冷系统。

1. 浅层地热能利用

地埋管地源热泵系统，是在地下土壤内进行埋管，利用传导介质与土壤进行冷热交换的闭合换热系统。根据换热器埋管方式，主要分为水平埋管式、竖直埋管式和桩基埋管式。由于地埋管换热器换热效果受岩土热物性及地下水流动情况等地质条件影响较大，使得不同地区岩土的换热特性差别较大。为保证地埋管换热器设计符合实际，满足使用要求，实施前需要对现场岩土热物性进行勘测。

地下水源热泵系统，以地下水作为低位热源，通过抽水井群将地下水抽出，再通过二次换热或直接送至地源热泵机组，经提取热量后，由回灌井群灌回地下。适合于地下水资源丰富，并且当地资源管理部门允许开采利用地下水的场合。主要应用形式有：将地下水供给水—水热泵机组的集中能源系统，将地下水供给水—空气热泵机组（水环热泵机组）的单元式能源系统。

地表水源热泵系统，利用地球表面浅层的水源（如河流和湖泊）中吸收的太阳能和地热能而形成的低品位热能资源，采用热泵原理实现低位热能向高位热能的转变。在实际工程中，不同水资源的利用成本差异较大，能否找到合适的水源就成为使用地表水源热泵的限制条件，且水源必须满足一定的温度、水量和清洁度要求。污水源热泵就是地表水源热泵的一种典型方式，从城市污水中提取余热。

笔者所在研究团队基于陕西省浅层地热能资源及气候特征，对浅层地热能在常见民用建筑中的适宜性进行分析[1]，得出的重要结论有：

（1）在建筑全年冬夏负荷基本相同时，寒冷B区的办公建筑和居住建筑，采用地源热泵系统作为建筑冷热源，与市政供热加电制冷/分体空调方式相比具有良好的经济性，适宜采用地源热泵系统单独作为建筑冷热源。对于地下水资源丰富的地区，不同类型的建筑采用地下水地源热泵系统都具有良好的经济性，宜优先选用。

（2）当建筑全年动态冷负荷与热负荷差异较大时，不适合单独采用地埋管地源热泵系统，需考虑采用复合系统。寒冷B区的商业建筑，寒冷A区和夏热冬冷A区的办公、商业和居住建筑，宜采用地埋管地源热泵的复合系统，与市政供热＋电制冷/空气源热泵或分体空调等方式相比，具有良好的经济性，说明建筑全年动态冷负荷与热负荷差异较大的建筑，适宜采用地源热泵复合系统作为建筑冷热源。

2. 中深层地热能利用

中深层地热地埋管供热系统，是以中深层岩土体为热源，由地热换热系统、机房供热系统、监测与控制系统等组成的供热系统。通过闭式循环提取深度为2000～3000m的中深层岩体中的热量，可不抽取地下水，因而不存在回灌以及水处理等问题，对地下水体无干扰，实现了地热能低影响开发、高效率利用，具有取热持续稳定、环境影响低的特点，适宜在地热能资源丰富的关中地区作为清洁供热热源。

9.4.2.4 地热能技术标准

地热能利用主要技术标准见表9-10。

表 9-10

地热能利用主要技术标准

序号	标准名称	现行标准号
1	地源热泵系统工程技术规范	GB 50366
2	热泵和冷水机组能效限定值及能效等级	GB 19577
3	地源热泵冷热源机房设计与施工	06R115
4	地源热泵系统工程勘察标准	CJJ/T 291
5	浅层地源热泵系统工程勘察技术规范	DB 61/T 1649
6	污水源热泵系统应用技术规程	DBJ 61/T 185
7	中深层地热地埋管供热系统应用技术规程	DBJ 61/T 166
8	西咸新区中深层无干扰地热供热系统应用技术导则	DB6112/T 0001
9	陕南夏热冬冷地区居住建筑水源热泵供暖工程技术规程	DBJ 61/T144
10	陕南夏热冬冷地区居住建筑供暖设计图集（水源热泵系统）	陕 2018TJ031
11	农村小型地源热泵供暖供冷工程技术规程	CECS 313

9.5 建筑业节能降碳

9.5.1 装配式建筑

9.5.1.1 装配式建筑简介

装配式建筑是指把传统建造方式中的大量现场作业工作转移到工厂进行，在工厂加工制作好建筑用构件和配件，运输到施工现场，通过可靠的连接方式在现场装配而成的建筑。装配式建筑体现了现代工业化生产方式的特点，包括标准化设计、工厂化生产、装配化施工、信息化管理、智能化应用，其优势在于高效、节能、环保、冬期施工影响小，是现代建筑工业化的重要方向。

9.5.1.2 装配式建筑政策要求

2019年5月，《陕西省住房和城乡建设厅关于进一步规范和加强装配式建筑工作的通知》要求各城市城区政府投资、国有企业全额投资的项目，装配式建筑实施区域内社会投资的建筑工程，总建筑面积10000m² 及以上的项目，应采用装配式建筑。2020年6月，《陕西省住房和城乡建设厅关于加强和规范装配式建筑设计工作的通知》要求装配式建筑的装配率，低多层建筑应不低于22%，中高层建筑应不低于18%。

2021年7月，《西安市装配式建筑范例城市建设工作方案》要求城六区、各开发区以及国家、省、市绿色生态城区内民用建筑项目，应采用装配式建筑技术的，全部采用装配式建造方式建设；实施重点项目：政府投资的新建保障性住房项目，城区内政府投资、国有企业全额投资的民用建筑和工业建筑。采用装配式建筑技术的建设项目，装配率不低于30%，重点项目不低于35%。

2022 年 7 月，《榆林市人民政府办公室关于进一步明确装配式建筑发展有关事项的通知》要求政府投资或国有企业全额投资的各类新建保障性住房、人才公寓和公共建筑等全部采用装配式建造；榆林高新区、科创新城范围内建筑面积达到 7 万 m² 以上的房地产开发项目全部采用装配式建造，装配率不低于20%。

2022 年 4 月，汉中市四部门发布《关于加快推进装配式建筑推广应用的通知》，要求境内所有新建的政府投资或政府投资参与的建设项目、新出让的住宅用地项目，应实施装配式建筑，但装配率不执行《装配式建筑评价标准》DBJ61/T 168—2020，采用混凝土结构装配率，要求低多层建筑装配率不低于22%，中高层建筑应不低于18%。

2021 年 6 月，《安康市人民政府办公室关于加快推进装配式建筑发展的实施意见》要求以安康中心城市规划区、恒口示范区、瀛湖生态旅游区为重点推进地区，汉滨、旬阳、汉阴、石泉、平利为积极推进地区，其他各县为鼓励推进地区。重点推进地区的装配式建筑装配率不低于20%，积极推进地区不低于10%。

2019 年 6 月，《商洛市人民政府办公室关于印发发展装配式建筑实施意见的通知》将商州区、洛南县、商洛高新区作为装配式建筑重点推进地区，政府投资的单体面积5000m² 以上的公共建筑，原则上全部采用装配式建造方式，棚改项目、保障性住房项目装配式建筑面积不低于50%，商品房开发项目不低于30%。

9.5.1.3　装配式建筑类型

按结构材料类型划分，装配式建筑主要有预制装配式混凝土结构、钢结构、钢混组合结构、现代木结构建筑等。构件种类主要有：外墙板、内墙板、叠合板、阳台、空调板、楼梯、预制梁和预制柱等。目前我国及陕西省仍以预制装配式混凝土结构为主，部分工程采用钢结构或钢混组合结构，木结构建筑数量较少。

1. 预制装配式混凝土结构

预制装配式混凝土结构以工厂生产的混凝土预制构件为主，通过现场装配的方式设计建造，可分为全装配和部分装配两大类，前者一般为低层或抗震设防要求较低的多层建筑，后者的部分建筑构件一般采用预制构件，在现场通过现浇混凝土连接或金属连接，形成装配整体式结构。主要预制构件包括：预制混凝土墙板、预制混凝土梁柱、预应力构件及楼梯等，这些构件可以根据建筑装配需求进行组合应用，以提高建筑施工效率和质量。

2. 装配式钢结构

装配式钢结构由钢构件构成，钢框架柱、钢梁等通过焊缝连接、螺栓连接或铆接等方式组装，楼板类型主要有钢筋桁架楼承板和桁架钢筋混凝土叠合板等。与传统钢结构相比，装配式钢结构提倡采用外挂墙板、保温装饰一体板、ALC 条板、轻钢龙骨墙等非砌筑墙体，即预制墙板，楼梯采用预制钢楼梯或预制混凝土楼梯。现场安装速度快，抗震性能好，结构自重轻，建筑材料可循环利用。但装配式钢结构需要实现模块化与集成化的设计，且需要考虑结构与其他系统的协调性和兼容性。

9.5.1.4　装配式建筑技术标准

装配式建筑主要技术标准见表 9-11。

装配式建筑主要技术标准 表 9-11

序号	标准名称	现行标准号
1	装配式建筑评价标准	GB/T 51129
2	装配式混凝土建筑技术标准	GB/T 51231
3	装配式钢结构建筑技术标准	GB/T 51232
4	装配式木结构建筑技术标准	GB/T 51233
5	装配式钢结构住宅建筑技术标准	JGJ/T 469
6	装配式混凝土结构技术规程	JGJ 1
7	装配剪力墙住宅设计规程	DB 61/T 5101
8	钢管桁架装配式预应力混凝土叠合板技术标准	DB 61/T 5071
9	装配整体式叠合混凝土结构技术规程	DBJ 61/T 183
10	装配组合连接混凝土剪力墙技术标准	DB 61/T 5012
11	居住建筑室内装配式装修工程技术规程	DBJ 61/T 190
12	装配式钢结构建筑技术规程	DB 61/T 5000
13	装配式建筑评价标准	DBJ 61/T 168
14	装配式建筑工程（混凝土结构）施工图设计文件审查要点	DBJ 61/T 169
15	村镇装配式承重复合墙结构居住建筑设计规程	DBJ 61/T 140
16	装配式混凝土结构工程施工与质量验收规程	DBJ 61/T 118
17	装配式复合墙结构技术规程	DBJ 61/T 94
18	装配式剪力墙结构住宅套型图集	陕 21J21
19	村镇装配式承重复合墙结构居住建筑施工与质量验收规程	DBJ61/T 174
20	预制钢筋混凝土梯段板	陕 19G15
21	钢筋混凝土叠合楼板（60mm 厚底板）	陕 19G14
22	装配式混凝土结构构造节点图集（剪力墙）	陕 17G13

陕西省各地区装配式建筑评价及装配率计算，普遍执行《装配式建筑评价标准》DBJ61/T 168—2020，评价体系与《装配式建筑评价标准》GB/T 51129—2017 存在较大区别。《装配式建筑评价标准》DBJ61/T 168—2020 分为四个部分：主体结构（柱、支撑、承重墙、延性墙板等竖向构件应用预制部件、现场采用高精度模板或免拆模板、现场采用成型钢筋，梁、板、楼梯、阳台、空调板等水平构件），围护墙和内隔墙（非承重围护墙非砌筑、围护墙与保温隔热装饰一体化、内隔墙非砌筑、内隔墙与管线装修一体化），装修和设备管线（全装修、干式工法楼面地面、集成厨房、集成卫生间、竖向布置管线与墙体分离、水平向布置管线与楼板和湿作业楼面垫层分离），加分项（平面布置标准化、预制构件与部品标准化、绿色建筑、BIM 技术、工程总承包模式）。西安市新建项目要求主体结构得分不得低于 15 分，围护墙和内隔墙得分不得低于 5 分。西安市以外地区执行现阶段的陕西省政策要求，普遍要求主体结构得分不得低于 10 分，围护墙和内隔墙得分不得低于 5 分。

9.5.2 绿色施工技术

9.5.2.1 绿色施工技术简介

绿色施工是指工程建设中，在保证质量、安全等基本要求的前提下，通过科学管理和技术进步，最大限度地节约资源与减少对环境负面影响的施工活动，实现"四节一环保"

（节能、节地、节水、节材和环境保护）。绿色施工作为建筑全生命周期中的一个重要阶段，也是实现建筑领域资源节约和节能减排的关键环节。

9.5.2.2 绿色施工政策要求

2022年10月，《住房和城乡建设部关于公布智能建造试点城市的通知》，将24个城市列为智能建造试点城市，西安市被纳入其中。2023年4月，《西安市智能建造试点三年行动计划（2023—2025年)》发布，总体目标是培育发展一批国家级智能建造产业基地，打造一批建筑施工、勘察设计、装备制造、信息技术等配套企业，形成一批具有竞争力、融合发展的产业集群，培育智能建造产业集群，为促进智能建造与新型建筑工业化协同发展发挥示范带动作用。

2022年9月，中共陕西省委办公厅、陕西省人民政府办公厅印发《关于推动建筑业高质量发展的实施意见》，计划培育一批智能建造龙头企业，打造涵盖设计、生产、施工、运行维护及建筑机器人、建筑产业互联网等上下游企业协同发展的全产业链，优化建筑行业资源配置效率。推进智能建造工程试点示范，加强工业化、数字化、智能化技术集成应用。

2018年6月，西安市发布《关于在建筑工地广泛开展绿色施工活动的通知》，要求区域内所有建设工程项目，按照绿色施工标准规范要求进行工程施工，其中施工特级、一级建筑企业30%以上、二级以下建筑企业20%以上的项目要达到《建筑工程绿色施工评价标准》中绿色施工"优良"标准，其他项目达到"合格"标准。

9.5.2.3 绿色施工技术要点

绿色施工的主要目标是加强"四节一环保"，降低建筑业施工环节的能源资源利用和环境影响。实施绿色施工，应按照因地制宜的原则，在规划设计、建造实施各阶段为绿色施工提供基础条件。

1. 节材与材料资源利用

节材是"四节"的重点，降低材料损耗率，减少库存，避免和减少二次搬运。推广使用商品混凝土和预拌砂浆、高强钢筋和高性能混凝土。门窗、屋面、外墙等围护结构选用耐候性及耐久性良好的材料。选用耐用、维护与拆卸方便的周转性材料和机具，推广免拆模板技术。现场办公和生活用房采用周转式活动房。将施工过程中产生的废弃物进行分类处理，对可再利用的废弃物进行回收利用。

2. 节水与水资源利用

施工中采用先进的节水施工工艺；现场搅拌用水、混凝土养护用水应采取有效的节水措施；项目临时用水应使用节水型产品，对生活用水与工程用水确定用水定额指标，并分别计量管理；现场机具、设备、车辆冲洗、喷洒路面、绿化浇灌等用水，优先采用非传统水源，保护地下水环境；在缺水地区或地下水位持续下降的地区，基坑降水尽可能少地抽取地下水，并避免地下水被污染。

3. 节地与施工场地保护

施工用临时设施的占地面积应按用地指标所需的最低面积设计，要求平面布置合理、紧凑，在满足环境、职业健康与安全文明施工要求的前提下尽可能减少废弃地和死角。减少土方开挖和回填量，保护周边自然生态环境。利用和保护施工用地范围内原有的绿色植被。施工总平面布置应做到科学、合理，充分利用原有建筑物、构筑物、道路、管线为施工服务，施工现场内形成环形通路，减少道路占用土地。

4. 节能与生态环境保护

施工用临时设施围护结构热工性能良好，降低供暖空调能耗。办公与施工照明灯具使用节能灯具，并进行节能控制。热水系统采用太阳能或者空气源热泵热水器。现场施工采用功率与负载相匹配的节能施工机械，开展用电、用油计量，完善设备档案，使机械设备保持低耗高效的工作状态，合理安排工序，提高机械使用率和满载率。采用健康生产方式，降低粉尘及噪声等各类污染。

9.5.2.4 绿色施工技术标准

绿色施工主要技术标准见表 9-12。

表 9-12

绿色施工主要技术标准

序号	标准名称	现行标准号
1	建筑与市政工程绿色施工评价标准	GB/T 50640
2	建筑工程绿色施工规范	GB/T 50905
3	建筑与市政工程绿色施工评价标准	DB 61/T 5003
4	绿色施工导则	—
5	绿色建造技术导则（试行）	—
6	全国建筑业绿色施工示范工程申报与验收指南	—
7	陕西省建筑业绿色施工示范工程实施指南	—

9.6 总结

陕西省在执行新建建筑节能设计标准、推进城镇建筑执行绿色建筑标准、开展超低能耗建筑和绿色农房建设试点示范、支持既有建筑改造提升、推广太阳能和地热能等可再生能源利用、推动智能建造与建筑工业化等方面，不断强化政策引导，完善标准体系建设，建筑领域节能降碳技术推广应用的条件良好，有利于加快实现陕西省建筑领域碳达峰碳中和目标。但也应该看到，陕西省在既有公共建筑能效提升、屋顶太阳能光伏试点、农村建筑节能改造与清洁供暖等方面依然存在明显短板，实质进展较慢。对标陕西省碳达峰碳中和的实施路径及重点任务，仍需加快推动建筑领域节能降碳技术应用。本章梳理的陕西省建筑领域适宜绿色低碳技术，可为陕西省建筑领域碳达峰碳中和技术政策提供参考。

本章参考文献

[1] 王清勤，孟冲，朱荣鑫，等. 基于全寿命期理论的绿色建筑碳排放研究 [J]. 当代建筑，2022（8）：14-16.

[2] 肖斌，范小苗. 陕西省太阳能资源的开发利用 [C] //陕西省新兴能源与可再生能源发展学术研讨会，2011.

[3] 赵民，康维斌，李杨，等. 浅层地热能在常见民用建筑中的适宜性分析 [J]. 暖通空调，2022，52（5）：2-7.

[4] 刘建强. 陕西省地热能资源丰富 开发利用潜力巨大 [EB/OL]. （2020-06-02）[2024-06-25]. http://www.sxsgs.com/site/sxsgs/nydz/info/2020/21501.html.